Transistor
Gijutsu
Special
for Freshers

トランジスタ技術
SPECIAL
forフレッシャーズ
No.104

徹底図解
アナログ信号を処理する簡単便利なワンチップIC
OPアンプIC活用ノート

Transistor
Gijutsu
Special
for Freshers

トランジスタ技術 SPECIAL for フレッシャーズ
No.104

CONTENTS

徹底図解
アナログ信号を処理する簡単便利なワンチップIC
OPアンプIC活用ノート

はじめに

　OPアンプは，さまざまなアナログ回路を作るための基本的な構成要素として使われています．実際に，ほとんどあらゆるアナログ回路は，OPアンプと若干の外付け部品（抵抗，コンデンサなど）を組み合わせて作ることができます．このように万能に使えるのは，OPアンプの働きがごく単純で，しかも使いやすくできているからです．

　とくに厳しい仕様でなければ，本に載っている回路はだいたいうまく動作してくれます．さらに，OPアンプの動作原理は簡単なので，回路の動作も理解しやすく，既存の回路を自分用に改造するのも難しくはありません．

　本書の基礎編では，そんなOPアンプを皆さんに使いこなしてもらえるように，初歩からできるだけ丁寧に説明しています．また，実験回路には入手しやすい部品を選び，アナログ電源や測定器がなくても簡単に実験ができる工夫をしています．本書をきっかけに，ぜひOPアンプの世界に足を踏み入れてみてください．

宮崎 仁

［基礎編］

第1章 測定器や信号発生器にはパソコンを活用しよう
OPアンプ応用回路を実験で学ぶ　　8

1-1 回路記号はただの三角形のように見えるが…
OPアンプはアナログ回路の基本素子　　8

1-2 実験には電源/信号発生器/オシロスコープが必要
実験の準備　　9

1-3 いろいろな種類がありそれぞれに特徴がある
OPアンプの種類　　13

1-4 OPアンプを壊さずに使いこなすための基礎知識
OPアンプICの定格と電気的特性　　14

第2章 信号を増幅する二つの動作がOPアンプ応用の基本
OPアンプの基本的な使いかた　　18

2-1 入力を反転する回路と反転しない回路がある
増幅IC「OPアンプ」を動かしてみる　　18
　1 信号を増幅してみる
　2 非反転増幅回路の増幅率を変えてみる
　3 信号を反転して増幅する
　4 反転増幅回路の増幅率を変えてみる

2-2 出力部などに使う増幅率1倍の回路
電圧フォロワを作る　　24

2-3 OPアンプに信号を入れるとどうなるか
OPアンプのふるまいと取り扱い　26
1. 小さな信号でも出力が電源に張り付いてしまう
2. 大きなゲインをもつ暴れ馬「OPアンプ」をどう手なづけるか
3. 非反転入力端子に出力を戻して使うこともある

2-4 反転/非反転/電圧フォロワの動作を詳しく見てみる
基本となる3種類の増幅回路　30
1. 減衰または増幅して反転出力するタイプ
　　…反転増幅回路
2. 入力信号と同位相のまま増幅するタイプ
　　…非反転増幅回路
3. 増幅率1倍の非反転増幅回路
　　…電圧フォロワ

コラム　ミニ用語解説①　23
抵抗分圧回路の出力抵抗　25
OPアンプのパッケージ　29
ミニ用語解説②　34

第3章　加減算回路と比較回路
OPアンプで計算や比較を行う　35

3-1 二つの信号を足してみよう
加算回路の動作　35
1. 出力信号が反転する加算回路
2. 出力信号を反転しない加算回路
3. 引き算をしてみる

3-2 二つの信号の大小を判定してみよう
比較回路の動作　43
1. 感度は高いが出力がばたつくタイプ
2. 感度は低いが雑音によるばたつきが少ないタイプ

コラム　ミニ用語解説③　42
ミニ用語解説④　46

第4章　方形波や三角波などの繰り返し信号を発生する方法
信号波形を作り出してみよう　47

4-1 2種類の繰り返し信号を同時に発生できる
方形波/三角波発振回路　47

4-2 いろいろな波形を出力するために
周期/周波数/振幅を変えてみよう　50

4-3 コンデンサの充放電が回路動作の決め手となる
信号を発生する回路とそのしくみ　53

コラム　ミニ用語解説⑤　49
ファンクション・ジェネレータ　55

第5章　マイナス電源も使わないディジタルに対応
プラス電源だけでOPアンプを動かす　56

5-1 正負電源を使わずにOPアンプを動作させる
単電源動作のための基礎知識　56
1. 単電源化のコモンセンス
2. 実験の準備

5-2 入力信号が正電圧だけならこの方法が簡単
単電源で非反転増幅回路と減算回路を作る　60
1. 増幅
2. 2信号の引き算

5-3 オーディオ信号などを増幅する
交流信号を増幅するときの定石　63
1. 単電源動作のポイント
2. 信号を反転させない方法

5-4 反転増幅器で直流を増幅したいなら
疑似グラウンドを使う　67
1. 抵抗ではなく電圧フォロワでバイアス
2. 方形波/三角波発振回路を単電源化する
3. GNDの異なる回路どうしをつなぐとどうなる？

コラム　E標準系列　59
単電源用OPアンプのいろいろ　62
トランジスタの交流増幅回路と直流増幅回路　66
疑似グラウンドは最後の手段　68
正負電源と単電源の違い　72

第6章　微小で繊細な信号に力強さを加える
センサ出力や音声を増幅する　73

6-1 数mVの信号を100〜1000倍増幅する
計測に使える増幅回路を作る　73

6-2 回路中の2点間の差電圧を増幅する方法
「インスツルメンテーション・アンプ」を使う　76

6-3 微小電圧増幅でも直流誤差を無視できる
交流信号だけを上手に増幅する方法　79
1. 基礎知識
2. 直流成分の侵入を抑えて交流成分の増幅に徹する
3. 出力信号を反転させたくない場合
4. 大きな増幅率が必要でOPアンプの雑音が問題になる場合

Transistor
Gijutsu
Special
for Freshers

トランジスタ技術 SPECIAL for フレッシャーズ No.104

コラム	高精度OPアンプのいろいろ	75
	OPアンプ2個で作るインスツルメンテーション・アンプ	78
	交流結合の位相の周波数特性	81
	オーディオ用OPアンプのいろいろ	84

第7章 電流/抵抗/周波数と電圧を相互に変換
電圧以外の信号を扱う　85

7-1 電流信号の測定に使える
電流を電圧に変換する　85

7-2 電圧信号から電流出力を作る
電圧を電流に変換する　88

7-3 サーミスタや抵抗出力型センサに使える
抵抗を電圧に変換する　90

7-4 A-Dコンバータとしても利用できる
電圧を周波数に変換する　93

コラム	電圧-電流変換と定電流源	89
	整数の抵抗比を作る	92
	ミニ用語解説⑥	95
	抵抗分圧回路の解析	96

第8章 三角波を方形波に換えたり，波形のエッジを検出したり
OPアンプで加減算と微積分　98

8-1 複数の信号の加算と減算ができる
加減算を行う回路　98

8-2 波形変換やフィルタに使える
積分を行う回路　100
1 直流も積分できるタイプ
　…完全積分回路
2 増幅機能をもち出力インピーダンスが低いタイプ
　…不完全積分回路

8-3 エッジ抽出やフィルタに使える
微分を行う回路　105
1 反転増幅回路の入力抵抗をコンデンサに置き換えるだけ
　…完全微分回路
2 増幅機能をもち出力インピーダンスが低いタイプ
　…不完全微分回路

コラム	ミニ用語解説⑦	99
	これも積分回路？	104
	非反転積分回路と差動積分回路	108

はじめに

21 世紀に入り材料科学やさまざまな理論，エレクトロニクスの技術も著しく進歩しました．私たちが普段使っている携帯電話も，その中身と言えばディジタル無線にTFTカラーLCD，ディジタル・カメラに加えてGPSから地デジ/ワンセグ受信器と，近代科学/技術の粋ともいえるような代物です．

これに代表されるようにディジタル技術花盛りですが，忘れてはならないのは，私たちは現実の世界に生きていて，現実の世界は物理的で巨視的にはほとんどがアナログということです．そしてこの現実の世界とディジタルの世界をつなぐ橋渡し，インターフェース部には必ずアナログの技術が必要で，それが電子回路ではセンサやアンプやアクチュエータであったりフィルタやA-D変換器であったりします．極端な話，人間はディジタル信号のインターフェースをもっていませんから，アナログ回路技術はいつの時代でも必要なのです．

本書の実践編では，アナログ技術者として初めての一歩になるような実際の回路を紹介します．

細田隆之

第9章 回路のフィルタでふるいにかける
必要な周波数成分を抽出する　109

9-1 周波数の違いで信号を分離する回路
フィルタの基礎知識　109

9-2 バターワース特性の2次フィルタ
実際のフィルタ回路　111

［実践編］

第10章 サーミスタと白金測温抵抗体をA-Dコンバータにインターフェースする
温度センサ回路における OPアンプの応用　115

10-1 抵抗ブリッジと差動アンプでリニアライズ
サーミスタ・インターフェース回路　115

10-2 Pt100を3線接続して200倍に電圧増幅する
白金測温抵抗体のインターフェース回路　117

第11章 不要な信号を濾過して必要な信号だけを取り出す
フィルタ回路における OPアンプの応用　119

11-1 リンギングなどの波形の乱れが少ない特徴をもつ
OPアンプ1個で作る3次ロー・パス・フィルタ　119

11-2 送信側と受信側での総合特性を利用する
ロー・パス・フィルタの過渡特性を補正する　121

11-3 CWモニタ/デコーダとして使えるオーディオ・フィルタ
800Hzバンド・パス・フィルタ　124

Appendix-A
回路構成と伝達関数
実用上よく使うアクティブ・フィルタの詳細　126
1 ロー・パス・フィルタ（LPF）
2 バンド・パス・フィルタ（BPF）

コラム ゲッフェ型3次LPFの誤差の少ない容量の組み合わせ　131

第12章 さまざまなアナログ信号処理機能を実現する
スペシャル・ファンクション 回路におけるOPアンプの応用　132

12-1 100mV〜2.5Vの電圧を−5mA〜−125mAの電流に変換する
パワーOPアンプを使った半導体レーザ・ドライバ　132

12-2 ホモダイン検波を利用してフィルタ特性を簡易化した
40kHz同期検波回路　135

12-3 ペア・トランジスタを組み合わせて作る
低雑音マイクロホン・プリアンプ　138

12-4 ハイサイド電流/電力モニタICを流用して作る
アナログ電圧乗算器　139

OPアンプが使われている製品例　6
OPアンプでできること　7
参考文献　140
OPアンプ基板と部品セット頒布のお知らせ　141
索引　142

▶本書の「基礎編」は，『トランジスタ技術 2007年4月号』の特集記事を加筆/再編集したものです．

表紙・扉・目次デザイン＝千村勝紀
表紙・目次イラストレーション＝水野真帆
本文イラストレーション＝神崎真理子
表紙撮影＝矢野 渉

● OPアンプが使われている製品例 ▶▶▶▶▶▶▶▶▶▶▶▶

● 音楽プレーヤ

携帯型音楽プレーヤNW-S703F（ソニー）には，OPアンプ（NJU7043，NJM2732）が使用されています．

● 測定器

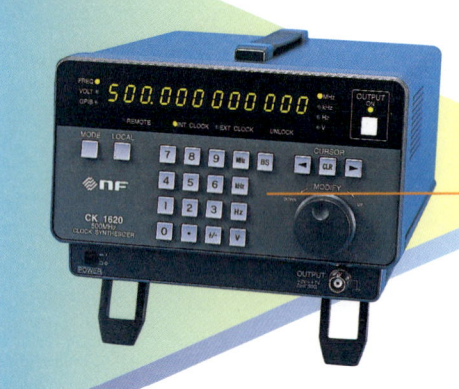

信号発生器CK1620（エヌエフ回路設計ブロック）には，OPアンプ（NJM4556，OPA124U）が使用されています．

● 探知機

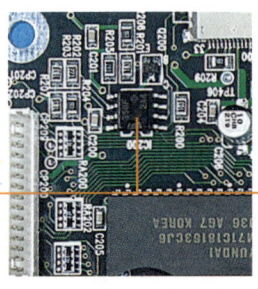 

魚群探知機HE6211GP（本多電子）にはOPアンプ（LM358）が使用されています．

●OPアンプでできること ▶▶▶▶▶▶▶▶▶▶▶▶▶▶▶

小さな信号を
大きな信号にすることができます．

● 小さな音を大きくしたり，小さなセンサの電気信号を大きくしたりすることが簡単にできます．

必要な周波数の
信号だけを取り出すことができます．

● 高い音だけを取り出したり，低い音だけを取り出したり，高い音，低い音だけを取り除いたりすることが簡単にできます．

電流や周波数の変化を
電圧の変化に変換することができます．

● モータの回転速度を電圧値に簡単に変換することができます．

信号の合成や
積分，微分することができます．

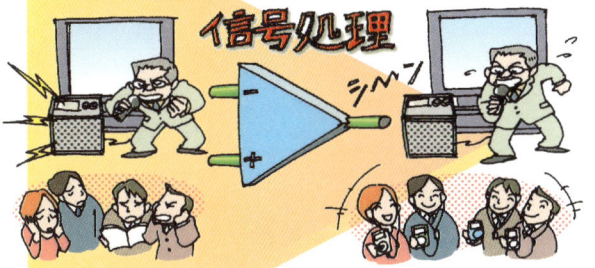

● 二つの音声信号を合成したり，臨場感を付加したりすることができます．

いろいろな波形の信号を
繰り返し生成することができます．

● いろいろな音程，音色の音を簡単に出力することができます．

徹底図解★OPアンプIC活用ノート

第1章
測定器や信号発生器にはパソコンを活用しよう

OPアンプ応用回路を実験で学ぶ

1-1 OPアンプはアナログ回路の基本素子
回路記号はただの三角形のように見えるが…

　OPアンプとは，Operational Amplifier（演算増幅器）の略称で，「オペアンプ」と読みます．OPアンプは，二つの入力ピンと，一つの出力ピンをもつアナログ素子です．

　回路記号で書くと，**図1**のように右側がとがった三角形で，左（底辺）側に2本の入力ピン，右（頂点）側に1本の出力ピンが書かれています．

　2本の入力ピンは機能的に大きな違いがあるので，確実に区別できるように回路記号に印が付いています．−の印が付いているほうを反転入力ピン，＋の印が付いているほうを非反転入力ピンと呼びます．

　ANDやORなどのディジタル素子は，入力信号が"H"か"L"かを判断して，それに応じて"H"か"L"の出力信号を作り出します．それに対して，OPアンプのようなアナログ素子は，入力も出力も連続的に変化する信号，すなわちアナログ信号を扱います（**図2**）．

　OPアンプは二つの入力ピンに加えた信号電圧を比較したり，信号電圧を大きく増幅する働きをします．ただし，ごく基本的な増幅回路として動作させる場合でも，OPアンプ単体ではなく，**図3**のように2本の外付け抵抗を組み合わせて回路を構成します．

　この点はちょっと面倒に思えますが，その代わり，OPアンプを利用すればきわめて多種類のアナログ回路を作ることができます．外付け抵抗の抵抗値を変えたり，数を増やしたり，コンデンサやダイオードなど外付け部品の種類を増やすことによって，複雑な応用回路を簡単に実現できます．OPアンプはアナログの世界における万能基本素子と言えます．

図1 OPアンプの回路記号
信号を入力する端子には反転入力と非反転入力の二つがある

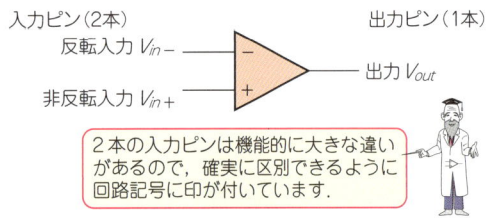

2本の入力ピンは機能的に大きな違いがあるので，確実に区別できるように回路記号に印が付いています．

図3 OPアンプによる増幅回路の例

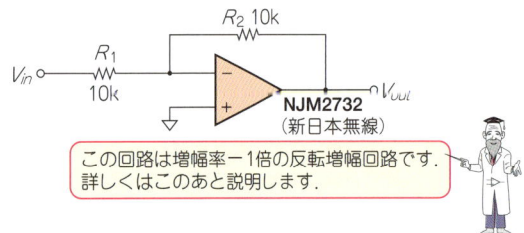

この回路は増幅率−1倍の反転増幅回路です．詳しくはこのあと説明します．

図2 ディジタル信号とアナログ信号

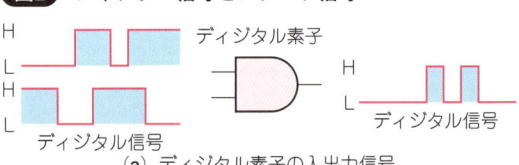

（**a**）ディジタル素子の入出力信号

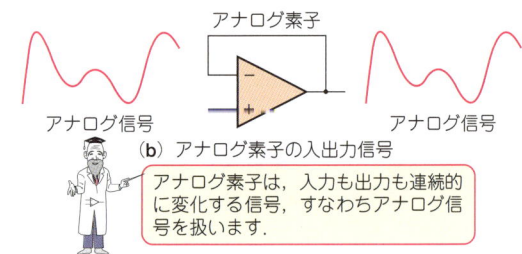

（**b**）アナログ素子の入出力信号

アナログ素子は，入力も出力も連続的に変化する信号，すなわちアナログ信号を扱います．

1-2 実験の準備

実験には電源/信号発生器/オシロスコープが必要

実際にOPアンプ応用回路を組み立てて実験してみれば，OPアンプの動作をよりよく理解できます．OPアンプICはピン数も少なく，DIP品も入手しやすいので，ブレッドボードを利用して手軽に実験ができます．

実験には抵抗やコンデンサなどの外付け部品，配線のための線材，信号発生器とオシロスコープ，電源なども必要です．

● 信号源と測定器

OPアンプの実験を行うには，試験用の信号波形（正弦波，方形波，三角波）を発生するためのファンクション・ジェネレータ（信号発生器）と，OPアンプの入出力波形を観測するためのオシロスコープは不可欠です．

最近では，これらの基本的な測定器はかなり安価に出回っていますし，広く普及もしています．といっても，新たに購入するのは敷居が高いと感じることも多いでしょう．

そこで，パソコンのオーディオ端子を利用して，ライン出力から信号波形を出力したり，ライン入力で取り込んだ信号波形をディスプレイに表示させるソフトウェア・ツールがいくつか開発されています．フリーのものもありますから，オーディオ端子に接続するための入出力ケーブルを自作すれば，ほとんど費用をかけずに実験することも可能です．

本書で示した実験にもこのようなツールであるDSPLinks（信号発生器）とSoftOscillo2（オシロスコープ）を利用しています．

ただし，このようなソフトウェア・ツールはパソコンのオーディオ端子を利用していることから，周波数帯域が狭く，直流もカットされてしまいます．また，周波数は精度が高く定量的に利用できますが，電圧（振幅）はパソコンの機種やコントロール・パネルの設定で大きく変わるので，定量的な扱いはできません．

それらの点に注意すれば，手軽で楽しいツールと言えるでしょう．次に，DSPLinksとSoftOscillo2の使い方を簡単に紹介します．

● パソコンが信号発生器になるソフトウェア DSPLinks

パソコンのオーディオ出力（LINE出力，ヘッドホン出力，スピーカ出力など）は，パソコン内部で合成したディジタル・データを24ビットのD-Aコンバータを用いてアナログ・オーディオ信号として出力します．

最近は，その機能を利用して任意のアナログ波形を発生するソフトウェア・ジェネレータがいくつか登場しており，実験用の簡易信号源として手軽で便利です．そのなかから，今回の実験ではDSPLinksを使ってみました．

▶ DSPLinksは各種波形を合成，解析，処理できる信号処理ソフト

DSPLinksは，出力する信号の波形（正弦波/方形波/三角波/ノコギリ波など），周波数，振幅，出力時間を設定可能で，さらに複数の信号源を合成して複雑な波形も発生できる高機能ジェネレータです．動作中の画面を図4に示します．

ただし，出力は1チャネルで，

図4 ソフトウェア信号発生器DSPLinksの画面

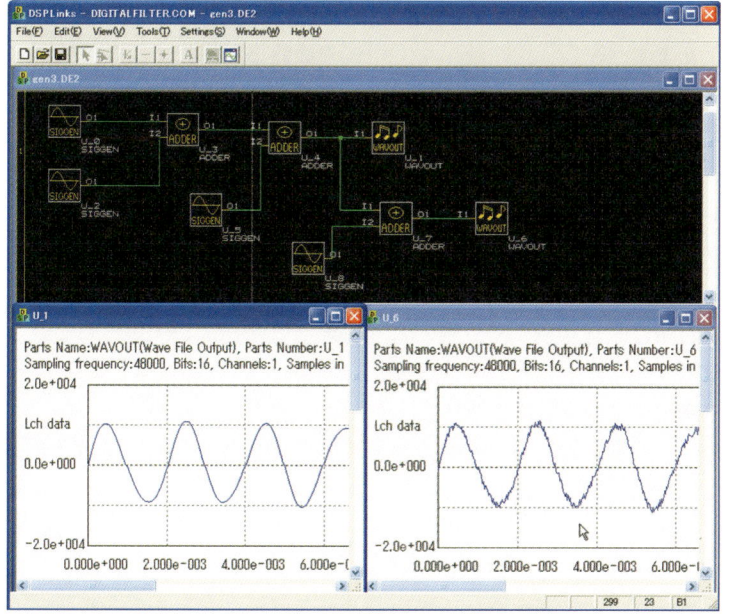

オーディオ出力のLとRに同じ信号が出力されます（モノラル出力）．Windows XPまたはWindows 2000/SP3以上で動作します．

DSPLinksは，（株）デジタルフィルター（通称DIGITALFILTER.COM）のフリー・ソフトウェアです．下記のURLから，「DSPLinksのダウンロード」で入手できます．

http://digitalfilter.com/

DSPLinksは，本来は信号発生器というより，さまざまな波形を合成，解析，処理できる高機能の信号処理ソフトウェアです．

起動すると，まず回路図画面が開きます．簡単な信号発生器として使う場合は，回路図画面でSIGGEN（信号発生器）とWAVOUT（波形出力器）を配置したあと，配線で接続します．SIGGENのアトリビュートを開いて波形のパラメータを設定し，モニタを開いて画面上で波形を確認できます．

なお，モニタの時間軸を適当に設定しないと，波形ウィンドウが青くなってしまって波形が見られません．

オーディオ出力から信号を出力するためには，いったん回路図を名前を付けて保存して，WAVOUTのモニタを開きます．WAVOUTでは，SIGGENと同様に画面上で波形を確認でき，信号の出力（Play Wave）や波形ファイルの保存（Save Wave）ができます．

普段スピーカから音が出ている環境であれば，あまり問題なく動作すると思います．出力波形が出てこないとすれば，①サウンド関係のドライバが組み込まれていない，②オーディオ出力がミュート（消音）の設定になっている，などが考えられます．

▶ DSPLinksの制約と使用上の注意点

DSPLinksに限らず，ソフト・ジェネレータに共通の制約として，交流専用かつ帯域が狭い（20～20000 Hz程度），出力の電圧値がソフトウェア的に確定できない（ディジタル・データが同じでも実際の電圧振幅は環境設定で変わり，また負荷による電圧降下も大きい）ことがあります．この点は注意が必要です．

出力は最大4 V_{p-p} 程度で，あまり大きな信号は出力できませんが，ここでの実験のような低電圧用途ではかえって安全と言えるでしょう．

DSPLinksを起動し，SIGGENでパラメータを設定して，WAVOUTでPlay Waveを実行すれば，オーディオ出力から波形が出力されます．デフォルトでは周波数1000 Hz，振幅10000，正弦波出力の設定になります．

筆者の環境で，この設定での実際の振幅を実測してみたところ，1台のパソコン（デスクトップ）は約1.3 V_{p-p}，別のパソコン（ノート・パソコン）は約0.5 V_{p-p} でした．後者なら，実験回路に直接入力しても過大入力になることはなく，5倍程度の増幅までは実験できます．しかし，一般には2000～3000程度に振幅を抑えるほうが安全でしょう．

なお，ソフトウェア・オシロスコープで波形測定を行う場合は，ソフトウェア・ジェネレータの出力インピーダンスが高く，かつソフトウェア・オシロスコープの入力インピーダンスが低いため，プローブを接続すると電圧降下を生じて電圧振幅が小さくなる場合があります．

また，1台のパソコンでソフトウェア・ジェネレータとソフトウェア・オシロスコープを同時に使うと，接続方法によっては，干渉により回路動作に影響を与える場合もあります．

今回の実験では，ノート・パソコンをソフトウェア・ジェネレータに用い，デスクトップをソフトウェア・オシロスコープに用いて，使い分けることにしました．

● パソコンがオシロになるソフトウェア SoftOscillo2

パソコンのオーディオ入力から入力されたアナログ・オーディオ信号は，24ビットのA-Dコンバータを用いてディジタル化されます．

それを記録すれば音声録音ができ，画面にプロットすれば波形表示ができます．最近は，その機能を利用して任意のアナログ波形を表示するソフトウェア・オシロスコープがいくつか登場しており，実験用の簡易測定器として手軽で便利です．

そのなかから，SoftOscillo2-CQ版を使ってみました．

▶ SoftOscillo2-CQ版は2チャネルのディジタル・ストレージ・オシロスコープ

SoftOscillo2-CQ版は2チャネルのDSO（ディジタル・ストレージ・オシロスコープ）機能をもち，FFT解析やネットワーク解析もできる高機能測定ツ

ールです．Windows XPまたはWindows 2000/SP3以上で動作します．また，簡易信号源として使える波形出力機能もあります．起動時の画面を 図5 に示します．

パソコンのオーディオ入力のうち，マイク入力は通常モノラル（1チャネル）であり，またマイク・アンプを内蔵しているためソフトウェア・オシロスコープには適しません．LINE入力を使用してください．

LINE入力をもたないパソコン（通常，ノート・パソコンにはLINE入力がないものが多い）は，残念ながら使用できません．

なお，一般的な環境では録音デバイスはマイク入力を使うように設定されているので，「サウンドのプロパティ」でLINE入力を使用可能にする必要があります．Lチャネルだけに信号を入力しても両チャネルに波形が表示される場合や，正弦波信号を入力しても方形波が表示されるような場合は，誤ってマイク入力を使用している可能性が高いです．

SoftOscillo2 - CQ版は，「トランジスタ技術」2006年8月号，同2007年4月号，同2007年8月号の付録CD - ROMに収録されています．

また，Standard Edition（製品版）が上記の（株）デジタルフィルターから購入できます．製品版では，
(1) 96 kHz，192 kHzのハイ・サンプリングに対応
(2) FFTが最多で65536ポイントまで可能
(3) リサジュー図形描画

など，機能強化されています．

▶ SoftOscillo2の制約と注意点

SoftOscillo2に限らず，ソフトウェア・オシロスコープに共通の制約として，交流専用かつ帯域が狭い（20～20000 Hz程度），入力の電圧値がソフト的に確定できない（ディジタル・データが同じでも実際の電圧振幅は環境設定で変わる），入力インピーダンスが低いので信号源にプローブを接続すると電圧降下を生じる場合がある，などの問題があります．

また，入力信号がオーディオ入力の最大定格を越えないように注意してください．

▶ SoftOscillo2の電圧軸のキャリブレーション

ソフトウェア・オシロスコープでは，パソコンの環境設定により内部の音量調整機能が働くため，実際の入力電圧の振幅と画面に表示される波形の振幅は1対1に対応しません．画面から電圧値を読み取りたい場合は，振幅が既知である入力信号を表示してみて，その表示が実際の電圧と一致するように電圧軸をキャリブレーション（校正）する必要があります．

SoftOscillo2の場合は，［オプション］の中にキャリブレーション用のボックス（CB）があり，そこに，

$$CB = \frac{真の電圧値}{見かけの電圧値}$$

の値を書き込みます．

たとえば，真の電圧振幅が±750 mVで，表示された波形の振幅を読み取ると±1.5 Vになっていたとします．この場合，CB = 750 mV ÷ 1.5 V = 0.5ですから，0.5をボックスに書き込んで［OK］ボタンを押せば，表示波形は0.5倍となり，画面からも振幅は±750 mVと読み取れるようになります．

● 電源

もともとのOPアンプは，±15 Vの正負対称電源を用いて動作させ，±10 Vの範囲の信号電圧を扱うというのが標準でした．OPアンプが扱える信号

図5 ソフトウェア・オシロスコープSoftOscillo2の画面（CQ版）

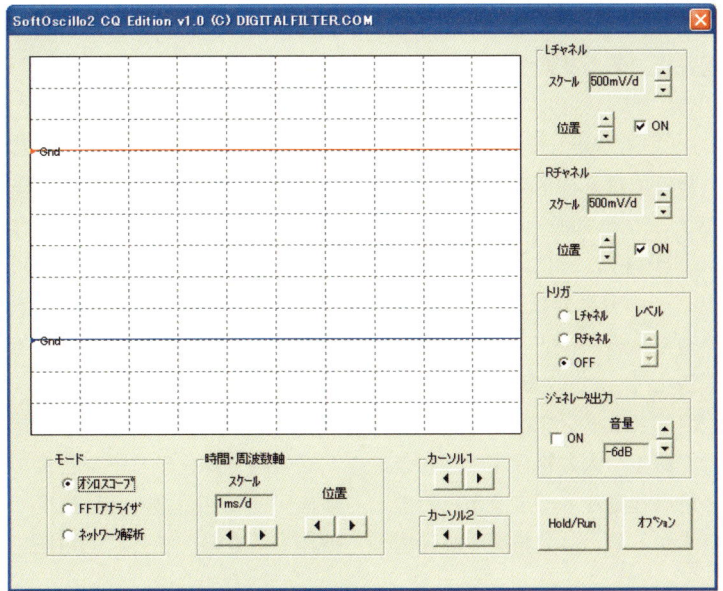

電圧範囲は正側，負側とも電源電圧より2～3Vほど狭く作られていました．

また，電源電圧がトータルで30Vと高いため，CMOS化が難しく，バイポーラ・トランジスタやJFET（接合型FET）で回路を構成していました．

しかし，OPアンプの用途が携帯ラジオや自動車に広がるとともに，9～12V程度の単電源で使用したいという要求が強まり，単電源用OPアンプが登場しました．

単電源用OPアンプは，負電源側の信号電圧範囲を電源電圧いっぱいまで広げることによって，OPアンプの負電源をグラウンド（GND）に接続してもGND付近の信号を扱えるようにしたものです．

さらに，ディジタル回路と共存させるために，3～5V程度の単電源でOPアンプを動作させたいという要求も強まりました．

低い電源電圧でもなるべく広い信号電圧範囲を扱えるように，正電源側も負電源側も電源電圧範囲いっぱいまでの信号電圧を扱えるレール・ツー・レールOPアンプ（フルスイングOPアンプ）も登場しました．

最近では，携帯機器などでこのような単電源/低電圧OPアンプが盛んに用いられています．この分野では，低耐圧/低消費電力のCMOS OPアンプが主流となっています．初期のCMOS OPアンプは入力オフセット電圧や入力雑音電圧が大きく，高速動作もできなかったのですが，最近は高精度や高速広帯域をうたったCMOS OPアンプも増えています．

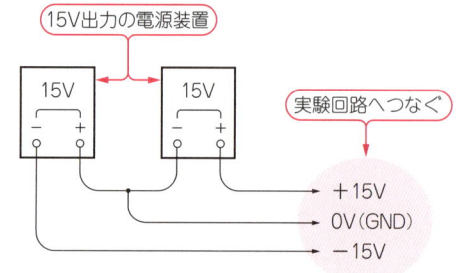

図6 2台の電源装置で正負電源を作る

しかし，絶対的な精度では正負電源が有利であり，±15V電源のOPアンプもまだまだ多数用いられています．

OPアンプ実験を行う場合は，使用したいOPアンプに合わせて適切な電源を用意する（あるいは，逆に用意した電源に合わせて適切なOPアンプを選ぶ）ことが必要です．

±15V電源用のOPアンプを動作させる場合には，アナログ用の±15V出力の電源装置があれば最も良いのですが，最近では品種も少なくやや高価です．実験用なら，2個の15V電源装置を**図6**のように組み合わせて±15V電源を作ることができます．

また，±15V電源用のOPアンプはほとんどが±5V電源でも動作可能です（特性は若干低下することが多い）．そこで，±5V電源装置を用いたり，2個の5V電源装置を組み合わせた±5V電源を用いることもできます．

一方，単電源/低電圧OPアンプの場合は，5～15V程度で動作するもの，3～5V程度で動作するもの，さらに低電圧での動作が可能なものがあります．

一般に，低電圧動作が可能なものほど耐圧も低くなるので注意が必要です．OPアンプに応じて，15V，12V，9V，5V，3Vなどの電源装置を用意します．

また，自動車用バッテリ，006P電池，単3などの乾電池，コイン電池などさまざまな電池を電源とすることも可能です．

なお，詳しくは第5章で説明しますが，すべてのOPアンプ回路が単電源動作にできるわけではなく，一般に単電源動作では回路形式が限定されます．また，精度的にも単電源動作はやや不利です．単電源用OPアンプでも正負電源で使用することは可能です．

本書の「基礎編」で行う実験では，3V単電源での動作が可能なOPアンプであるNJM2732，NJU7043（いずれも新日本無線）を使用しています．NJM2732はバイポーラ，NJU7043はCMOS OPアンプです．

電源としては，単3乾電池2個を組み合わせた±1.5V電源，または直列にした3V単電源を用いています．

1-3 OPアンプの種類

いろいろな種類がありそれぞれに特徴がある

OPアンプは，その特性によって汎用OPアンプ，高精度OPアンプ，高速広帯域OPアンプなどに分類されます．**表1**に代表的なOPアンプを示します．

● 汎用OPアンプ

汎用OPアンプは，全体的にほどほどの特性をもち，多くの用途で使いやすいように作られたOPアンプです．

一般に低価格であり，気軽に使うことができます．最近では，単電源／低電圧用の汎用OPアンプが多くなっています．

● 高精度OPアンプ

高精度OPアンプは，入力オフセット電圧などの直流特性を改善したものですが，その代わり帯域幅などの交流特性は低いものが多くなっています．

直流計測用として位置付けられますが，オーディオ用など低周波の交流用途に向けた製品もあります．

● 高速広帯域OPアンプ

高速広帯域OPアンプは，帯域幅などの交流特性を改善したものですが，その代わり入力オフセット電圧などの直流特性は低いものが多くなっています．

最近は，一般のOPアンプと内部構成や動作原理の異なる電流帰還型OPアンプが主流です．

表1 代表的なOPアンプの例

型名	メーカ	入力	電源範囲	個	V_{os}(max)	I_b(max)	GBW(typ)	SR(typ)	備考
NJM4558	新日本無線	BP	±4〜±18V	2	6mV	500nA	3MHz	1V/μs	オリジナルはRaytheon社．セカンド・ソース多い
NJM4559		BP	±4〜±18V	2	6mV	500nA	6MHz	2V/μs	
TL071	テキサス・インスツルメンツ	JFET	±3.5〜±18V	1	10mV	200pA	3MHz	13V/μs	セカンド・ソース多い
TL072		JFET	±3.5〜±18V	2	10mV	200pA	3MHz	13V/μs	
TL074		JFET	±3.5〜±18V	4	10mV	200pA	3MHz	13V/μs	
LF411	ナショナル セミコンダクター	JFET	±5〜±18V	1	2mV	200pA	4MHz	15V/μs	
LF412		JFET	±5〜±18V	2	3mV	200pA	4MHz	15V/μs	
TLE2071	テキサス・インスツルメンツ	JFET	±2.25〜±19V	1	4mV	175pA	10MHz	40V/μs	
TLE2072		JFET	±2.25〜±19V	2	6mV	175pA	10MHz	40V/μs	
TLE2074		JFET	±2.25〜±19V	4	5mV	175pA	10MHz	40V/μs	

(a) 汎用OPアンプ（±15V動作）

型名	メーカ	入力	電源範囲	個	V_{os}(max)	I_b(max)	GBW(typ)	SR(typ)	備考
OP27	アナログ・デバイセズ	BP	±4〜±18V	1	100μV	±80nA	8MHz	2.8V/μs	差動入力≦±0.7Vで使用
OP37		BP	±4〜±18V	1	100μV	±80nA	63MHz	7V/μs	差動入力≦±0.7Vで使用．A_v≧5で使用
OP77		BP	±3〜±18V	1	60μV	2.8nA	0.6MHz	0.3V/μs	

(b) 高精度OPアンプ

型名	メーカ	入力	電源範囲	個	V_{os}(max)	I_b(max)	GBW(typ)	SR(typ)	備考
LM358	ナショナル セミコンダクター	BP	3〜32V ±1.5〜±16V	2	7mV	250nA	1MHz	−	セカンド・ソース多い
LM324		BP	3〜32V ±1.5〜±16V	4	7mV	250nA	1MHz	−	
LMC662		CMOS	4.75〜15.5V	2	6mV	2pA	1.4MHz	1.1V/μs	出力のみフルスイング
LMC660		CMOS	4.75〜15.5V	4	6mV	2pA	1.4MHz	1.1V/μs	
NJM2732	新日本無線	BP	1.8〜6V	2	5mV	250nA	1MHz	0.4V/μs	入出力フルスイング．差動入力≦±1Vで使用
NJM2734		BP	1.8〜6V	4	5mV	250nA	1MHz	0.4V/μs	
NJU7043		CMOS	1.8〜5V	2	10mV	1pA(typ)	0.8MHz	0.7V/μs	入出力フルスイング

(c) 汎用OPアンプ（単電源／低電圧動作）

注 ▶ V_{os}(max)：入力オフセット電圧（T_a=25℃での最大値）
I_b(max)：入力バイアス電流（T_a=25℃での最大値）
GBW(typ)：ゲイン帯域幅積またはユニティ・ゲイン帯域幅（T_a=25℃での典型値）
SR(typ)：スルーレート（T_a=25℃での典型値）

1-4 OPアンプICの定格と電気的特性

OPアンプを壊さずに使いこなすための基礎知識

● 理想OPアンプと現実のOPアンプ

OPアンプがもつべき理想的な特質を備えたものを，理想OPアンプと呼びます．

理想OPアンプは抽象的に想定したものであり，現実には作ることができません．現実のOPアンプは，理想OPアンプに対して何らかの制約（最大定格）や誤差（電気的特性）をもちます．

● 壊さずに使いこなすための規格「絶対最大定格」

▶ 電源電圧

OPアンプは2本の電源ピンをもち，その間に規定の電源電圧を与えて使用します．±15V電源動作では，電源ピン間の電圧差は30Vになり，絶対最大定格は36～42Vぐらいが普通です．最近ではアナログ回路も低電圧化，単電源化が進み，5V動作や3V動作も一般的です．

また，絶対最大定格の範囲内で，良好な特性が得られる電源電圧の範囲を推奨動作範囲として規定しているICもあります．電源ピン間の電圧差さえ満たしていれば，正負電源/単電源どちらで使ってもかまいません．

▶ 入力電圧

2本の入力電圧ピンに加えることのできる最大電圧が規定されています．特に記載がない場合は，そのときの電源電圧が最大電圧範囲と考えるのが安全です．

なお，反転入力 V_{in-}，非反転入力 V_{in+} のそれぞれに加えられる電圧（同相入力電圧）と，それらの電圧差 $V_{in+} - V_{in-}$（差動入力電圧）を別々に規定している製品もあります．

▶ 消費電力（許容損失）

IC内部で消費された電力（損失）は熱に変わり，ICの温度を上昇させます．そのため，消費電力（最大損失）の最大定格が規定されています．通常は周囲温度 $T_a = 25℃$ で規定されているので，周囲温度がそれより高温の場合は定格より低い値で使用しなければなりません．

▶ 動作温度範囲と保存温度範囲

ICが動作可能な周囲温度範囲は，一般に狭いもので0～70℃程度，広いもので-40～85℃程度です．動作時には内部で発熱するので内部温度はもっと高くなります．シリコン半導体は接合部温度150℃程度で壊れる可能性があり，接合部温度で規定しているICもあります．

非動作時には内部での発熱がないので，保存温度範囲は0～125℃または-40～125℃程度が一般的です．

● 直流を入力したときの静的な性能「直流特性」

▶ 入力オフセット電圧とドリフト

理想OPアンプは差動入力電圧 $V_{in+} - V_{in-}$ を増幅します．現実のOPアンプICでは二つの入力の内部回路に若干のアンバランスがあるため，わずかなずれ ΔV をもち，$V_{in+} - V_{in-} + \Delta V$ を増幅します．この ΔV を入力オフセット電圧 V_{os} と呼びます．汎用OPアンプでは，入力オフセット電圧は±1mV程度から±10mV程度が一般的です．

入力オフセット電圧は同じ品種でも個体によるばらつきがあり，さらに同じ個体でも動作条件による変動があります．特に，温度による変動が大きいため，温度係数（温度ドリフト）を規定している製品もあります．

▶ 入力バイアス電流と入力オフセット電流

理想OPアンプは二つの入力 V_{in+}，V_{in-} にはまったく電流が流れませんが，現実のOPアンプICでは若干の電流 I_b が流れます．これを入力バイアス電流と呼びます．

OPアンプの入力バイアス電流は V_{in+}，V_{in-} の両方に流れるので，両入力の入力バイアス電流が同じなら，入力バイアス電流補償用抵抗 $R_3 = R_1 // R_2$ を用いて打ち消すことができます．

現実のOPアンプICでは，V_{in+} 側の入力バイアス電流 I_{b+} と V_{in-} 側の入力バイアス電流 I_{b-} はまったく同じではないので，その差 $|I_{b+} - I_{b-}|$ を入力オフセット電流 I_{os} と呼んで規定しています．

▶ 入力インピーダンス

理想OPアンプは入力インピーダンスが無限大ですが，現実のOPアンプでは有限です．ただし，一般には入力バイアス電流のほうが問題になりやすく，その対策が十分にしてあれば，入力インピーダンスの影響はあまり気にする必要はないでしょう．

▶ 同相入力範囲

OPアンプが動作できる入力電圧 V_{in+}，V_{in-} のそれぞれの範

囲です．一般に電源電圧の内側に限られます．また，単電源用OPアンプは，負電源側が電源電圧いっぱいまで動作可能に作られています．

▶ 同相除去比（CMRR）

OPアンプは理想的には差動入力電圧 $V_{in+} - V_{in-}$ によって動作し，同相電圧（それぞれの入力に共通に加わる電圧）の影響を受けません．しかし，現実には若干の影響を受けるので，その除去能力を同相除去比（CMRR：Common Mode Rejection Ratio）として規定しています．

▶ 電源除去比（PSRR）

OPアンプを規定の範囲の電源電圧で用いた場合でも，電源電圧が変動すれば特性は若干変動します．その除去能力を電源除去比（PSRR：Power Supply Rejection Ratio）として規定しています．

▶ 開ループ・ゲイン

理想OPアンプは差動入力電圧 $V_{in+} - V_{in-}$ を無限大に増幅します．これを開ループ・ゲインと呼びます．現実のOPアンプICでも，一般的な汎用OPアンプで1万～10万倍（80～100 dB）程度の大きな増幅率をもっています．開ループ・ゲインが不足すると，負帰還が十分にかからなくなり，理想の動作式に対して誤差を生じます．

▶ 出力インピーダンス

一般のOPアンプは数十～数百Ωの出力インピーダンスをもちますが，負帰還回路では出力インピーダンスを0とみなして使用できます．

負帰還回路では出力電圧が所定の値になるように自動制御されており，出力インピーダンスで生じる電圧降下は補償されてしまうためです．

▶ 出力電圧振幅

OPアンプが出力できる出力電圧 V_{out} の範囲です．一般に電源電圧の内側に限られますが，単電源用OPアンプは，負電源側が電源電圧いっぱいまで出力可能に作られています．

入力も出力も電源電圧いっぱいまで可能なOPアンプは，入出力レール・ツー・レールまたは入出力フルスイングOPアンプと呼びます．

▶ 静止消費電流

OPアンプに電源だけつないで，何も信号を入力せず，負荷電流も流さないときの消費電流です．

● 交流信号を入力したときの動的な性能「交流特性」

▶ 周波数特性とGB積

OPアンプの開ループ・ゲインは直流ではきわめて大きく平坦ですが，**図7**のようにある周波数を境に周波数とともにゲインが低下するようになり，ある周波数でゲイン＝1倍（ユニティ・ゲイン）となり，さらに周波数とともにゲインはどんどん小さくなっていきます．これを，OPアンプの周波数特性と呼びます．

最も典型的には，ゲインが低下し始める周波数からユニティ・ゲイン周波数の付近まで，周波数が10倍ごとにゲインが10分の1（－20 dB/dec.）というように直線的に低下していきます．これは，1次のロー・パス・フィルタと同じ特性です．

このため，OPアンプは周波数が高くなると負帰還のゲインが不足して，回路の精度が低下していきます．さらに，ゲインが1倍より小さくなると負帰還が働かなくなり，OPアンプとしては機能しなくなります．

図8のように増幅回路では，所定の増幅率をOPアンプの開ループ・ゲインから得るので，

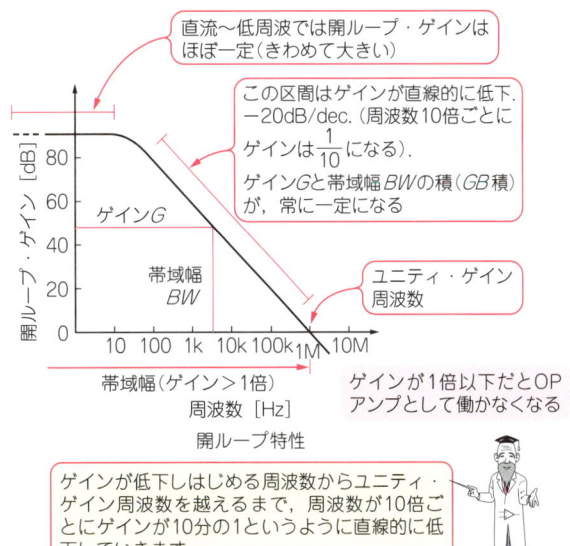

図7 OPアンプの周波数特性

1-4 OPアンプICの定格と電気的特性

図8 負帰還をかけたときのゲイン「閉ループ・ゲイン」と負帰還をかけないときのOPアンプ単体のゲイン「開ループ・ゲイン」

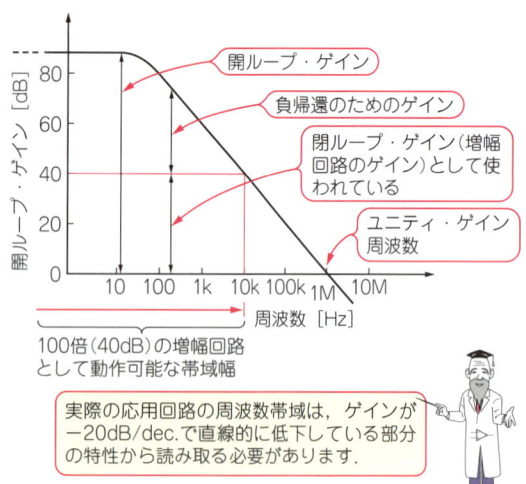

図11 ゲインと位相の周波数特性
発振しにくい増幅器を設計するためには、入力と出力の位相関係にも注目

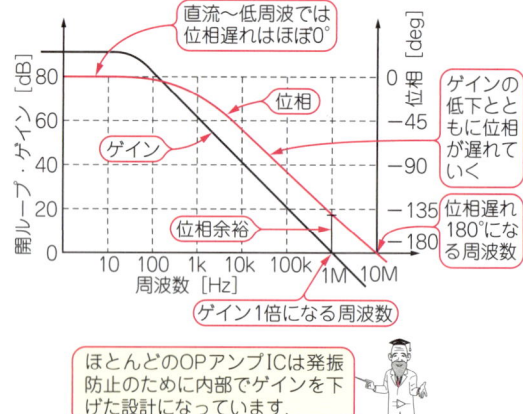

図9 入出力間の位相の遅れ

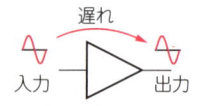

回路の入力-出力間には多かれ少なかれ遅れが存在する

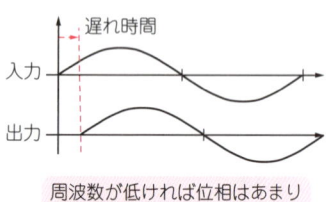

周波数が低ければ位相はあまり変わらない

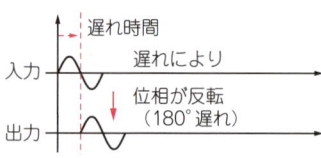

周波数が高いほど位相の変化は大きい

アナログ回路では遅れ時間より位相遅れが重要です。

図10 位相遅れによる発振

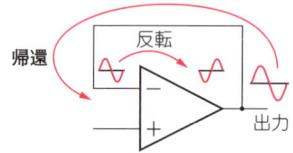

(a) 負帰還は出力誤差をうち消す方向に帰還がかかる→安定、収束する

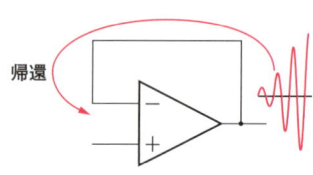

(b) 帰還ループで位相が180°遅れると負帰還のはずが反転して正帰還になる→不安定、発振する

(c) 帰還により出力がどんどん大きくなって発振する

180°遅れになると正帰還に変わってしまい、振幅が大きくなって発振します。

増幅率10倍なら少なくとも10倍の開ループ・ゲイン、増幅率100倍なら少なくとも100倍の開ループ・ゲインが必要です。

実際の応用回路の周波数帯域は、ゲインが−20dB/dec.で直線的に低下している部分の特性から読み取る必要があります。この区間ではゲインと周波数の積が一定なので、この値を *GB積*（ゲイン帯域幅積）として規定しています。

▶ 位相余裕

OPアンプを高い周波数の応用回路に使いたい場合、GB積の不足に悩まされますが、ほとんどのOPアンプICは発振防止のためにわざわざ内部でゲインを下げた設計になっています。

負帰還は出力が上がりすぎたら出力を下げる方向に、出力が下がりすぎたら出力を上げる方向に働いて、出力を安定化させます。ところが、負帰還ループに遅れがあると、周波数とともに帰還される信号の位相が次第に遅れていって、180°遅れになると本来の負帰還と正負が逆になり、正帰還に変わってしまいます（**図9**，**図10**）。

図13 スルー・レートの波形への影響

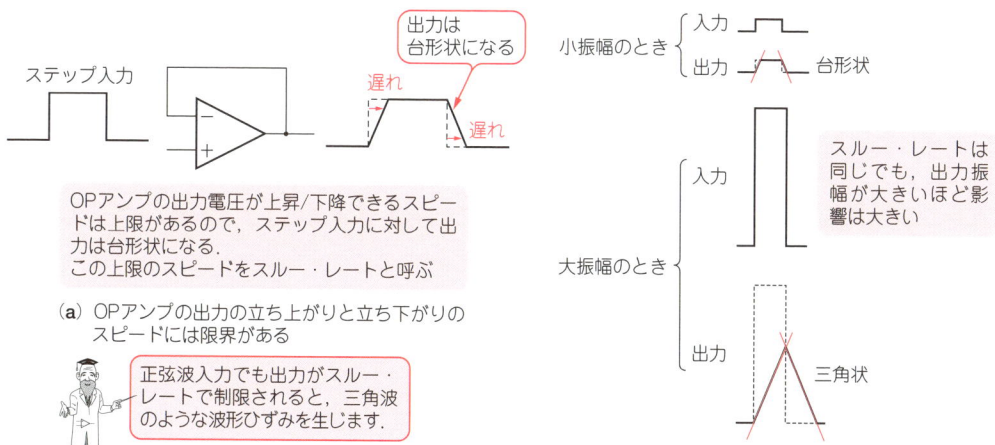

(a) OPアンプの出力の立ち上がりと立ち下がりのスピードには限界がある

(b) 出力振幅とスルー・レートの影響

　この発振を防ぐため，一般のOPアンプでは位相遅れが180°になる周波数で帰還のゲインが1倍より小さくなるように，高周波における開ループ・ゲインを下げてあります．このようなOPアンプを位相内部補償型OPアンプと呼びます（**図11**）．通常のOPアンプICはほとんどすべてが位相内部補償型と考えてよいでしょう．

　位相内部補償型OPアンプでも，負帰還の経路に遅れを生じるような回路を追加すると，より低い周波数で位相遅れが180°になって発振します．例えば，**図12**のように，OPアンプ出力や反転入力に負荷容量を接続すると，CR積分回路を構成して位相遅れを生じ，発振しやすくなります．

　OPアンプの発振しにくさは，ゲイン1倍の周波数で位相遅れが−180°よりどれだけ小さいか（位相余裕）によって評価できます．

▶ スルー・レート

　OPアンプを高い周波数の応用回路に使いたい場合，問題と

図12 発振しやすい接続の例

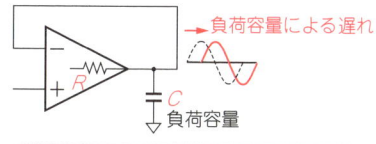

(a) 負荷容量の影響　　(b) 入力容量の影響

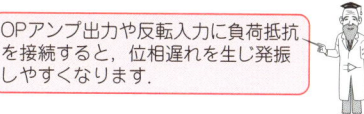

なる特性がもう一つあります．それは，**図13**のように入力電圧がステップ的に変化したとき，出力電圧がどれくらいのスピードで追随できるかです．この特性をスルー・レートと呼びます．

　スルー・レートが問題になるのはステップ応答（方形波入力）の場合だけでなく，正弦波入力でも出力がスルー・レートで制限されると，三角波状になり波形ひずみを生じます．ただし，正弦波入力の場合，同じ周波数でも出力振幅が小さければスルー・レートの制限にかからず，出力振幅が大きいとスルー・レートによるひずみを生じます．そのため，特に回路の出力段にOPアンプを使用する場合に問題となります．

▶ 入力換算雑音

　OPアンプの入力オフセット電圧，入力バイアス電流は直流的な誤差ですが，OPアンプ内部にはさまざまな周波数の誤差電圧，誤差電流が発生します．それらをまとめて，入力換算雑音電圧，入力換算雑音電流として規定します．　〈宮崎　仁〉

徹底図解★OPアンプIC活用ノート

第2章
信号を増幅する二つの動作がOPアンプ応用の基本

OPアンプの基本的な使いかた

2-1 増幅IC「OPアンプ」を動かしてみる
入力を反転する回路と反転しない回路がある

1　信号を増幅してみる

　OPアンプを使った回路はとてもたくさんの種類がありますが，もっとも代表的なものの一つが非反転増幅回路です．

　OPアンプと2本の抵抗で作ることができて，入力電圧をK倍に増幅して出力します．このKを増幅率と呼びます．

　増幅率Kは，OPアンプを使った回路ではかなり自由に設定できます．たとえば，増幅率が2倍とか，3倍とか，10倍とか，400倍とか，そのような回路を作ることができます．

このときKは，回路で使用する抵抗の値で決まります．

　に示すように，増幅率が2倍なら，入力電圧V_{in}が1Vのとき，出力電圧V_{out}は2Vになります．

　さらに，$V_{in} = 2$Vのときは$V_{out} = 4$V，$V_{in} = -2$Vのときは$V_{out} = -4$Vというように，出力電圧は常にそのときの入力電圧の2倍になります．

● 非反転増幅回路の実験

　それでは，図2(a)のように非反転増幅回路を作り，実際に動作させてみましょう．

　OPアンプと，$R_1 = 10$kΩ，$R_2 = 10$kΩの2本の抵抗を用意します．抵抗R_1とR_2は直列に接続し，R_2の右端はOPアンプの出力ピンに，R_1の左端はGND（グラウンド）に接続します．R_1とR_2の接続点は，OPアンプの反転入力ピンに接続します．

　これはちょうど，OPアンプの出力電圧をR_1とR_2で抵抗分圧して，分圧点の電圧をOPアンプの反転入力ピンに入力していることになります．このようすをわかりやすく回路図で示すと，図2(b)のようになります．当然ですが，回路としては図2(a)とまったく同じです．

● 実験するとこのような波形が出てくるはず…

　図2(c)に示すように，入力信号に比べて出力信号の電圧が大きくなっていることがわかります．また，入力と出力の波形を比べてみると，山は山，谷は谷になっていて，反転していないことがわかりま

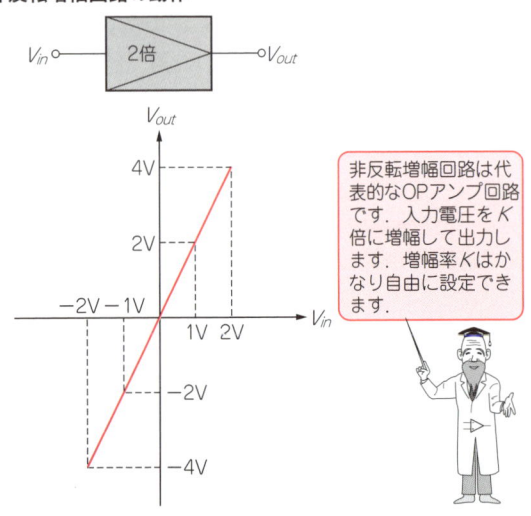

図1　非反転増幅回路の動作

非反転増幅回路は代表的なOPアンプ回路です．入力電圧をK倍に増幅して出力します．増幅率Kはかなり自由に設定できます．

図2 非反転増幅回路の実験(電源は±1.5 Vを使用している)

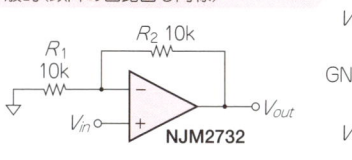
回路図では電源の配線を省略することが一般的(以降の回路図も同様)

(a) 回路図

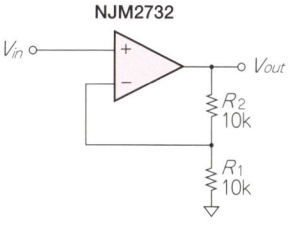

(b) 別の描きかた

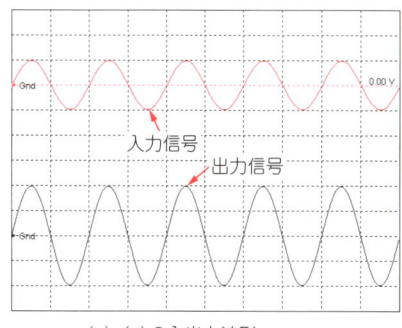

(c) (a)の入出力波形 (500mV/div., 1ms/div.)

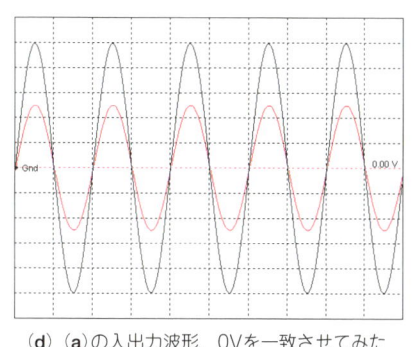

(d) (a)の入出力波形. 0Vを一致させてみた (200mV/div., 1ms/div.)

入力信号に比べて出力信号の電圧が大きくなっていることがわかります. 信号が反転しないから「非反転」増幅回路と呼ばれています.

す.

　信号が反転しないから「非反転」増幅回路というわけです. わざわざ「非反転」というのは, もう一つのOPアンプの代表的な応用回路である「反転増幅回路」と区別するためです.

　入力信号と出力信号の振幅を比較してみましょう. オシロスコープの画面で0Vの位置を一致させてみると, **図2(d)** のようになります. 入力信号に対して, 出力信号の山の高さ, 谷の深さは2倍であり, すなわち振幅は2倍になっています.

　この非反転増幅回路の増幅率K[倍]は, 外付けの抵抗R_1, R_2で決まります. 式で書くと,

$$K = 1 + \frac{R_2}{R_1} \cdots\cdots(1)$$

となります. ここでは$R_1 = R_2 = 10\,\mathrm{k\Omega}$の抵抗を使っているので,

$$K = 1 + \frac{10\,\mathrm{k}}{10\,\mathrm{k}} = 1 + 1 = 2$$

と計算できて, 増幅率は2倍であり, 出力振幅は入力の2倍になります.

　非反転増幅回路では, 抵抗値を変えてやれば, 増幅率を変えることができます.

　次に, その実験をやってみましょう.

2 非反転増幅回路の増幅率を変えてみる

　先の実験では, 増幅率を2倍に設定しました.

● 増幅率を小さくする

　追加の抵抗として$10\,\mathrm{k\Omega}$を用意します. この$10\,\mathrm{k\Omega}$を元の$R_1 = 10\,\mathrm{k\Omega}$と直列に接続することによって, $R_1 = 20\,\mathrm{k\Omega}$となります. 回路を**図3(a)**に示します.

　ちょうど$20\,\mathrm{k\Omega}$の抵抗があれば, それ1本でも実験できます.

この場合の回路を**図3(b)**に示します.

　それでは, この回路を動作させてみましょう. 結果は**図3(c)**のように, 出力の振幅は入力の1.5倍, すなわち増幅率は1.5倍になりました.

　式(1)で, $R_1 = 20\,\mathrm{k\Omega}$として計算してみると,

$$K = 1 + \frac{R_2}{R_1}$$

$$= 1 + \frac{10\,\mathrm{k}}{20\,\mathrm{k}} = 1 + 0.5$$

$$= 1.5$$

です. 確かに1.5倍になります.

● 増幅率を大きくする

　今度は**図4(a)**のように, 元の抵抗$R_1 = 10\,\mathrm{k\Omega}$に並列に, 追加の抵抗$10\,\mathrm{k\Omega}$を接続してみましょう. これによって, $R_1 = 5\,\mathrm{k\Omega}$となります.

　手元に$4.7\,\mathrm{k\Omega}$か$5.1\,\mathrm{k\Omega}$の抵抗

があれば，図4(b)のようにすれば，それ1本でほぼ同じ結果が得られます．

それでは，この回路を動作させてみましょう．図4(c)のように，出力の振幅は入力の3倍，すなわち増幅率は3倍になりました．

式(1)で，$R_1 = 5\,\text{k}\Omega$として計算してみると，

$$K = 1 + \frac{R_2}{R_1}$$

$$= 1 + \frac{10\,\text{k}}{5\,\text{k}} = 1 + 2$$

$$= 3$$

です．確かに3倍になります．

図3　非反転増幅回路の増幅率を小さくする実験

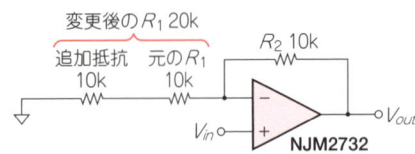

(a) 回路図

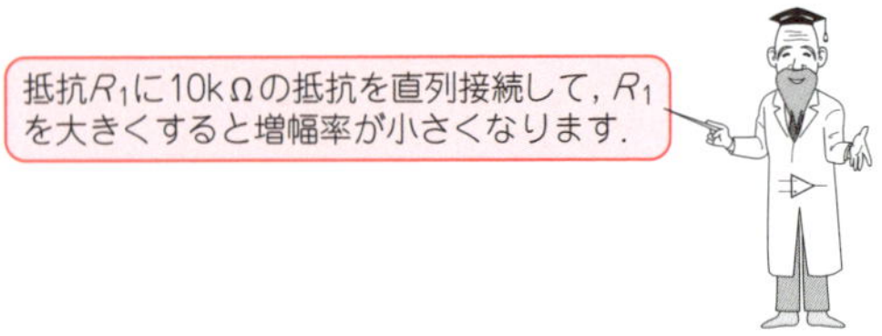

$R_1 = 10\,\text{k}\Omega$に追加抵抗$10\,\text{k}\Omega$を直列接続して，元のR_1の2倍にする

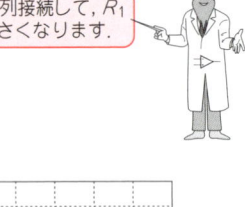

抵抗R_1に$10\,\text{k}\Omega$の抵抗を直列接続して，R_1を大きくすると増幅率が小さくなります．

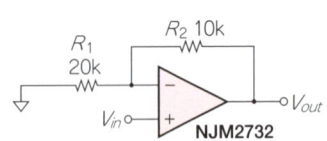

(b) 1本の抵抗で作る場合

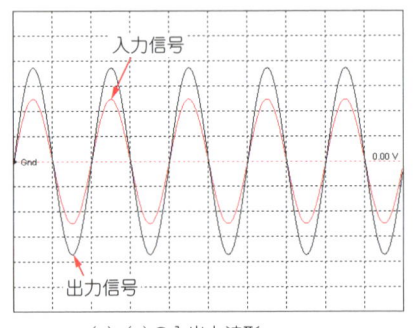

(c) (a)の入出力波形
(200mV/div., 1ms/div.)

図4　非反転増幅回路の増幅率を大きくする実験

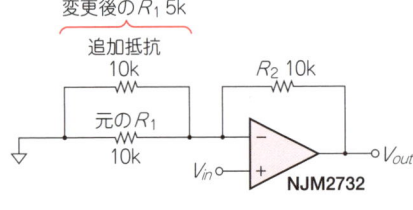

(a) 回路図

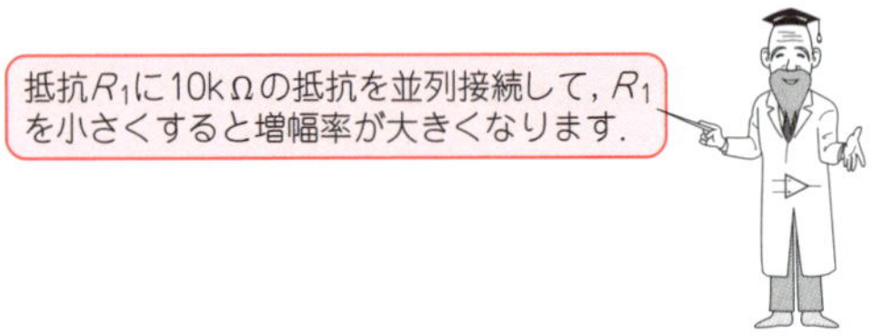

抵抗R_1に$10\,\text{k}\Omega$の抵抗を並列接続して，R_1を小さくすると増幅率が大きくなります．

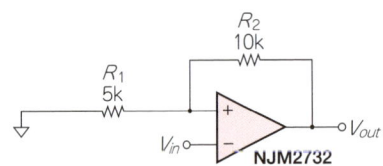

増幅率は少し変わるが，R_1は$4.7\,\text{k}\Omega$または$5.1\,\text{k}\Omega$でもほぼ同じ結果が得られる

(b) 1本の抵抗で作る場合

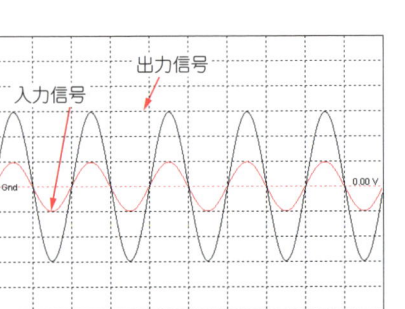

(c) (a)の入出力波形
(500mV/div., 1ms/div.)

3 信号を反転して増幅する

OPアンプを使った回路としてもう一つ代表的なものが，**反転増幅回路**です．非反転増幅回路と同様に，OPアンプと2本の抵抗で作ることができます．

入力電圧をK倍に増幅して出力してくれるのも同様ですが，Kはいつも負の値であることが大きな特徴です．たとえば，増幅率が－2倍とか，－3倍とか，－10倍とか，－400倍とか，そのような回路を作ることができます．このKは，やはり回路で使用する抵抗値で決まります．

増幅率が－2倍なら**図5**に示すように，入力電圧V_{in}が1Vのときの出力電圧V_{out}は－2Vです．V_{in}＝2VのときはV_{out}＝－4V，またV_{in}＝－1VのときはV_{out}＝2V，V_{in}＝－2VのときはV_{out}＝4Vというように，出力電圧は常にそのときの入力電圧の－2倍になります．

● 実験の手順

図6(a)のように反転増幅回路を作り，実際に動作させてみましょう．

OPアンプと，R_1＝10kΩ，R_2＝10kΩの2本の抵抗を用意します．非反転増幅回路の実験と同じです．

● 実験するとこのような波形が出てくるはず…

図6(b)のように，入力信号と同じような波形が出力信号として現れています．二つの波形はそっくりですが，よく見ると，入力信号の山は出力では谷に，入力信号の谷は出力では山に，というように，入力と出力では波形が裏返しになっていることがわかります．

このように，信号が反転することから「反転」増幅回路と呼ばれているのです．

図5 反転増幅回路の動作

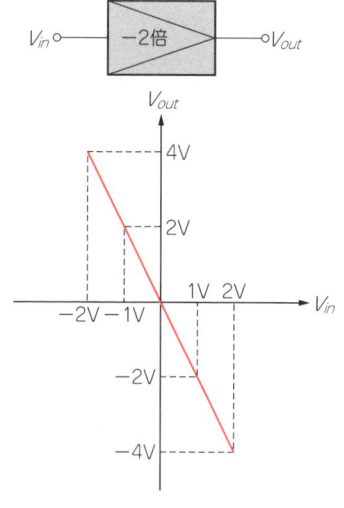

反転増幅回路も代表的なOPアンプ回路です．入力電圧をK倍に増幅して出力します．増幅率Kはかなり自由に設定できます．

図6 反転増幅回路の実験

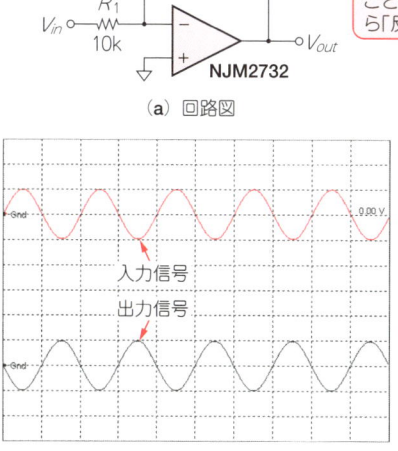

(a) 回路図

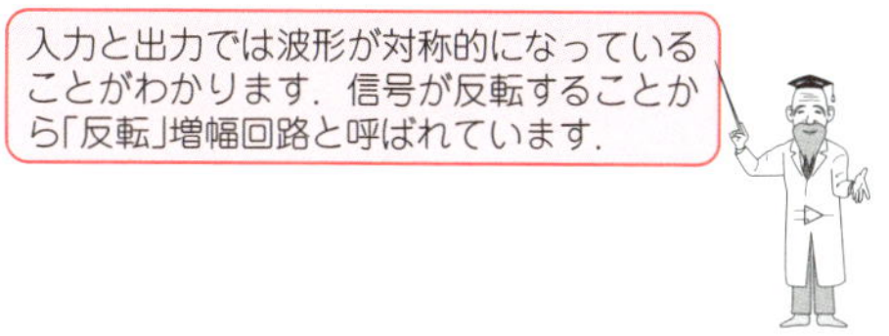

入力と出力では波形が対称的になっていることがわかります．信号が反転することから「反転」増幅回路と呼ばれています．

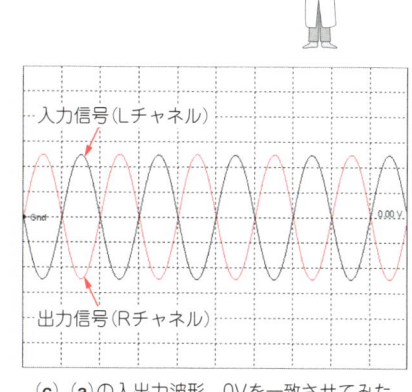

(b) (a)の入出力波形
(500mV/div., 1ms/div.)

(c) (a)の入出力波形．0Vを一致させてみた
(200mV/div., 1ms/div.)

入力信号と出力信号の振幅を比較してみましょう．オシロスコープの画面で，入力信号と出力信号の0V位置を一致させてみます．図6(c)のように，入力信号と出力信号の山の高さ，谷の深さは同じであり，すなわち振幅（谷底から山頂まで）は同じになっています．

増幅回路といっても，この回路は正負が反転するだけで，振幅が大きくなるわけではありません．ちょっと物足りない感じがします．これは，今使っている抵抗値の組み合わせ（$R_1 = 10\,\mathrm{k}\Omega$と$R_2 = 10\,\mathrm{k}\Omega$）で，そうなっているのです．

増幅率Kは抵抗R_1とR_2の値によって決まります．式で書くと，

$$K = -\frac{R_2}{R_1} \quad \cdots\cdots\cdots\cdots (2)$$

となります．－（マイナス）は電圧の正負が反転することを示します．

ここでは$R_1 = R_2 = 10\,\mathrm{k}\Omega$の抵抗を使っているので，

$$K = -\frac{R_2}{R_1} = -1$$

となり，増幅率は－1倍なので，振幅は変わりません．

したがって，抵抗値を変えてやれば増幅率も変えることができます．

4 反転増幅回路の増幅率を変えてみる

非反転増幅回路と同じように，追加の抵抗を用いて反転増幅回路の増幅率を変える実験を行ってみましょう．

● 増幅率を大きくする

図7(a)のように，元の抵抗R_1と並列に追加の抵抗$10\,\mathrm{k}\Omega$を入れれば，$R_1 = 5\,\mathrm{k}\Omega$となります．手持ちに$4.7\,\mathrm{k}\Omega$か$5.1\,\mathrm{k}\Omega$の抵抗があれば，1本でほぼ同じ結果が得られます．

それでは，この回路を動作させてみましょう．

図7(b)のように，入力信号の山は出力では谷に，入力信号

図7 反転増幅回路の増幅率を大きくする実験

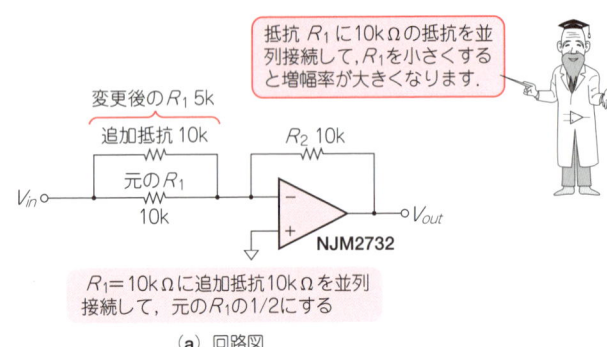

(a) 回路図

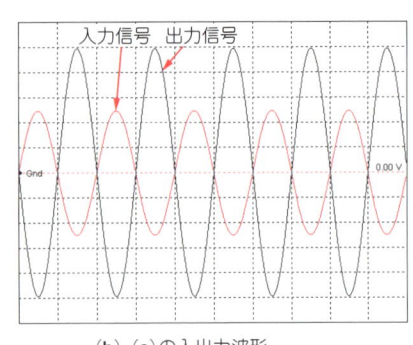

(b) (a)の入出力波形
（200mV/div., 1ms/div.）

図8 反転増幅回路の増幅率を小さくする実験

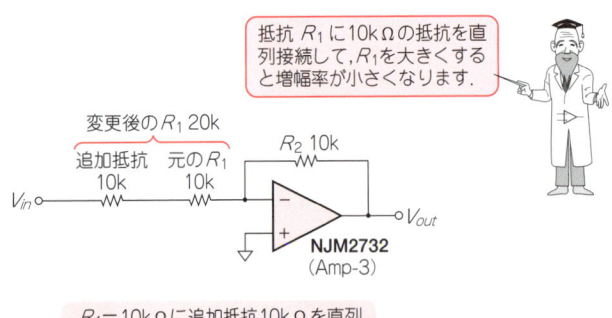

(a) 回路図

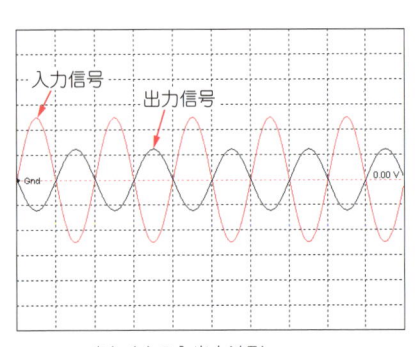

(b) (a)の入出力波形
（200mV/div., 1ms/div.）

の谷は出力では山に，というように，入力と出力が反転しています．

そして，出力信号の振幅は入力信号の2倍，すなわち増幅率は－2倍になりました．

式(2)で，$R_1 = 5\,\text{k}\Omega$として計算してみると，

$$K = -\frac{R_2}{R_1} = -\frac{10\,\text{k}}{5\,\text{k}} = -2$$

です．確かに－2倍になります．

● 増幅率を小さくする

今度は，元の抵抗R_1に＝10 kΩと直列に，追加の抵抗10 kΩを入れてみましょう．回路は **図8(a)** のように，$R_1 =$ 20 kΩとなります．

それでは，この回路を動作させてみましょう．

図8(b) のように，入力信号と出力信号は反転していて，出力信号の振幅は入力信号の0.5倍，すなわち増幅率は－0.5倍になりました．

これは，信号を大きくするのではなく，元の信号より小さくする(減衰させる)回路です．このような回路は，特に減衰回路と呼ばれることもありますが，一般には増幅回路の一つとして扱います．

式(2)で，$R_1 = 20\,\text{k}\Omega$として計算してみると，

$$K = -\frac{R_2}{R_1} = -\frac{10\,\text{k}}{20\,\text{k}} = -0.5$$

です．確かに－0.5倍になります．

● 反転増幅回路の増幅率は1より小さくできる

反転増幅回路の増幅率は，

$$K = -\frac{R_2}{R_1}$$

なので，R_2よりR_1が大きければ増幅率の絶対値は1より小さくなります．

それに対して，非反転増幅回路の増幅率は，

$$K = 1 + \frac{R_2}{R_1}$$

なので，増幅率は必ず1より大きくなります．

ミニ用語解説 ① column

● アナログ

アナログ(analog)とは，隣り合う値がつながっていて，連続的に値が変化していくような量です．隣との間が離れていて，1，2，3，…，と数えられる量(離散的量)はディジタル(digital)です．

アナログは実数に，ディジタルは整数に相当します．電気的量はもともとアナログ量ですから，電気や電子の技術はアナログ技術として発展してきました．

アナログ回路では，電圧や電流などの量を，そのままアナログ量として扱います．そして，大きさを測ったり，大きくしたり小さくしたり，足したり引いたりという操作を行います．

● 単電源

電子回路で，電源を一つしか使わないシステムを単電源と呼びます．アナログ回路では0Vを基準として，それより高い電圧(正)，低い電圧(負)を信号として扱うことが多いので，正負の電源を使用するのが普通でした．

また，正の電圧しか扱わない場合でも，単電源だと0Vが信号電圧の端になるので，0V付近の微小な電圧を扱うときに誤差が生じやすくなります．

しかし，ディジタル回路にアナログ回路を組み込みたい場合や，負電源を使いたくない場合も多く，単電源動作のアナログ回路も多くなっています．

● ディジタル素子

ディジタル回路では，スイッチのON/OFFや，電圧のHigh/Lowというような二つの状態を値として扱います．そのため，ディジタル回路で用いられる素子は，スイッチとしての機能をもつものが多くなっています．

トランジスタのような半導体素子は，連続的な電流増幅機能をもつアナログ素子であり，電流の大きさを連続的に制御することができます．

一方，電流をたくさん流している状態をON，ほとんど流さない状態をOFFと見なすことによって，スイッチ(ディジタル素子)として用いることもできます．

● 静電気

空気の乾燥した季節にドアの金具などに触れてビリッと衝撃を感じることがありますが，これは人体にたまった静電気が放電されて起こります．このようなエネルギーをもった静電気が電子回路に放電されると，半導体素子を壊してしまう場合があります．

ICの入力ピンなど，インピーダンスが高い部分ほど静電気に弱いので，未使用の素子は導電性スポンジに挿しておくなどの対策が行われます．基板に実装された素子でも，未使用ピンをGNDなどに接続しておく(空きピン処理)といった静電気対策があります．

2-2 電圧フォロワを作る
出力部などに使う増幅率1倍の回路

電圧フォロワと呼ばれる回路を作ってみましょう．この回路は，増幅率が1倍の非反転増幅回路に相当します．

● ゲイン1倍の増幅器…電圧フォロワ

非反転増幅回路の増幅率 K は，式（1）に示したように，$1 + R_2/R_1$ で計算できます．

どんな抵抗 R_1，R_2 を使ったとしても，R_2/R_1 の値は有限の正の値ですから，増幅率 K は必ず1よりも大きくなります．反転増幅回路では－0.5倍とか，－1倍の回路が作れましたが，非反転増幅回路で0.5倍や1倍の増幅回路は作れないということです．

ただし，ちょっと工夫すれば，ほぼ1倍の非反転増幅回路なら作ることができます．どのようにするかというと，図2の非反転増幅回路で抵抗 R_2 をゼロにしてしまえば，$R_2/R_1 = 0$ になり，増幅率は1倍になります．抵抗 R_2 を電線（電線の抵抗は理想的には0Ωと考える）に置き換えれば $R_2 = 0$ を実現できます．

また，分母を無限に大きくすれば分数の値はゼロになりますから，R_2 を0Ωにする代わりに R_1 を∞Ωにしても，増幅率は1倍になります．図2の非反転増幅回路で，R_1 を絶縁体に置き換えるか，R_1 を取り除いてしまえば $R_1 = \infty$ Ωを実現できます．線が切れているということは，その部分の抵抗は無限大だということです．

この両方を同時に行った回路が電圧フォロワです．非反転増幅回路の R_1 を取り除き，R_2 を電線に置き換えたものです．

図9(a) のように，OPアンプの反転入力ピンと出力ピンを直接に接続すれば，電圧フ

図9 電圧フォロワの実験

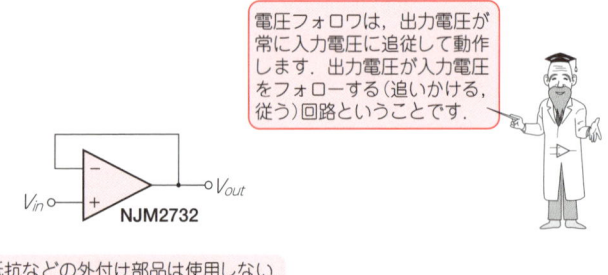

電圧フォロワは，出力電圧が常に入力電圧に追従して動作します．出力電圧が入力電圧をフォローする（追いかける，従う）回路ということです．

抵抗などの外付け部品は使用しない．GNDへの接続もない

（a）回路図

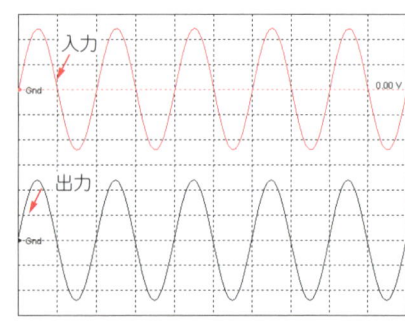

（b）（a）の入出力波形
（200mV/div., 1ms/div.）

図10 電圧フォロワの使いかた

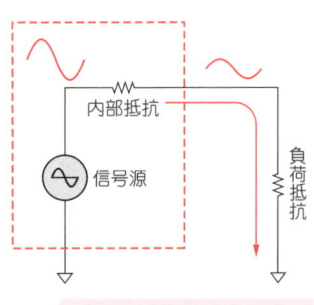

信号源の内部抵抗と負荷抵抗で抵抗分圧されて減衰する

（a）内部抵抗の大きい信号源

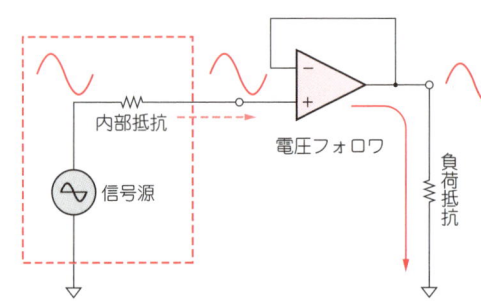

信号源と負荷の干渉を防ぎ，電圧が正しく伝わる

（b）電圧フォロワの効果

信号発生回路の出力に電圧フォロワを取り付け，電圧フォロワに負荷を接続するようにすれば，干渉を防ぐことができます．

ォロワができます．このように，電圧フォロワは外付け抵抗をまったく使わずに実現できるOPアンプ回路です．

● 電圧フォロワを動かす

それでは，この回路を動作させてみましょう．

図9(b)のように，入力信号とまったく同じ出力信号が得られます．反転していない非反転増幅回路であって，出力の振幅が入力と同じ，すなわち増幅率は1倍になりました．

この回路は，入力信号線と出力信号線は直接にはつながっていないので，互いに干渉することはありません．そして，出力電圧は常に入力電圧に追従して動作します．出力電圧が入力電圧をフォローする（追いかける）回路ということで，電圧フォロワ（voltage follower）と呼ばれています．

信号発生回路の出力に直接に負荷を接続すると，干渉によって出力電圧が変動してしまう場合があります．このような場合は図10のように，信号発生回路の出力に電圧フォロワを取り付け，電圧フォロワに負荷を接続するようにすれば，干渉を防ぐことができます．

抵抗分圧回路の出力抵抗　　column

入力電圧 V_{in} を抵抗 R_1, R_2 で分圧して，

$$V_{out} = \frac{R_1}{R_1 + R_2} V_{in} \quad \cdots\cdots (A)$$

を出力する抵抗分圧回路を考えます（図A）．

この回路の分圧点から出力電流 I_O を流したときの動作は次のようになります．抵抗 R_1 に流れる電流を I_1，それによって生じる電圧を V_1，抵抗 R_2 に流れる電流を I_2，それによって生じる電圧を V_2 とすると，$I_1 = I_2 - I_O$, $V_1 = I_1 R_1$, $V_2 = I_2 R_2$, $V_{in} = V_1 + V_2$, $V_{out} = V_1$ という関係はすぐにわかります．そこで，

$$\begin{aligned}V_1 &= I_1 R_1 \\&= (I_2 - I_O) R_1 \\&= \left(\frac{V_2}{R_2} - I_O\right) R_1 \\&= \left(\frac{V_{in} - V_1}{R_2} - I_O\right) R_1\end{aligned}$$

によって V_1 を求めることができ，そこから

$$\begin{aligned}V_{out} &= V_1 \\&= \frac{R_1}{R_1 + R_2} V_{in} - I_O \frac{R_1 R_2}{R_1 + R_2} \quad \cdots\cdots (B)\end{aligned}$$

という式が得られます．

$I_O = 0$ のとき，式(B)の後半の $I_O \{(R_1 R_2)/(R_1 + R_2)\}$ の項がゼロになり，式(A)に一致することがわかります．出力電流 I_O によって生じる電圧降下 ΔV は，

$$\Delta V = I_O \frac{R_1 R_2}{R_1 + R_2}$$

と，$\{(R_1 R_2)/(R_1 + R_2)\}$ に比例します．これが出力抵抗 R_O に相当するので，

$$\begin{aligned}R_O &= \frac{R_1 R_2}{R_1 + R_2} \\&= R_1 // R_2\end{aligned}$$

となります．

抵抗分圧の出力抵抗は R_1 と R_2 の並列合成になる，というのがおもしろい性質です．

図A　抵抗分圧回路の出力抵抗

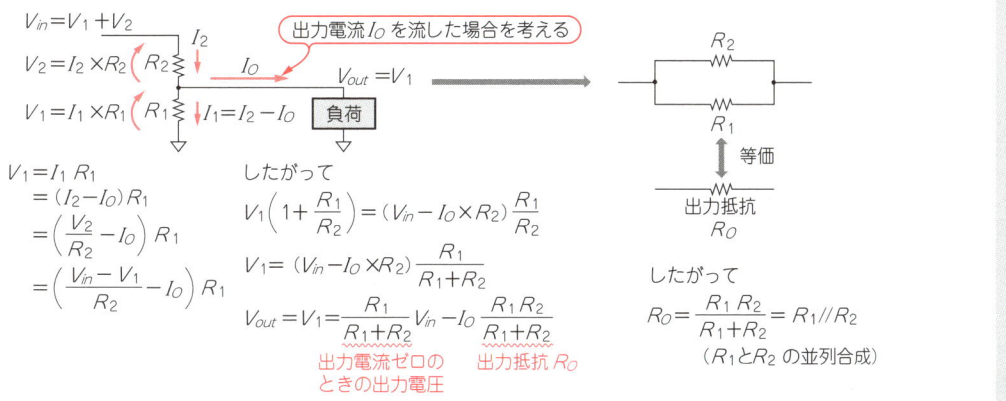

2-3 OPアンプのふるまいと取り扱い
OPアンプに信号を入れるとどうなるか

1　小さな信号でも出力が電源に張り付いてしまう

● 二つの入力端子の差分を無限大に増幅する？

　二つの入力ピンと一つの出力ピンをもつOPアンプは，二つの入力ピンの電圧の差を増幅するICです．

　差を取るとは，$A-B$というように，一方の入力電圧から他方の入力電圧を引くことになります．

　OPアンプの二つの入力電圧は役割分担が決まっていて，引かれるほう(A)を非反転入力，引くほう(B)を反転入力と呼びます．**図11**に示すように，この違いは回路記号にも示されていて，非反転入力には＋記号，反転入力には－記号が付けられます．

　OPアンプのゲイン（増幅率）は大きいほど望ましく，理想は∞（無限大）です．すなわち，非反転入力の電圧をV_{in+}，反転入力の電圧をV_{in-}とすれば，出力電圧V_{out}は，

$$V_{out} = \infty(V_{in+} - V_{in-})$$
　　　　　　　　　　　…………………(3)

という式で表されます．

　電圧の差を増幅するということから，このような増幅回路を差動増幅回路（ディファレンシャル・アンプ）と呼びます．

● 現実のOPアンプの出力電圧は電源で頭打ちする

　現実のOPアンプICでも，ゲインは1万～10万倍程度あるのが普通です．したがって，二つの入力端子に加えられる信号の電圧値が完全に一致していないかぎり，出力電圧はいつでも無限大になってしまうでしょう．

　実際には，ゲインは無限大だとしても，OPアンプの出力ピンには無限大の電圧が出るわけではなく，出力電圧は電源電圧を越えられません．OPアンプの品種によっては電源電圧よりやや低いところで頭打ちになりますし，大きくても電源電圧止まりです．

　OPアンプのプラス側の電源電圧を$+V_{CC}$，マイナス側の電源電圧を$-V_{CC}$とすれば，

$$V_{in+} > V_{in-}$$

のとき，実際の出力電圧は，$+V_{CC}$で頭打ちとなり，

$$V_{in-} > V_{in+}$$

のとき，実際の出力電圧は，$-V_{CC}$で頭打ちになります．

図11　OPアンプの回路記号と増幅動作

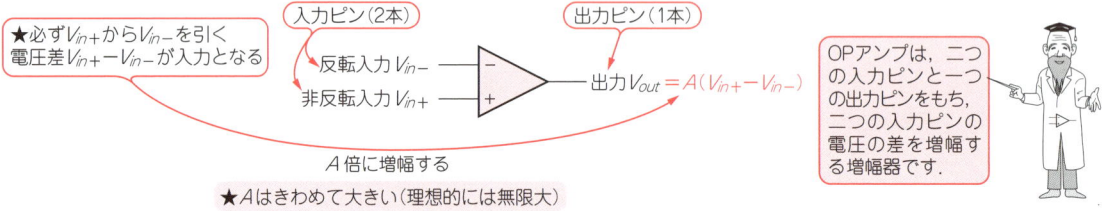

2　大きなゲインをもつ暴れ馬「OPアンプ」をどう手なづけるか

● 出力信号を入力に戻す

　以上はOPアンプ単体の裸の動作であり，開ループ動作と呼ばれます．

　実際のOPアンプ回路では，このようにOPアンプを裸で動作させるのではなく，出力信号を入力端子に戻して使います．これを帰還（フィードバック；feedback）と言います．

　OPアンプに帰還をかけず，開ループ動作で使う実用回路が一つあります．それは，3－2節で解説するボルテージ・コンパレータ（電圧比較器）と呼ばれる回路です．

● 二つの入力の一方は出力信号を戻すためにある

　上記で説明したように，二つの入力電圧にわずかでも差があれば，OPアンプはその電圧差を無限大に増幅して，出力は＋∞または－∞になろうとします．

図12 OPアンプに正弦波を入力すると出力は電源電圧で頭打ちになる

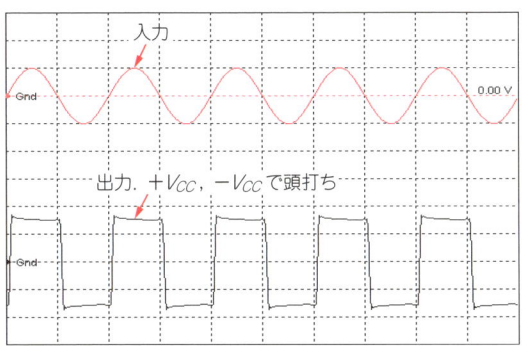

図14 出力を入力に戻すと入力信号と同じ形状の信号が出力される（200mV/div, 1ms/div）出力電圧がコントロールされる

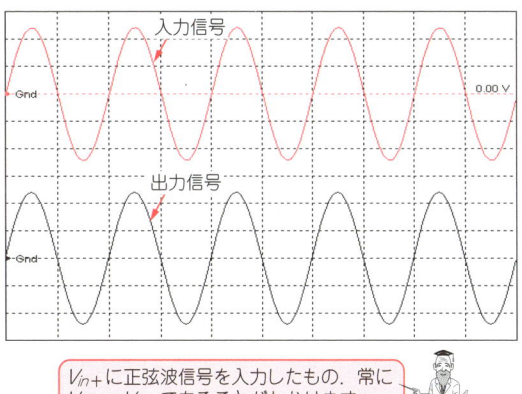

V_{in+}に正弦波信号を入力したもの．常に$V_{in-}=V_{in+}$であることがわかります．

図13 OPアンプは出力を入力に戻して使う

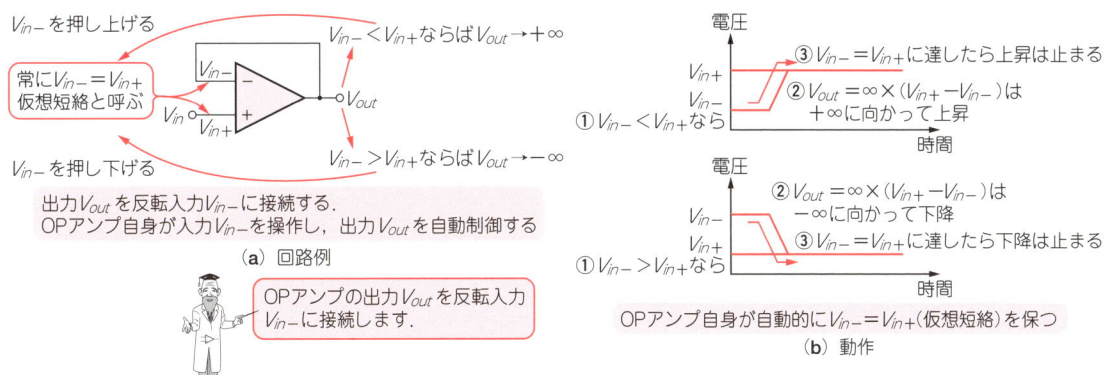

OPアンプの出力V_{out}を反転入力V_{in-}に接続します．

しかし，実際には**図12**に示すように，$+V_{CC}$または$-V_{CC}$まで振り切れて頭打ちになりました．

逆に考えれば，OPアンプの出力電圧がどちらにも振り切れず，中間の電圧値にとどまっているとすれば，二つの入力電圧の差はゼロでなければなりません．

しかし，別個に与えられた二つの入力電圧が常に一致していることは，現実的にはありえないでしょう．

OPアンプは，別個に与えられた電圧差を増幅するために作られているのではありません．OPアンプの二つの入力の一方は，出力信号を戻すためにあるのです．

● どういう動作になるのか

出力を入力に戻す方法のなかで最も単純なのは，**図13**のようにOPアンプの出力V_{out}を反転入力V_{in-}に直結することです．

これによって，反転入力端子V_{in-}への入力は外部から与えられるのではなく，自分自身の出力電圧になります．

このように接続すると，もし

$V_{in-} > V_{in+}$

であれば，式(3)よりOPアンプはV_{out}を$-\infty$に向けて押し下げ，$V_{in-} = V_{out}$は下降してV_{in+}に近づきます．V_{in-}がV_{in+}に達したらOPアンプは押し下げをやめ，$V_{in-} = V_{out}$の下降は止まります．

逆に，

$V_{in-} < V_{in+}$

であれば，式(3)よりOPアンプはV_{out}を$+\infty$に向けて押し上げ，$V_{in-} = V_{out}$は上昇してV_{in+}に近づきます．V_{in-}がV_{in+}に達したらOPアンプは押し上げをやめ，$V_{in-} = V_{out}$の上昇は止まります．

すなわち，OPアンプはいつでもV_{in-}とV_{in+}を比較していて，$V_{in-} \neq V_{in+}$ならV_{out}を自動的に動かして$V_{in-} = V_{in+}$の状態に押さえ込みます．

外部から与えられる電圧

V_{in+} が変化しても，OPアンプがその変化より速く出力電圧 V_{out} を動かせれば，V_{in-} は V_{in+} に遅れずに追従して，$V_{in-} = V_{in+}$ は常に保たれることになります．

図13 の回路は V_{in-} と V_{in+} を自動的に一致させる回路，$V_{in-} = V_{in+}$ の状態を自動的に保つ回路と言えるでしょう．

このようすは，たとえばヘッドホンをしていると大声を出していることに気づきませんが，ヘッドホンを外すと自分の声が耳に入ってきて，とたんに声量をコントロールできるようになるのに似ています．

OPアンプのゲインが大きいほど，V_{in-} と V_{in+} のわずかな差でも出力電圧は大きくなります．逆に言うと，出力電圧が極端に大きくなければ，V_{in-} と V_{in+} はほぼ同じ大きさになります．

● 二つの入力端子の電位はいつも同じ

図13 の回路の動作波形を 図14 に示します．V_{in+} に正弦波信号を入力したものですが，V_{in-} の波形も V_{in+} と同じになっています．すなわち，常に $V_{in-} = V_{in+}$ であることがわかります．

OPアンプの場合，負帰還のかけかたはいろいろありますが，このように常に $V_{in-} = V_{in+}$ の状態になります．実際には V_{in-} と V_{in+} は線でつながっていない（短絡されていない）のに，まるで短絡されているように見えるということから，これを**仮想短絡**（バーチャル・ショート；virtual short）と呼びます．

帰還をかければ出力から入力に戻る経路ができ，閉じた信号のループができます．そのため，帰還（負帰還）をかけた状態を**閉ループ**（closed loop），かけない状態を**開ループ**（open loop）と呼びます．

なお，図13 の回路はOPアンプの実用回路としても広く使われているもので，電圧フォロワと呼ばれることはすでに説明したとおりです．

3　非反転入力端子に出力を戻して使うこともある

前節まで説明してきた帰還を**負帰還**（ネガティブ・フィードバック；negative feedback）と言います．帰還のかけかたには，負帰還のほかに，**正帰還**（ポジティブ・フィードバック；positive feedback）というものがあります．

正帰還は，負帰還とはまったく違う特徴をもちます．図15 のように，OPアンプの出力 V_{out} を非反転入力 V_{in+} に接続すると，正帰還になります．

このとき，もし
$$V_{in-} > V_{in+}$$
であれば，式(3)に従って V_{out} は $-\infty$ に向かって下降します．そして，負帰還とは逆に $V_{in+} = V_{out}$ が下降して V_{in-} から離れていき，V_{out} は $-V_{CC}$ で頭打ちになるまで下降します．

逆に，
$$V_{in-} < V_{in+}$$
であれば，式(3)に従って V_{out} は $+\infty$ に向かって上昇します．

これによって $V_{in+} = V_{out}$ が上昇して V_{in-} から離れていき，

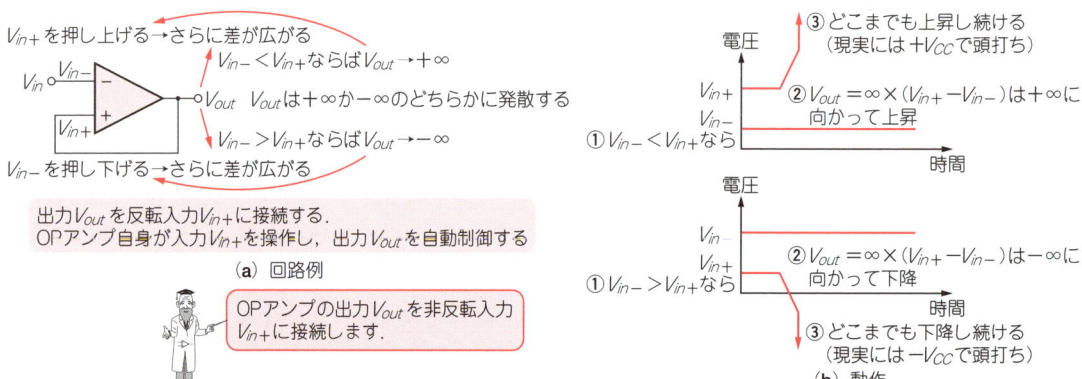

図15 非反転入力端子（＋入力端子）に出力を戻して使うこともある

V_{out}は$+V_{CC}$で頭打ちになるまで上昇します．

このように，負帰還は出力を安定，収束させる方向に働きますが，正帰還は出力を発散させる方向に働きます．そのため，自動制御では通常は負帰還が使われ，正帰還はあまり使われません．正帰還でもループは閉じていますが，閉ループとは呼びません．

OPアンプを応用した回路でも，そのほとんどは負帰還をかけてOPアンプを使用する負帰還回路であり，正帰還をかけて使うものはごくわずかです．

OPアンプに正帰還をかけて使う実用回路の代表は，第3章で紹介するヒステリシス付きコンパレータです．

OPアンプのパッケージ　　　　　　column

標準的なモノリシックICのOPアンプのパッケージは，図Bに示すような共通のピン配置をもつものが多く，内蔵しているOPアンプの回路数が同じならば差し換えて使うこともできます．例えば，ICソケットを使用して回路を製作すれば，特性の異なるOPアンプに差し換えて，回路の特性を向上させることも可能です．

また，同じ特性のOPアンプで，1回路入り，2回路入り，4回路入りのパッケージを選べる品種も多くあります．1回路入りのOPアンプを複数個使うよりも，2回路入りや4回路入りを使うほうが，実際の回路基板をコンパクトにできます．

図B OPアンプの標準的なパッケージでのピン配置

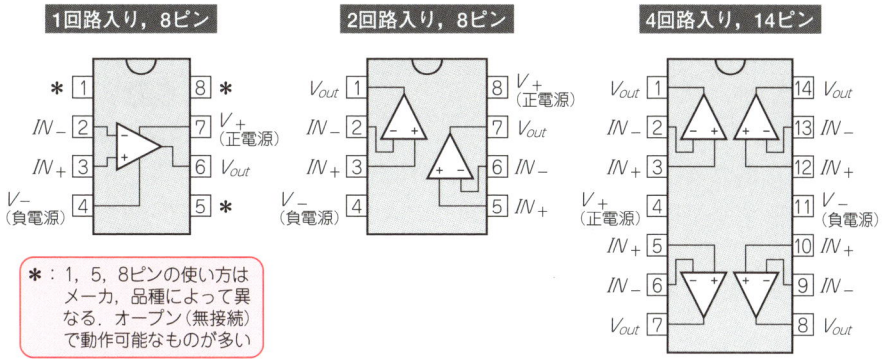

(a) DIP (Dual Inline Package) / SO (Small Outline)

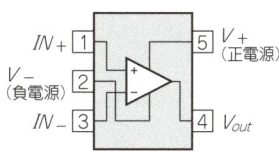

(b) SOT-23など（小型面実装パッケージ）

2-4 基本となる3種類の増幅回路
反転/非反転/電圧フォロワの動作を詳しく見てみる

1 減衰または増幅して反転出力するタイプ…反転増幅回路

本章の前半で実験した回路です．数あるOPアンプ回路のなかで，最も基本的な回路と言えるでしょう．また，この反転増幅回路を改造して，さまざまな応用回路を作ることができます

● 回路の原理と動作

図16のように，OPアンプの出力と反転入力を抵抗R_2で結んで，負帰還をかけます．回路の入力電圧は，R_1を通して反転入力に接続します．また，OPアンプの非反転入力はGND（グラウンド）に接続します．

この回路では，2本の抵抗R_1とR_2が直列に接続されていて，R_1の左端には入力電圧V_{in}が加わり，R_2の右端には出力電圧V_{out}が加わっています．この抵抗2本の部分に注目すると，R_1とR_2の接続点V_mには，電圧V_{out}とV_{in}を抵抗R_2とR_1で分圧した電圧が現れます．すなわち，V_mの計算式は，

$$V_m = \frac{R_2 V_{in} + R_1 V_{out}}{R_1 + R_2} \cdots (4)$$

となります．

このV_mが，OPアンプの反転入力V_{in-}となります．

一方，OPアンプの非反転入力V_{in+}はGNDに接続されているので常に0Vです．したがって，負帰還の働きによって$V_m = 0$Vとなり，

$$R_2 V_{in} + R_1 V_{out} = 0$$

$$V_{out} = -\frac{R_2}{R_1} V_{in} \cdots\cdots (5)$$

の関係が常に保たれます．

反転増幅回路の入出力の関係が式(5)になるには，負帰還によって$V_m = 0$Vとなることが必要で，それにはOPアンプの開ループ・ゲインAが，

$$A = \infty$$

であることが必要です．Aが有限の場合は式(5)は近似式であり，若干の誤差をもちます．

この式(5)から，外部から与えられたV_{in}に対して，出力電圧V_{out}は，常にV_{in}の$-R_2/R_1$倍になっていることがわかります．すなわち，増幅率$-R_2/R_1$倍の増幅回路です．

$R_1 = 10$ kΩ，$R_2 = 100$ kΩとして，増幅率-10倍の動作波形を**図17**に示します．

● 回路の特徴と使いかた

▶ **入力信号と出力信号の位相が180°異なる**

図16 よく使われるOPアンプによる増幅回路…その①「反転増幅回路」

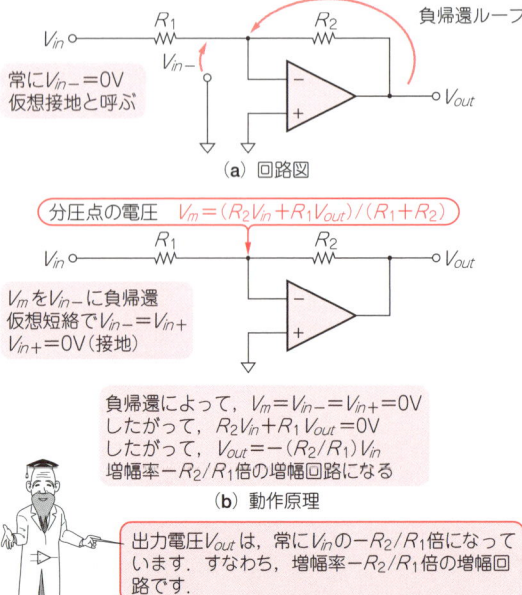

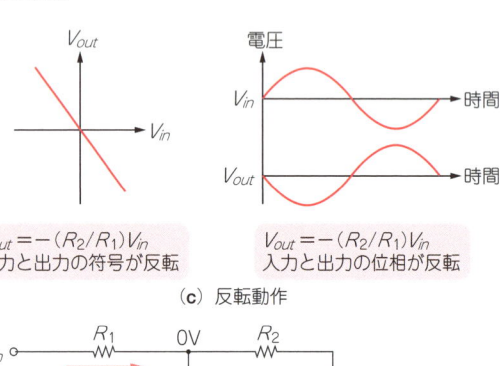

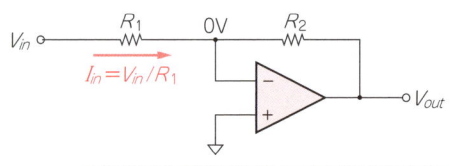

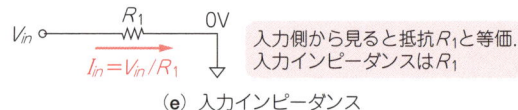

この反転増幅回路には，いくつかの特徴があります．

まず一目でわかることは，入力に対して出力が反転していることです．入力が正なら出力は負，入力が負なら出力は正というように，電圧の符号が反転します．また，入力の谷は出力の山，入力の山は出力の谷というように，波形の位相が反転します．

信号を反転したい場合には反転増幅回路を使いますが，そうでない場合も反転増幅回路は広く使われます．反転したくない場合には，反転増幅回路を2段直列に使用すれば，反転の反転になって元に戻ります．

▶ **増幅したり減衰させたりできる**

増幅率が抵抗比R_2/R_1で決まるので，$R_2>R_1$となるように抵抗値を選べば本当の増幅（入力電圧より大きい出力電圧を得る）ができますが，$R_2 = R_1$なら電圧の大きさは変わらず（反転だけ），$R_2<R_1$なら減衰（入力電圧より出力電圧が小さくなる）になります．ただし，増幅率が1より小さい場合を含めて，反転増幅回路と呼びます．

また，増幅率が抵抗比R_2/R_1で決まるので，同じ増幅率を作るための抵抗値の組み合わせはいろいろあります．原理としては，例えば$R_2/R_1 = 10$となる抵抗値の組み合わせは無限にありますが，現実には抵抗器の特性やOPアンプICの特性といった部品の特性を考慮して適切な範囲のものを選ぶことになります．

▶ **反転入力端子の電位はいつも0V**

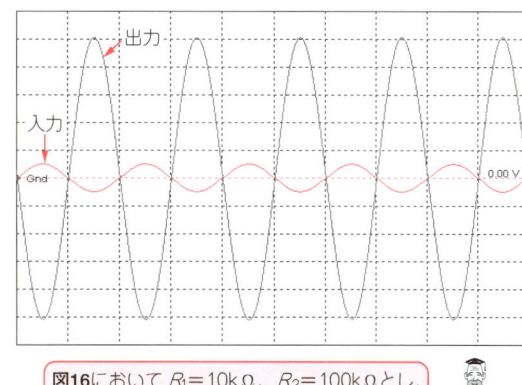

図17 増幅率が－10倍の反転増幅回路の動作波形（100 mV/div，100 ms/div）

図16においてR_1＝10kΩ，R_2＝100kΩとし，OPアンプにNJU7043を使用しました．

反転増幅回路では，非反転入力V_{in+}はGNDに接続されているので，常に0Vです．一方，反転入力V_{in-}は負帰還の働きでV_{in+}に一致させられています（仮想短絡）．実際にはV_{in-}はGNDにつながっていない（接地されていない）のに，まるで接地されているように見えるということから，これを**仮想接地**（バーチャル・グラウンド）と呼びます．

このように，OPアンプの入力電圧がともに0Vに固定されていることから，反転増幅回路は回路の特性が良好で，応用回路に使いやすい利点があります．

仮想接地ということから，反転増幅回路のさらにもう一つの特徴が生じます．反転増幅回路に入力電圧V_{in}を加えたとき，V_{in}は抵抗R_1の左端に加えられますが，抵抗R_1の右端は仮想接地により0Vに保たれています．したがって，抵抗R_1にはオームの法則に従って，入力電圧に比例した入力電流$I_{in} = V_{in}/R_1$が流れることになります．

すなわち，この反転増幅回路を入力信号源側から見れば，GNDから抵抗R_1が立っているだけの状態と等価に見えます．

したがって，**反転増幅回路の入力インピーダンス**（信号源から見た負荷インピーダンス）はR_1となります．

信号源インピーダンスが高いときには，負荷インピーダンスに対して信号源から出力電流が流れると，信号源インピーダンスで電圧降下を生じて電圧が正しく伝わらなくなります．これが反転増幅回路を使う場合に注意が必要な点です．

一方，反転増幅回路を信号源として，その出力を取り出す場合には，**出力インピーダンスはほぼゼロ**と考えてかまいません．なぜなら，反転増幅回路の出力電圧V_{out}は，負帰還の働きによって，式(5)を満たす電圧に保たれています．反転増幅回路から出力電流が流れても，それによって電圧降下は生じません．

2　入力信号と同位相のまま増幅するタイプ…非反転増幅回路

これも本章の前半で実験した回路です．反転増幅回路と並んで，最も基本的なOPアンプ応用回路です．

● 回路の原理と動作

図18のように，OPアンプの出力と反転入力を抵抗R_2で結んで，負帰還をかけます．回路の入力電圧はOPアンプの非反転入力に接続します．また，抵抗R_1を通して反転入力をGNDに接続します．

この回路では，2本の抵抗R_1とR_2が直列に接続されていて，R_1の左端はGNDに接続され，R_2の右端には出力電圧V_{out}が加わっています．

この抵抗2本の部分に注目すると，R_1とR_2の接続点V_mには，電圧V_{out}を抵抗R_2とR_1で分圧した電圧が現れます．計算式は，

$$V_m = \frac{R_1}{R_1 + R_2} V_{out} \quad \cdots\cdots(6)$$

です．

このV_mがOPアンプの反転入力V_{in-}となります．

一方，OPアンプの非反転入力V_{in+}には入力電圧V_{in}が接続されているので，V_mは常にV_{in}と一致し，

$$V_{in} = \frac{R_1}{R_1 + R_2} V_{out}$$

$$V_{out} = \frac{R_1 + R_2}{R_1} V_{in}$$

$$= \left(1 + \frac{R_2}{R_1}\right) V_{in} \quad \cdots(7)$$

が成り立ちます．

この式(7)から，外部から与えられた入力電圧V_{in}に対して，出力電圧V_{out}は，常にV_{in}の$1 + R_2/R_1$倍になっていることがわかります．すなわち，増幅率$1 + R_2/R_1$倍の増幅回路です．

$R_1 = 10\,\text{k}\Omega$，$R_2 = 91\,\text{k}\Omega$として，増幅率10.1倍の動作波形を図19に示します．

● 回路の特徴と使いかた

▶ **入力信号と出力信号の位相が同じ**

非反転増幅回路は，入力に対して出力が反転しない増幅回路です．

入力が正なら出力は正，入力が負なら出力は負であり，入力の谷は出力の谷，入力の山は出力の山というように，符号も位相も非反転です．

▶ **増幅率は1倍以上**

増幅率が$1 + R_2/R_1$で決まるので，抵抗値をどのように選んだとしても，増幅率>1となります．すなわち，入力電圧より大きい出力電圧が得られます．

この「1＋」が付いているのは，抵抗値の計算のときに邪魔なことが多いのですが，これはしかたがありません．

非反転増幅回路では，非反転入力V_{in+}には外部から入力

図18　よく使われるOPアンプによる増幅回路…その②「非反転増幅回路」

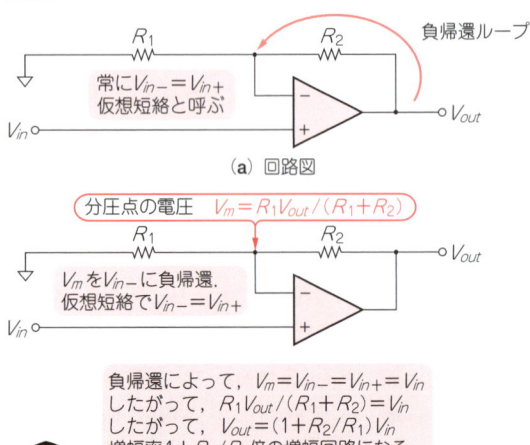

(a) 回路図
(b) 動作原理

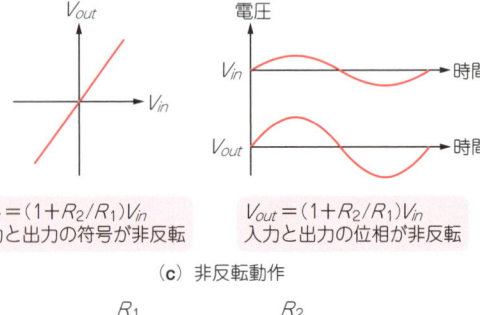

(c) 非反転動作

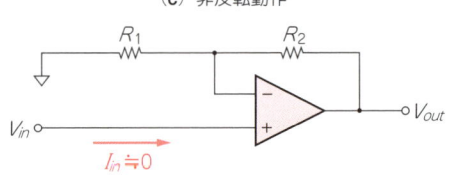

(d) 入力電流と入力インピーダンス

電圧 V_{in} が与えられるので，常に変動します．反転入力 V_{in-} は，負帰還の働きによって，常にそれに追従して動きます（仮想短絡）．

▶ 入力インピーダンスが高い

非反転増幅回路の大きな利点は，入力電圧 V_{in} が直接OPアンプの非反転入力 V_{in+} に接続されていることです．

図20に示すように，OPアンプの入力ピンは，反転入力 V_{in-}，非反転入力 V_{in+} のどちらも，入力インピーダンスがきわめて高く作られています．理想的には，入力インピーダンスは無限大です．

そうでないと，たとえば式(4)や式(6)のように V_m の電圧を抵抗分圧によって計算していますが，V_m を通ってOPアンプの入力ピンに電流が流れるとこの計算は成り立たなくなってしまいます．

このため，OPアンプの非反転入力 V_{in+} で信号源電圧を受ける非反転増幅回路は，入力インピーダンス（信号源から見た負荷インピーダンス）がきわめて高く，信号源に不要な電圧降下を生じる心配がありません．

この点で，非反転増幅回路は実用上とても使いやすい回路になっています．

非反転増幅回路を信号源として，その出力を取り出す場合には，反転増幅回路の場合と同様に出力インピーダンスはほぼゼロです．

反転増幅回路の出力電圧 V_{out} は，負帰還の働きによって，式(7)を満たす電圧に保たれています．したがって，反転増幅回路から出力電流が流れても，それによって電圧降下は生じません．

図19 増幅率が10.1倍の反転増幅回路の動作波形
(100 mV/div, 100 ms/div)

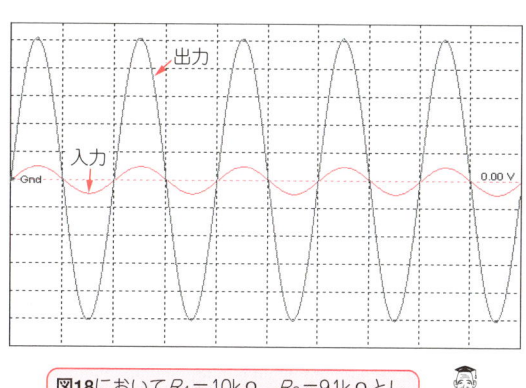

図18において $R_1 = 10$ kΩ，$R_2 = 91$ kΩ とし，OPアンプに**NJU7043**を使用しました．

図20 OPアンプの入力インピーダンスは高い

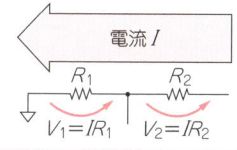

抵抗分圧は，同じ電流が流れるとき成り立つ．I が同じなので，V_1, V_2 は R_1, R_2 に比例する

(a) 抵抗分圧

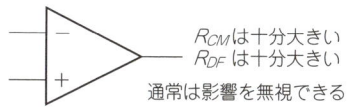

R_{CM} は十分大きい
R_{DF} は十分大きい
通常は影響を無視できる

通常はOPアンプの入力インピーダンスは十分に大きいと見なせるように作ってある

(c) OPアンプの入力インピーダンス

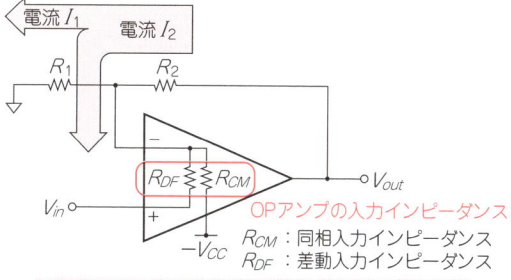

OPアンプの入力インピーダンス
R_{CM}：同相入力インピーダンス
R_{DF}：差動入力インピーダンス

OPアンプの入力ピンの内部抵抗が低いと，入力電流のため抵抗分圧が成り立たなくなる

(b) 入力インピーダンス

OPアンプの入力ピンは入力インピーダンスがきわめて高く作られています．理想OPアンプでは入力インピーダンスは無限大です．

2-4 基本となる3種類の増幅回路

3 増幅率1倍の非反転増幅回路…電圧フォロワ

これも本章の前半で実験した回路です．負帰還の原理の**図13**をそのまま実用回路にしたもので，きわめてシンプルですが，たいへん役に立つ回路です．

● 回路の原理と動作

図21のように，OPアンプの出力 V_{out} と反転入力 V_{in-} を直接つないで負帰還をかけています．回路の入力電圧 V_{in} はOPアンプの非反転入力 V_{in+} に接続します．したがって，V_{out} は常に V_{in} と一致し，

$$V_{out} = V_{in} \quad \cdots\cdots (8)$$

が成り立ちます．

● 回路の特徴と使いかた

▶ 増幅率1倍の非反転増幅器

電圧フォロワは，増幅率1倍の非反転増幅回路です．非反転増幅回路で，抵抗 R_1 を∞，抵抗 R_2 を0Ωにした回路と見なすこともできます．したがって，電圧フォロワの特徴は，非反転増幅回路の特徴と共通です．

電圧フォロワは，入力に対して出力の符号も位相も非反転です．

反転入力 V_{in-} は，負帰還の働きによって，常に非反転入力 V_{in+} に追従して動きます（仮想短絡）．

▶ 入力インピーダンスが高く，出力インピーダンスが低い

電圧フォロワは入力インピーダンスが高く，出力インピーダンスが低いのが特徴です．そして，増幅率が1で入力信号がそのまま出力信号になります．

そのため，どんな信号源からも信号源電圧を正しく受け取り，どんな負荷回路にもそのまま出力します．

すなわち，電圧フォロワを使うと，回路から回路に信号電圧を正しく伝えることができます．

このように，前後の回路との間の干渉を防ぐ目的で回路の入力や出力に置いて使うアンプを，バッファ・アンプ（buffer amplifier）と呼びます．

〈宮崎 仁〉

図21 よく使われるOPアンプによる増幅回路…その③「電圧フォロワ」
増幅率が1倍の非反転増幅回路である

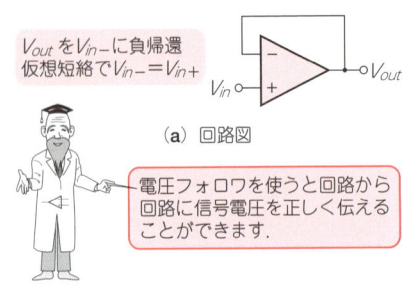

(a) 回路図

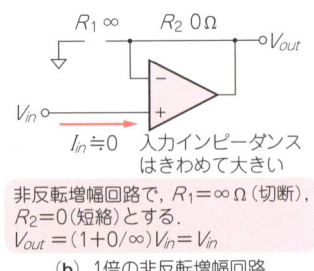

(b) 1倍の非反転増幅回路

ミニ用語解説 ②　　column

● インピーダンス

抵抗の概念を交流に拡張したものをインピーダンス（impedance）と呼びます．

純粋の抵抗（レジスタンス；resistance）は，直流に対しても交流に対しても同じような作用を行います．

それに対して，コイルやコンデンサは，与えられる信号の周波数によって作用の大きさが変わる性質があり，したがって交流に対しては特別な作用をもちます．コイルの交流に対する作用をインダクタンス（inductance；誘導係数），コンデンサの交流に対する作用をキャパシタンス（capacitance；静電容量）と呼びます．

インダクタンスやキャパシタンスが交流に対してもつインピーダンスは複素数となり，その実部を抵抗成分，虚部をリアクタンス（reactance）と呼びます．

さらに，抵抗，コイル，コンデンサを組み合わせたときのインピーダンスは，それぞれの和にはならず，コイルとコンデンサは逆向きの効果があり，それらと抵抗は直交する性質をもちます．

徹底図解★OPアンプIC活用ノート

第3章
加減算回路と比較回路

OPアンプで計算や比較を行う

3-1 二つの信号を足してみよう
加算回路の動作

1 出力信号が反転する加算回路

これまで見てきた非反転増幅回路，反転増幅回路は，どちらも一つの入力信号に対して，それを何倍かに増幅して出力するものでした．機能的には，ディジタル回路のインバータ（NOT回路）に似た，1入力1出力の回路です．

ディジタル回路には，AND回路やOR回路のように，複数の入力信号の組み合わせに応じて一つの出力値が決まるものがあります．

同様に，アナログ回路にも複数の入力信号から一つの出力値が決まるものがあります．その代表が，複数の入力電圧を加算して出力する加算回路です．

● 実験では同一の信号源から信号を入力する

加算回路の実験を行うには最低でも二つの入力信号が必要ですが，今回実験で使用したDSPLinksの出力チャネルは一つしかありません．

そこで，この実験では加算回路の二つの入力に同じ信号を加えることにします．

● 反転増幅回路に抵抗を追加する

加算回路は，反転増幅回路に抵抗を1本追加すれば，簡単に作ることができます．実験回路を 図1(a) に示します．まず，前章の 図6 と同じように基本の反転増幅回路を作ります．さらに，OPアンプの反転入力ピンに，追加の抵抗 $R_3 = 10$ kΩを接続します．R_3 と R_1 の左側はそれぞれ独立しています．

そして，抵抗 R_3 の左側に第1の実験用信号，R_1 の左側に第2の実験用信号を入力します．今回の実験では，第1の実験用信号と第2の実験用信号は同じものです．

● 同じ信号が加算されて出力信号は2倍になる

オシロスコープの画面で，入力信号と出力信号を比較しながら観測しましょう．二つの入力

図1 反転加算回路の実験

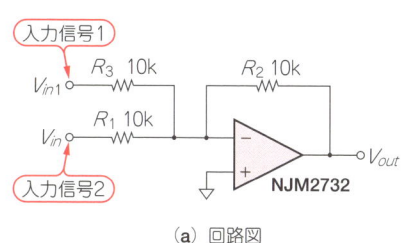

(a) 回路図

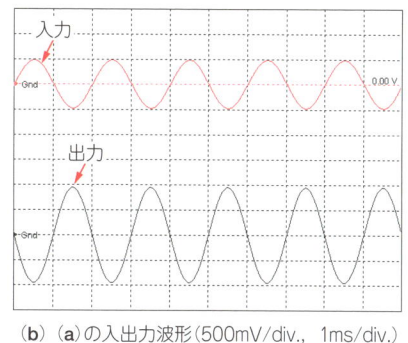

(b) (a)の入出力波形（500mV/div., 1ms/div.）

加算回路は複数の入力電圧を加算して出力します

図3 反転加算回路とその動作波形（200 mV/div，1 ms/div）方形波と正弦波の加算

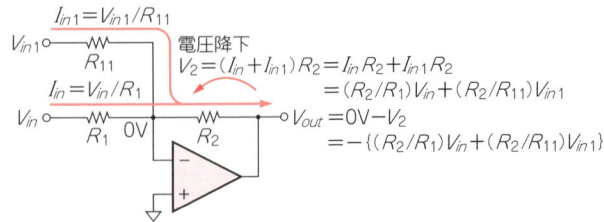

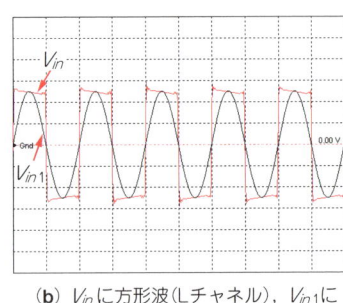

入力電流 I_{in}，I_{in1} が合流して，$I_{in}+I_{in1}$ が R_2 を流れる（電流の加算）．
帰還抵抗 R_2 の電圧降下は V_{in}，V_{in1} の加算となる（電圧の加算）．
抵抗比 R_2/R_1，R_2/R_{11} によって各項の重みを設定できる．
$R_1=R_{11}=R_2$ とすれば単なる加算で，$V_{out}=-(V_{in}+V_{in1})$

（a）回路

（b）V_{in} に方形波（Lチャネル），V_{in1} に正弦波（Rチャネル）を入力した

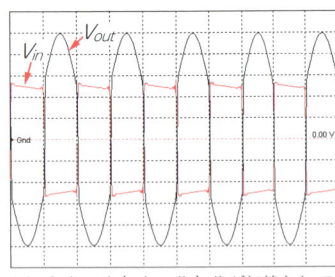

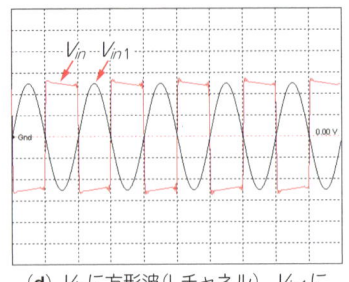

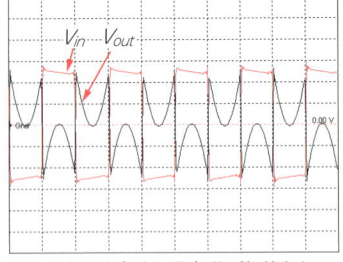

（c）入力の山と山，谷と谷が加算されて，V_{out}（Rチャネル）の波形となる

（d）V_{in} に方形波（Lチャネル），V_{in1} に正弦波（Rチャネル）を入力した

（e）入力の山と山，谷と谷が加算されて，V_{out}（Rチャネル）の波形となる

図2 反転増幅回路の入力電圧と出力電圧の関係

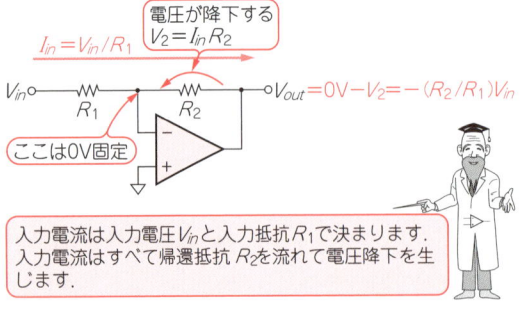

信号を同時に見られるとよいのですが，実験で使用したSoftOscillo2は入力が2チャネルのため，三つの信号を同時に観測できません．

今回は，$Y=A+A$ のように同じ信号を加算しますから，入力信号の一方と出力信号を見ることにします．

図1(b) のように，この実験では，二つの入力信号の山と山，谷と谷が加算されて，信号の振幅が大きくなっています．しかも，加算された結果が反転して出力されています．

● 反転加算回路の原理

反転増幅回路の入力抵抗 R_1 を複数個（R_1，R_{11}，R_{12}，…）接続して，それぞれに別個の入力電圧（V_{in}，V_{in1}，V_{in2}，…）を加えたものです．それらの入力電圧を加算したもの（$V_{in}+V_{in1}+V_{in2}+\cdots$）が出力電圧として得られます．

この回路では，反転増幅回路の特徴である「入力電圧に比例した入力電流が流れる」ということを利用して，電圧の加算を行っています．まず，この点に注目して反転増幅回路の動作を調べてみましょう．

▶ 入力信号源が一つの場合

図2 のように，反転増幅回路では抵抗 R_1 の右端は仮想接地によって常に $V_{in-}=0$ V です．したがって，R_1 の左端に入力電圧 V_{in} を加えれば，R_1 には V_{in} に比例した入力電流 $I_{in}=V_{in}/R_1$ が流れます．

OPアンプの入力ピンには電流が流れないので，この I_{in} はすべて帰還抵抗 R_2 を通ってOPアンプの出力ピンに流れます．したがって，R_2 ではオームの法則により電圧降下 $V_2=I_{in}R_2$ を生じます．

さらに，R_2 の左端は仮想接地によって常に $V_{in-}=0$ V ですから，OPアンプの出力電圧 V_{out} は，

$$V_{out}=0-V_2$$
$$=-I_{in}R_2$$

$$= -\frac{R_2}{R_1} V_{in}$$

となって，反転増幅回路の関係式が得られます．

▶ 入力信号源を増やすと…

次に，**図3**のように，入力抵抗R_{11}を追加した場合を考えると，抵抗R_{11}の右端は仮想接地によって常に$V_{in-} = 0\,\text{V}$です．したがって，R_{11}の左端に入力電圧V_{in1}を加えれば，R_{11}にはV_{in1}に比例した入力電流$I_{in1} = V_{in1}/R_{11}$が流れます．

このぶんの電流もやはり抵抗R_2を通って流れるので，R_2にはR_1からきた電流I_{in}とR_{11}からきた電流I_{in1}を合わせた電流$I_{in} + I_{in1}$が流れることになります．さらに入力抵抗R_{12}，…と入力電圧I_{in2}，…を追加していけば，R_2の電圧降下は$V_2 = (I_{in} + I_{in1} + I_{in2} + \cdots)R_2$となり，OPアンプの出力電圧は，

$$\begin{aligned}
V_{out} &= 0 - V_2 \\
&= -(I_{in} + I_{in1} + I_{in12} + \cdots)R_2 \\
&= -(I_{in}R_2 + I_{in1}R_2 + I_{in2}R_2 + \cdots) \\
&= \frac{R_2}{R_1} V_{in} + \frac{R_2}{R_{11}} V_{in1} + \cdots \\
& \quad \cdots\cdots(1)
\end{aligned}$$

となって，電圧V_{in}，V_{in1}，V_{in2}，…の加算が得られます．

▶ 各入力チャネルのウェイトを容易に調整できる

この回路は単なる加算だけでなく，抵抗値によって各項の係数を自由に設定できます．単純に加算だけを行いたいときは，$R_1 = R_{11} = R_{12} = \cdots = R_2$と，抵抗値をすべて同じ値に選べば，各項の係数はすべて1となり，

$$V_{out} = -(V_{in} + V_{in1} + V_{in2} + \cdots) \cdots(2)$$

が得られます．

また，入力項の数をnとするとき，$R_1 = R_{11} = R_{12} = \cdots = R$と入力抵抗（$n$個）をすべて同じ値にして，帰還抵抗$R_2$は$R_2 = R/n$に選べば，各項の係数はすべて$1/n$となり，

$$V_{out} = -\frac{V_{in} + V_{in1} + \cdots}{n} \cdots(3)$$

が得られます．これは，n個の入力電圧の平均値を求める回路（平均値回路）です．

加算回路の場合，個々の入力電圧は小さくても，加算していくと大きくなって，出力電圧が回路の出力可能範囲からはみ出してしまう場合があります．平均値回路はその心配がないので，実用的には使いやすい回路です．

2 出力信号を反転しない加算回路

一般に広く用いられている加算回路は，前項で実験した反転型の加算回路です．

信号を反転する機能をもたないただの加算回路が欲しい場合には，**図4**のように，加算回路の出力を反転増幅回路でさらに反転します．

また，非反転の加算回路を作る別の方法として，非反転増幅回路を元回路とする方法があります．

● 実験の手順

非反転加算回路を作るには，非反転増幅回路の入力に抵抗を2本追加します．まず，前章の**図2**と同じように基本の非反転増幅回路を作ります．さらに，**図5(a)**のように，非反転入力ピンに追加の抵抗$R_3 = 10\,\text{k}\Omega$，$R_4 = 10\,\text{k}\Omega$を接続します．

R_3とR_4の右側はOPアンプの非反転入力ピンにつながっていますが，R_3とR_4の左側はそれぞれ独立しています（並列接続ではない）．

そして，抵抗R_3の左側に第1の実験用信号，R_4の左側に第2の実験用信号を入力します．今回の実験では，第1の実験用信号と第2の実験用信号は同じものです．

● 今度は反転されない2倍の波形が観測できる

実験結果を**図5(b)**に示します．前項と同様に，二つの入力

図4 反転加算回路の出力をさらに反転する

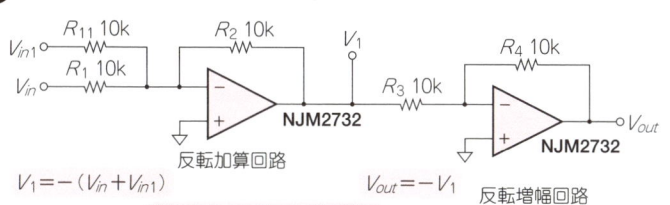

$V_1 = -(V_{in} + V_{in1})$

$V_{out} = -V_1$

全体として，$V_{out} = V_{in} + V_{in1}$

反転の機能をもたない加算回路は，加算回路の出力を反転増幅回路で反転します．

図5 非反転加算回路の実験

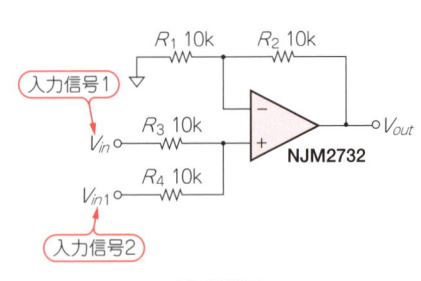

(a) 回路図

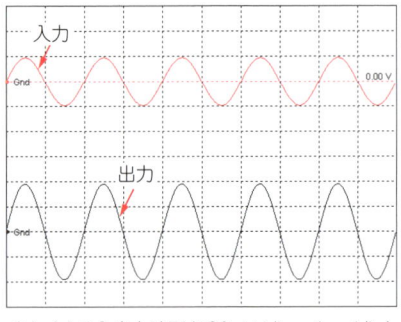

(b) (a)の入出力波形（500mV/div., 1ms/div.）

非反転の加算回路は非反転増幅回路を元回路として使用することもできます．

信号の山と山，谷と谷が加算されて，信号の振幅が大きくなっています．ただし，加算された結果は反転されずにそのまま出力されています．

● 非反転加算回路の原理と動作

この回路は，抵抗分圧による加算回路（平均値回路）と，非反転増幅回路を組み合わせたものです．抵抗分圧自体が，平均値回路の性質をもっています．

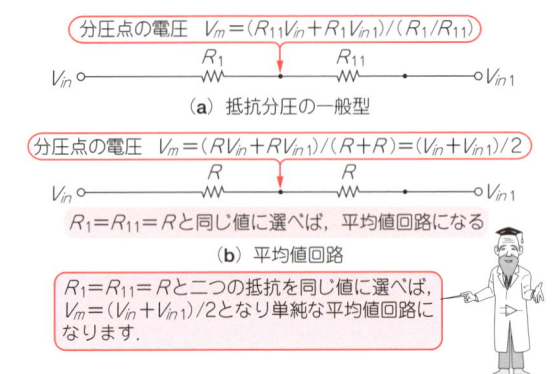

図6 のように抵抗 R_1，R_{11} を接続し，その各端にそれぞれ入力電圧 V_{in}，V_{in1} を加えれば，分圧点の電圧 V_m は，

$$V_m = \frac{R_{11}V_{in} + R_1 V_{in1}}{R_1 + R_{11}} \quad \cdots\cdots(4)$$

です．

ここで，$R_1 = R_{11} = R$ と二つの抵抗を同じ値に選べば，

$$V_m = \frac{V_{in} + V_{in1}}{2}$$

となり，単純な平均値回路になります．

さらに，図7 のように，この V_m を非反転増幅回路で2倍に増幅すれば，V_{in} と V_{in1} の加算が得られます．

● 各信号源の出力インピーダンス間で干渉が起きる

この回路は，直列抵抗の各端

図6 抵抗分圧による平均値回路

分圧点の電圧 $V_m = (R_{11}V_{in} + R_1 V_{in1})/(R_1/R_{11})$

(a) 抵抗分圧の一般型

分圧点の電圧 $V_m = (RV_{in} + RV_{in1})/(R+R) = (V_{in} + V_{in1})/2$

$R_1 = R_{11} = R$ と同じ値に選べば，平均値回路になる

(b) 平均値回路

$R_1 = R_{11} = R$ と二つの抵抗を同じ値に選べば，$V_m = (V_{in}+V_{in1})/2$ となり単純な平均値回路になります．

を別個の信号源で駆動しているので，一方の信号源が出力する電流が他方の信号源に流れ込みます．

一方の信号源の出力電圧が変わると，それによって負荷電流が変化するので，他方の信号源電圧を変動させてしまいます．すなわち，信号源どうしが互いに干渉しあうので，その点でちょっと扱いにくい回路となっています．

反転加算回路の場合は，それぞれの信号源は仮想接地（0V）に対して負荷電流を流しており，他の信号源電圧が変動しても干渉を受けません．こちらのほうが使いやすいので，実用的な加算には反転加算回路が主に用いられます．

● 反転しない！ 低インピーダンス出力！

図8 のように非反転加算回路の一方の入力を接地すれば，V_{in} と 0V を加算することになるので，V_{in} がそのまま出力されます．すなわち，1倍の非反転増幅回路になります．

これは，V_{in} をいったん抵抗分圧で減衰させ，再び増幅する回路と見なせます．非反転増幅回路自体の増幅率は1より大きいのですが，減衰回路（抵抗分圧）と組み合わせることによって，反転増幅回路と同じように自由に増幅率を設定できるようになります．図7 の回路と違って，信号源の間の干渉という問題はありません．

とくに，非反転増幅回路の増幅率を $1 + R_2/R_1$ としたとき，分圧点の電圧が V_{in} の $R_2/(R_1 + $

図7 非反転加算回路とその動作波形（200 mV/div，1 ms/div）
方形波と正弦波の加算

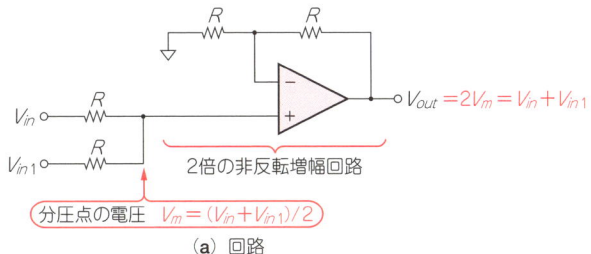

(a) 回路

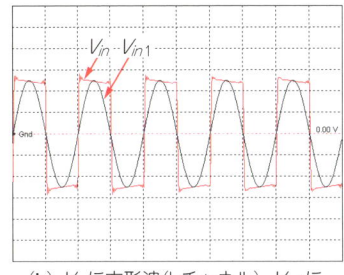

分圧点の電圧 $V_m = (V_{in} + V_{in1})/2$

$V_{out} = 2V_m = V_{in} + V_{in1}$

2倍の非反転増幅回路

> 非反転加算回路は信号源どうしが互いに干渉しあうので，実用的な加算には反転加算回路が主に用いられます．

(b) V_{in}に方形波（Lチャネル），V_{in1}に正弦波（Rチャネル）を入力した

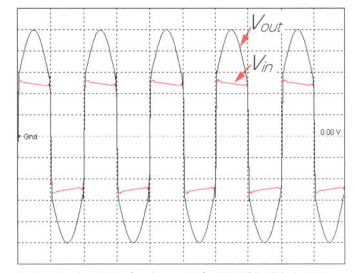

(c) 入力の山と山，谷と谷が加算されて，V_{out}（Rチャネル）の波形となる

図8 抵抗分圧付き非反転増幅回路

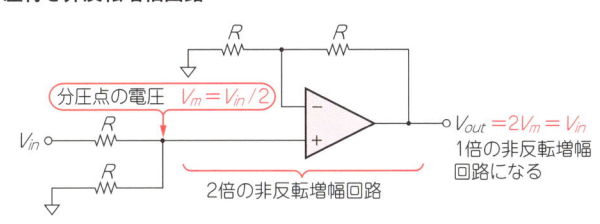

(a) 1倍の非反転増幅回路

分圧点の電圧 $V_m = V_{in}/2$

$V_{out} = 2V_m = V_{in}$

1倍の非反転増幅回路になる

2倍の非反転増幅回路

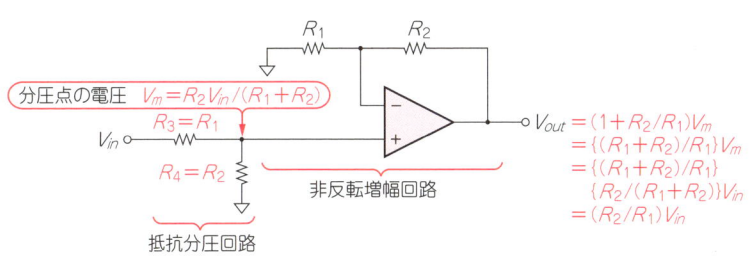

(b) R_2/R_1倍の非反転増幅回路

分圧点の電圧 $V_m = R_2 V_{in}/(R_1+R_2)$

$R_3 = R_1$
$R_4 = R_2$

抵抗分圧回路

非反転増幅回路

$$V_{out} = (1+R_2/R_1)V_m$$
$$= \{(R_1+R_2)/R_1\}V_m$$
$$= \{(R_1+R_2)/R_1\}\{R_2/(R_1+R_2)\}V_{in}$$
$$= (R_2/R_1)V_{in}$$

> 信号源の間の干渉という問題はありませんが，高入力インピーダンスは失われてしまいます．

R_2）倍になるようにすれば，トータルの増幅率A［倍］は，

$$A = \frac{R_2}{R_1+R_2}\left(1+\frac{R_2}{R_1}\right)$$

$$= \frac{R_2}{R_1+R_2}\frac{R_1+R_2}{R_1}$$

$$= \frac{R_2}{R_1}$$

となり，増幅率R_2/R_1の非反転増幅回路を作ることができます．

ただし，非反転増幅回路の大きな利点である高入力インピーダンスは失われています．

3 引き算をしてみる

さて，加算ができたら次にやりたくなるのは減算です．OPアンプを応用した回路にも減算回路があり，よく使われています．

二つの入力信号を引き算して，その差を出力する回路です．電圧を減算するので減算回路と呼びますが，電圧の差（減算の結果）を増幅する働きに注目して，差動増幅回路と呼ぶこともあります．

3-1 加算回路の動作

図9 減算回路の実験

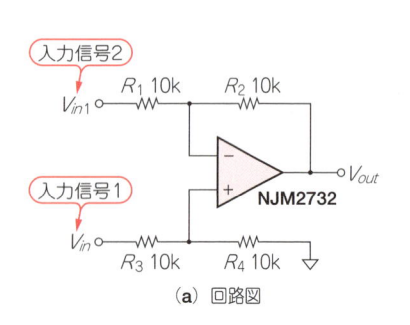

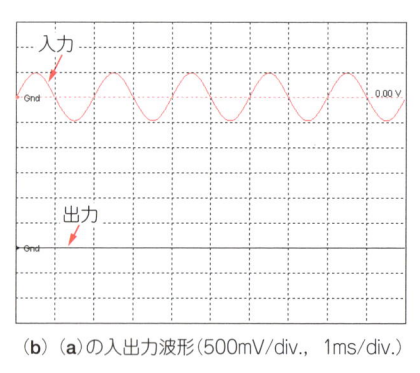

(a) 回路図

(b) (a)の入出力波形（500mV/div., 1ms/div.）

> 減算回路は二つの入力信号を引き算してその差を出力する回路です．

図10 減算回路（差動増幅回路）

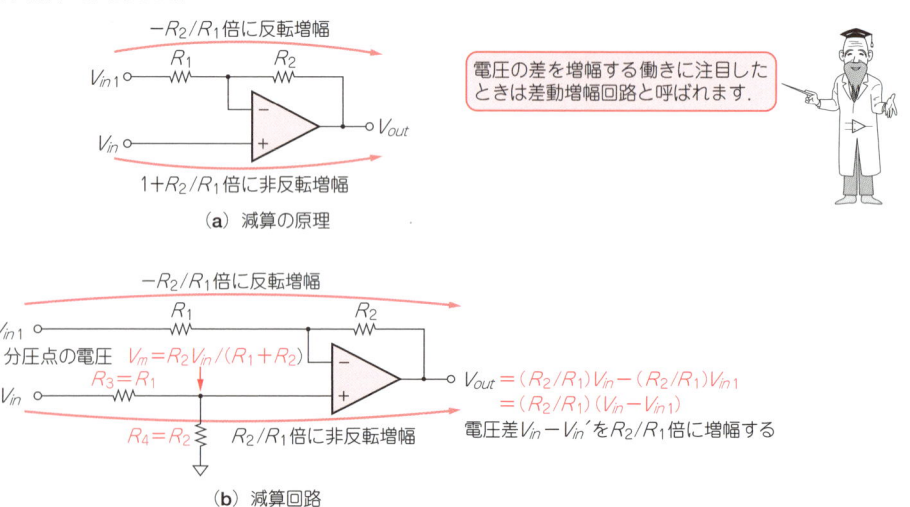

(a) 減算の原理

> 電圧の差を増幅する働きに注目したときは差動増幅回路と呼ばれます．

(b) 減算回路

$V_{out} = (R_2/R_1)V_{in} - (R_2/R_1)V_{in1}$
$= (R_2/R_1)(V_{in} - V_{in1})$
電圧差 $V_{in} - V_{in}'$ を R_2/R_1 倍に増幅する

● **実験の手順**

減算回路を作るのに必要な部品は，非反転加算回路と同じです．**図9(a)** のように，抵抗 R_1 と R_2，追加抵抗 R_3 と R_4 で作れます．

図5 の非反転加算回路で，抵抗 R_4 の左側から第2の実験用信号を外し，R_4 の左側はGNDに接続します．また，抵抗 R_1 の左側をGNDから切り離し，ここに第2の実験用信号を入力します．

今回の実験では，第1の実験用信号と第2の実験用信号は同じものです．

● **同じ波形なので結果はゼロ**

同じものどうしの減算ですから，**図9(b)** のように結果はゼロです．山と山，谷と谷が減算され，出力波形はずっとゼロのままです．

● **反転増幅と非反転増幅の合わせ技**

この回路は1個のOPアンプ増幅回路に二つの入力をもたせて，反転増幅と非反転増幅を同時に行うようにしたものです．

反転増幅回路，非反転増幅回路と同様に，抵抗 R_1 と R_2 をOPアンプに接続すれば，抵抗 R_1 の左端に入力された電圧は $-R_2/R_1$ 倍されて出力 V_{out} に現れ，非反転入力に加わる電圧は $1+R_2/R_1$ 倍されて出力されます．

このままでは反転側と非反転側の増幅率が違うのでうまく減算になりませんが，**図10** のように非反転側に抵抗分圧を組み合わせれば，増幅率を R_2/R_1 に合わせられます．

図11 に動作例を示します．動作の計算式は，次のように導くことができます．非反転側入力電圧 V_{in} は，抵抗 R_1，R_2 で分圧されるので，OPアンプの非反転入力 V_{in+} は，

$$V_{in+} = \frac{R_2}{R_1 + R_2} V_{in}$$

となります．

一方，反転側入力電圧 V_{in1} と出力電圧 V_{out} が抵抗 R_1 と R_2 で分圧されるので，OPアンプの反転入力 V_{in-} は，

$$V_{in-} = \frac{R_2 V_{in1} + R_1 V_{out}}{R_1 + R_2}$$

図11 減算回路とその動作波形（200 mV/div，1 ms/div）
方形波と正弦波の減算

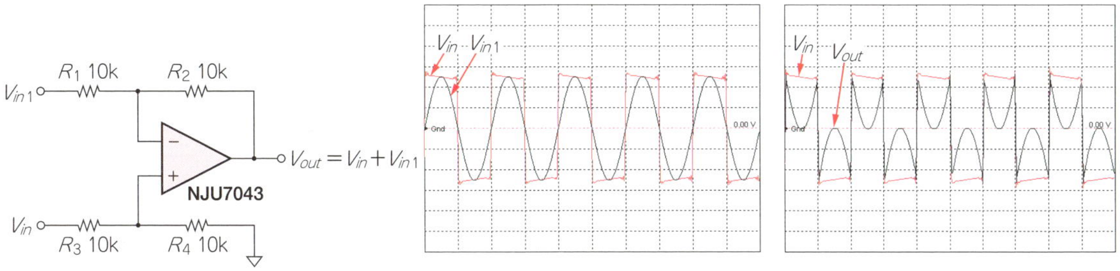

(a) 回路

(b) V_{in} に方形波（Lチャネル），V_{in1} に正弦波（Rチャネル）を入力した（200mV/div., 1ms/div.）

(c) 入力の山と山，谷と谷が減算されて，V_{out}（Rチャネル）の波形となる（200mV/div., 1ms/div.）

となります．

前述のように負帰還をかけると，二つの入力端子の電位がほぼ等しく（$V_{in+} \fallingdotseq V_{in-}$）なるので，

$$\frac{R_2}{R_1+R_2}V_{in}$$
$$=\frac{R_2 V_{in1}+R_1 V_{out}}{R_1+R_2}$$
$$R_2 V_{in} = R_2 V_{in1} + R_1 V_{out}$$

したがって，

$$V_{out}=\frac{R_2}{R_1}(V_{in}-V_{in1}) \quad \cdots\cdots(5)$$

が得られます．

● **二つの入力端子はどこにつないでもOK！**

式(5)のように，減算回路は二つの入力電圧 V_{in} と V_{in1} の差をとって，R_2/R_1 倍に増幅する回路なので差動増幅回路とも呼ばれます．

前章で述べたようにOPアンプ自体も差動増幅回路ですが，ゲインが大きすぎてそのままでは使えません．この差動増幅回路は，抵抗によって自由に増幅率を設定できる実用的な差動増幅回路です．

反転増幅回路や非反転増幅回路は，GNDを基準に振幅する信号しか入力することができません．一方，差動増幅回路は，任意の2点の信号源出力をつなぐことができます．出力はGND基準に振幅します．

たとえば，**図12**のように，GNDから切り離されていたり，抵抗などを介して接続されているためにGNDから浮いた状態の信号源では，GNDを基準に電圧を測っても信号源の電圧はわかりません．また，GNDに接続された信号源でも，GNDレベルの変動によって誤差を生じる場合があります．このようなとき，差動増幅回路を使うと

図12 差動増幅回路はいろいろな2点間の電圧を増幅できる

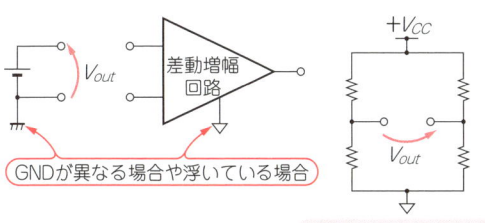

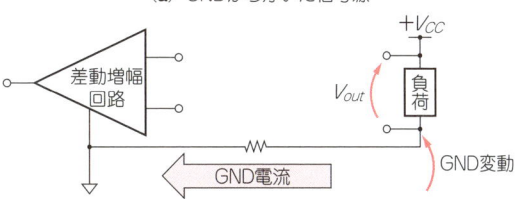

(a) GNDから浮いた信号源

(b) GNDレベルの変動

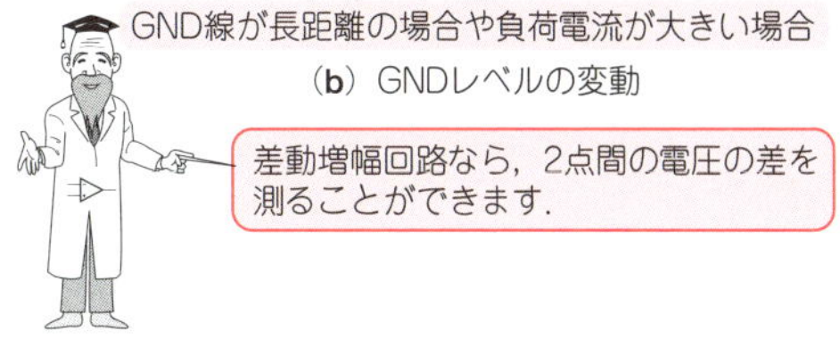

差動増幅回路なら，2点間の電圧の差を測ることができます．

信号源両端の電圧の差を測ることができます．

差動増幅回路は入力だけが差動であり，出力電圧はGNDを基準に出力されます．すなわち，差動入力，シングル・エンド出力の増幅回路です．その点に注目すれば，差動-シングル・エンド変換回路と見なすこともできます．

● **二つの入力信号に含まれる同相分を完全に除去できるのが良い差動増幅回路**

差動増幅回路の性能のポイン

トは，2入力の電圧差を精度良く取り出せるか，言い換えれば2入力の共通成分（同相電圧と呼ぶ）をどれだけ除去できるかで決まります．

同相電圧を完全に除去できれば，例えば2入力が $V_{in} = V_{in1} = 10$ V（同相電圧が10 V）であっても，$V_{in} = V_{in1} = 0$ V（同相電圧が0 V）であっても，$V_{in} = V_{in1} = -10$ V（同相電圧が-10 V）であっても，いずれも差動入力は $V_{in} - V_{in1} = 0$ V で同じであり，出力電圧も同じになるはずです．

しかし，現実の回路では同相電圧によって出力電圧が若干変動します．

図10 の差動増幅回路（減算回路）で，同相電圧をよりよく除去するためには，まずOPアンプ自体の同相除去比が高いことが必要であり，かつ抵抗比のバランス（$R_2/R_1 = R_4/R_3$）が良好であることが必要です．特に高精度が要求される場合は，**図13** のように可変抵抗を用いてバランス調整をすることもあります．

図13 可変抵抗を追加して V_{in} と V_{in1} の同相ぶんに対するゲインを極力小さくする

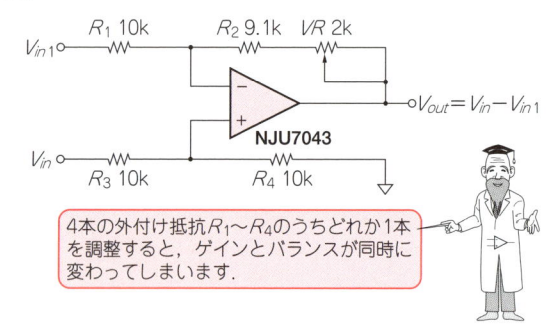

R_1 10k　R_2 9.1k　VR 2k
V_{in1}
NJU7043　$V_{out} = V_{in} - V_{in1}$
V_{in}
R_3 10k　R_4 10k

4本の外付け抵抗R_1～R_4のうちどれか1本を調整すると，ゲインとバランスが同時に変わってしまいます．

ミニ用語解説 ③　　　　　　　　　　　　　　　　　　　　column

● 空きピン処理

1個のパッケージに複数個が入っているOPアンプICを使用した場合には，回路で使わないOPアンプが残ってしまう場合があります．

たとえば，3個のOPアンプが必要な回路で，4個入りのOPアンプを使用した場合などです．回路を小さい基板に作り込みたい場合には，1個入りのパッケージを3個実装するより，4個入りのパッケージのほうが小さくて済むことが多いからです．

プリント基板上に実装したICの未使用入力ピンを無接続のままにしておくと，そこからノイズが侵入して別の回路の誤動作を起こしたり，静電気によって壊れてしまったりする恐れがあります．このようなことは，アナログICでもディジタルICでも生じます．

そのため，実装したパッケージの未使用入力ピンには「空きピン処理」を行うのが原則です．一般的には，未使用入力ピンはグラウンドに接続するのが安全ですが，抵抗を介して電源に接続したり，他の出力ピンに接続する場合もあります．

OPアンプICの場合は，2本の入力ピンをそれぞれグラウンドに接続してもよいのですが，反転入力ピンを出力ピンに接続して，電圧フォロワ接続にしておく方法が多く用いられています．

● ジャンパ線

回路を一時的に接続するための配線をジャンパ線と呼びます．細かく言えば，回路の一時的な配線部分は"jumper"と呼び，配線用に使われる電線を"jump wire"と呼ぶようです．ジャンパ線という呼びかたはちょっと中途半端です．

「ジャンパを飛ばす」というような言いかたもします．普通の配線用の電線を自分で切って曲げて使えばよいのですが，電子実験用としては，基板のピッチに合わせて適当な長さに曲げて成形した専用の"Jump Wire Kit"も販売されています．

● プローブ

測定器などに用いられる，試料に触れるための針状の測定用端子をプローブ（probe）と呼びます．昔，外科の治療の際に患部を探るのに使われていた細い針がプローブ（探針）と呼ばれていて，各種の測定器や試験器でもこの呼び名が用いられるようになりました．

オシロスコープなどの測定器では，数十MHzから数GHzの広帯域の信号を精密に測定/観測しなければなりません．そのためにはプローブの電気的特性がきわめて重要です．また，正しい測定/観測のためにはプローブの校正を行う必要があります．

3-2 比較回路の動作

二つの信号の大小を判定してみよう

1 感度は高いが出力がばたつくタイプ

　線形回路以外のOPアンプの簡単な応用回路として，コンパレータとその応用を紹介しましょう．OPアンプに負帰還をかけずに使用していることが大きな特徴です．

　前章で解説したOPアンプの開ループ動作をそのまま実用回路にしたものです．

● OPアンプに負帰還をかけずに使うだけ

　OPアンプに負帰還をかけず，開ループで動作させると，非反転入力 V_{in+} と反転入力 V_{in-} の大小関係に従って出力が決まります．

$V_{in+} > V_{in-}$ のとき，出力は $+V_{CC}$ 付近で頭打ちになり，$V_{in-} > V_{in+}$ のとき，出力は $-V_{CC}$ 付近で頭打ちになります．

　前者の出力を"H"，後者の出力を"L"と見なせば，二つの入力電圧（アナログ値）を比較して，結果を"H"/"L"の出力電圧（ディジタル値）で出力していることになります．この回路を**ボルテージ・コンパレータ**（voltage comparator；電圧比較器）と呼びます．**図14**に回路例と動作波形を示します．

● 専用のレベル判定用IC…コンパレータ

　コンパレータはアナログ量を2値のディジタル信号に変えることができる最も基本的な素子であり，アナログ回路でもディジタル回路でも広く使われます．

　OPアンプICは，一部のコンパレータに不適な品種を除けば，コンパレータとして使用できます．

　専用のコンパレータICもいろいろ作られています．コンパ

図15 判定用の閾値を決める方法

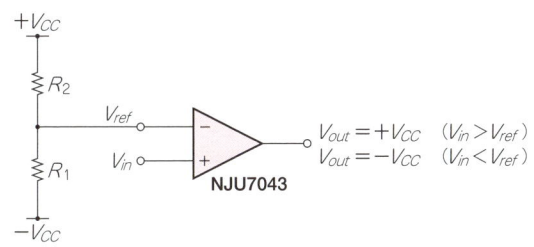

(a) 非反転型

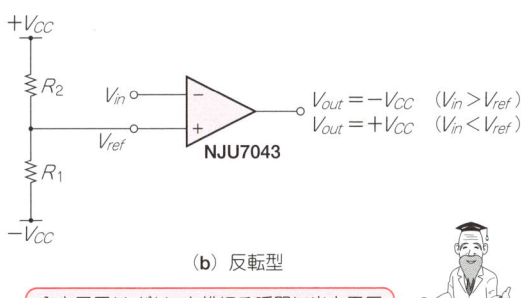

$V_{out} = +V_{CC}$ （$V_{in} > V_{ref}$）
$V_{out} = -V_{CC}$ （$V_{in} < V_{ref}$）

(b) 反転型

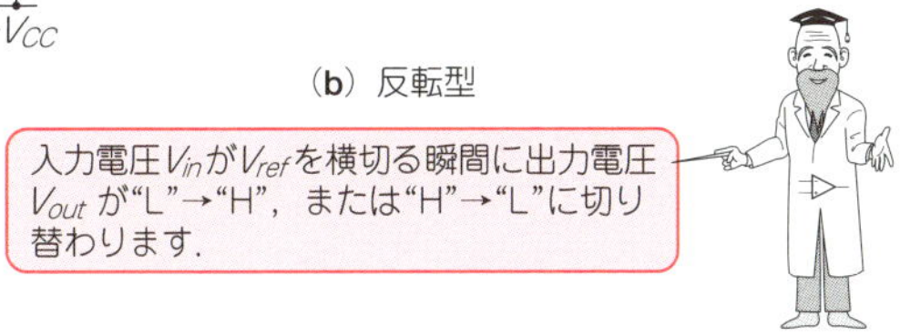

$V_{out} = -V_{CC}$ （$V_{in} > V_{ref}$）
$V_{out} = +V_{CC}$ （$V_{in} < V_{ref}$）

入力電圧 V_{in} が V_{ref} を横切る瞬間に出力電圧 V_{out} が"L"→"H"，または"H"→"L"に切り替わります．

図14 OPアンプそのものが大小判定器である

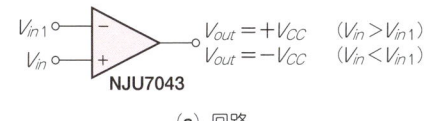

(a) 回路

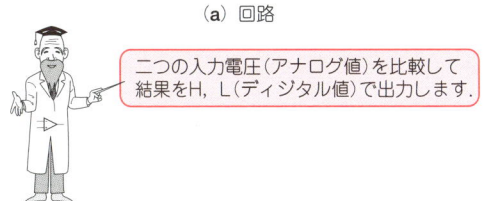

$V_{out} = +V_{CC}$ （$V_{in} > V_{in1}$）
$V_{out} = -V_{CC}$ （$V_{in} < V_{in1}$）

二つの入力電圧（アナログ値）を比較して結果をH, L（ディジタル値）で出力します．

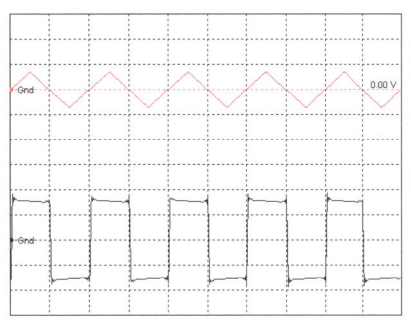

(b) 動作波形（1V/div., 1ms/div.）

レータICは，応答速度が高速だったり，ほかの素子とインターフェースしやすい出力形式（オープン・コレクタやオープン・ドレイン）を採用するなどの特徴をもっています．

● 実際の使い方

実際の用途では，別個に与えられた二つの電圧を比較するよりも，一方の入力には基準電圧を与え，それと一つの入力電圧を比較する使いかたが多いでしょう．

OPアンプの反転入力と非反転入力は，符号が反転される以外は特性的に同等であり，どちらを基準電圧に選んでもかまいません．

図15のように，反転入力を基準電圧V_{ref}，非反転入力を入力電圧V_{in}とすると，$V_{in} > V_{ref}$のとき出力は"H"，$V_{in} < V_{ref}$のとき出力は"L"になります．

逆に，反転入力を入力電圧V_{in}，非反転入力を基準電圧V_{ref}とすると，$V_{in} > V_{ref}$のとき出力は"L"，$V_{in} < V_{ref}$のとき出力は"H"というように，出力が反転します．

2 感度は低いが雑音によるばたつきが少ないタイプ

OPアンプを開ループで動作させるとコンパレータになりますが，さらに正帰還をかけることによって閾値（基準電圧）にヒステリシス特性（後述）をもたせることができます．

● ヒステリシス特性があれば雑音入力による出力のばたつきが減る

ヒステリシス特性の活用法は，大きく分けて二つです．一つは，閾値の付近で出力がばたつくのを防ぐ目的でヒステリシス特性をもたせます．もう一つは，ヒステリシス特性を利用した発振回路です．後者については，次章で解説します．

コンパレータがヒステリシス特性をもたない場合，入力の上昇時にも下降時にも同じ閾値で出力が反転しますから，入力電圧をきわめて高感度に検出できます．

ただし，入力信号にノイズが含まれている場合，図18（後出）のように，入力が何回も閾値を横切ることになりますから，その期間は出力が"L"と"H"を往復してばたつくことになります．とくに，入力の変化がゆっくりで，閾値付近にいる時間が長いときは，このばたつきは邪魔になります．

このような場合に，コンパレータにヒステリシス特性をもたせれば，ばたつきを抑えることができます．

ただし，それによって検出の感度，精度は低下することになるので，ヒステリシスを大きくしすぎないように注意が必要です．

ディジタルICでも，入力信号のノイズが大きい場合や，波形ひずみが大きい場合には，回路の入力にヒステリシス特性をもたせることがあります（シュミット・トリガと呼ばれている）．

● 回路のふるまい

図15に示した基準電圧付きコンパレータでは，入力電圧V_{in}を$-V_{CC}$から$+V_{CC}$まで上昇させたとき，V_{in}がV_{ref}を横切る瞬間に出力電圧V_{out}が"L"から"H"に（または"H"から"L"に）切り替わります．V_{in}を$+V_{CC}$から$-V_{CC}$まで下げてきたときは，同じ経路を逆に推移します．

図16 ヒステリシス特性

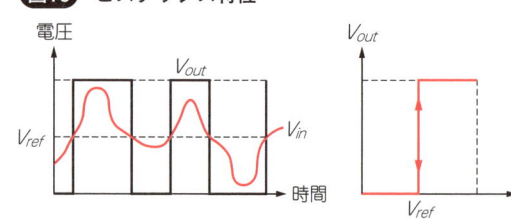

V_{in}-V_{out}のグラフが，V_{in}の上昇時と下降時で同じ経路になる
（a）ヒステリシスのない判定器の入出力特性

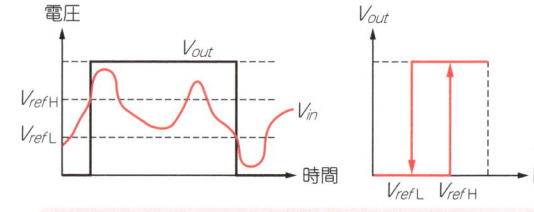

V_{in}-V_{out}のグラフが，V_{in}の上昇時と下降時で違う経路になる
（b）ヒステリシスのある判定器の入出力特性

> ヒステリシス特性とは入力電圧V_{in}の上昇時と下降時で閾値が変わる特性を指します．

図17 2本の抵抗を使って+端子に信号を戻すとヒステリシス特性をもった判定器ができる

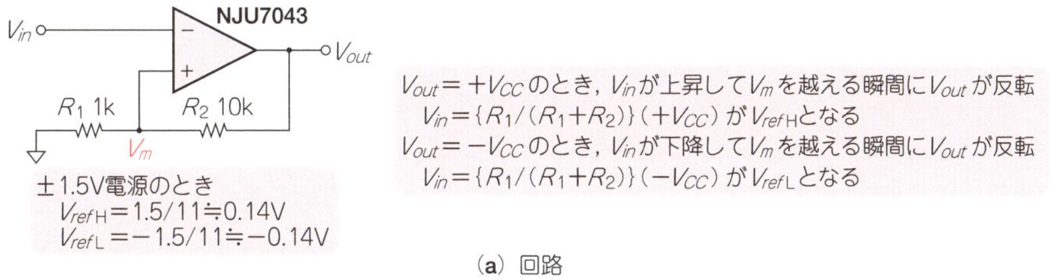

$V_{out} = +V_{CC}$ のとき，V_{in} が上昇して V_m を越える瞬間に V_{out} が反転
$V_{in} = \{R_1/(R_1+R_2)\}(+V_{CC})$ が V_{refH} となる
$V_{out} = -V_{CC}$ のとき，V_{in} が下降して V_m を越える瞬間に V_{out} が反転
$V_{in} = \{R_1/(R_1+R_2)\}(-V_{CC})$ が V_{refL} となる

±1.5V電源のとき
$V_{refH} = 1.5/11 ≒ 0.14V$
$V_{refL} = -1.5/11 ≒ -0.14V$

(a) 回路

2本の抵抗を使って正帰還をかけることによってヒステリシス付きコンパレータを実現できます

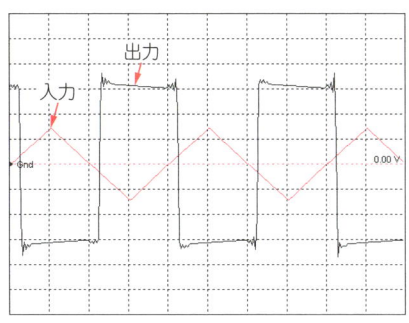

(b) 動作波形（200mV/div., 1ms/div.）

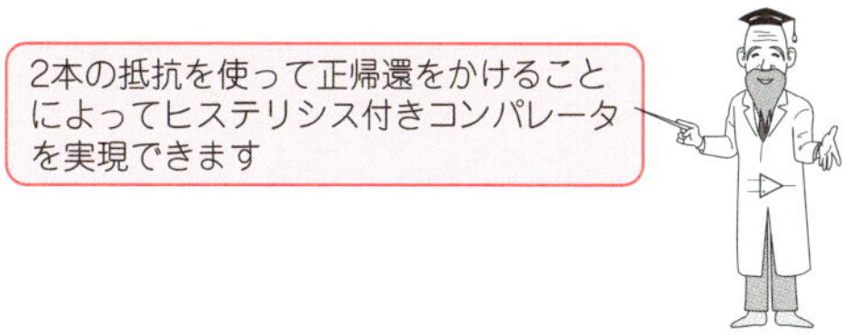

すなわち，V_{in} の上昇時も下降時も閾値 V_{ref} は変わりません．

▶ 入力電圧が上昇するときと下降するときの閾値が異なる

それに対して，**図16** のように，V_{in} の上昇時と下降時で閾値が変わる特性を，ヒステリシス特性と呼びます．

V_{in} の上昇時にはより高い電圧 V_{refH} で V_{out} が切り替わり，V_{in} の下降時にはより低い電圧 V_{refL} で V_{out} が切り替わります．

このようなヒステリシス特性は一般の物理現象でもよく見られますが，邪魔になることも多いものです．OPアンプ自体は，負帰還をかけたときに V_{in-} と V_{in+} が高い精度で一致するように，ヒステリシス特性をもたないように作られています．

ヒステリシス特性は常に悪者というわけではなく，積極的にヒステリシス特性をもたせる場合もあります．

● OPアンプに正帰還をかける

図17 のように，2本の抵抗を使って正帰還をかけることによって，ヒステリシス付きコンパレータを実現できます．

OPアンプの出力 V_{out} を抵抗 R_1，R_2 で分圧して，非反転入力 V_{in+} に正帰還します．反転入力 V_{in-} に入力電圧 V_{in} が加わります．したがって，

$$V_{in+} = \frac{R_1}{R_1+R_2} V_{out}$$

であり，常に $|V_{in+}| < |V_{out}|$ です．また，この V_{out} は $+V_{CC}$ または $-V_{CC}$ であり，

$V_{out} = +V_{CC}$（$V_{in-} < V_{in+}$）
$V_{out} = -V_{CC}$（$V_{in+} < V_{in-}$）

です．

$V_{in} = V_{in-}$ が，$-V_{CC}$ から $+V_{CC}$ まで上昇するときを考えると，$V_{in} = -V_{CC}$ であれば確実に $V_{in-} < V_{in+}$ ですから，$V_{out} = +V_{CC}$ になっています．V_{in} が $-V_{CC}$ から上昇していって，

$$V_{refH} = \frac{R_1}{R_1+R_2}(+V_{CC})$$
………(6)

を横切る瞬間に，$V_{in-} > V_{in+}$ となり，出力 V_{out} は $+V_{CC}$ から $-V_{CC}$ に切り替わります．それによって，V_{in+} も低い値に切り替わりますから，$V_{in-} > V_{in+}$ は保たれます．V_{in} が上昇して $+V_{CC}$ に達するまで，この状態は変わりません．

$V_{in} = V_{in-}$ が下降するときは，$V_{out} = -V_{CC}$ の状態から出発し，V_{in} が下降していって，

$$V_{refL} = \frac{R_1}{R_1+R_2}(-V_{CC})$$
………(7)

を横切る瞬間に，$V_{in-} < V_{in+}$ となり，出力 V_{out} は $-V_{CC}$ から $+V_{CC}$ に切り替わります．それによって，V_{in+} も高い値に切り替わりますから，$V_{in-} < V_{in+}$ は保たれます．

以上から，ヒステリシス付きコンパレータの出力は，

● $V_{in} < V_{refL}$ のときと，その後に $V_{refL} < V_{in} < V_{refH}$ に移行したとき

$V_{out} = +V_{CC}$

● $V_{in} > V_{refH}$ のときと，その後に $V_{refL} < V_{in} < V_{refH}$ に移行したとき

図18 ヒステリシス特性のある判定器は雑音による出力のばたつきが少ない

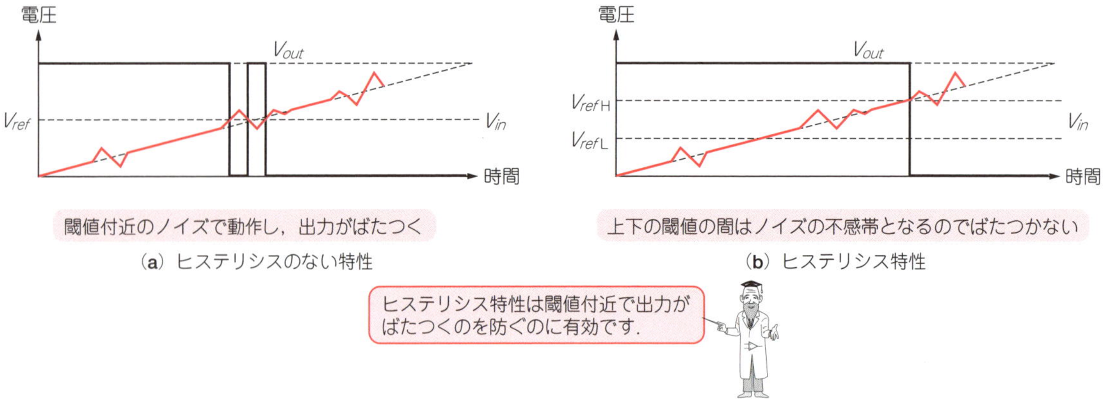

(a) ヒステリシスのない特性
閾値付近のノイズで動作し，出力がばたつく

(b) ヒステリシス特性
上下の閾値の間はノイズの不感帯となるのでばたつかない

ヒステリシス特性は閾値付近で出力がばたつくのを防ぐのに有効です．

図19 非反転型のヒステリシス付きコンパレータ

$V_{out} = -V_{CC}$ のとき，V_{in} が上昇して V_m が0を越える瞬間に V_{out} が反転
$V_{in} = -(R_1/R_2)(-V_{CC})$ が V_{refH} となる

$V_{out} = +V_{CC}$ のとき，V_{in} が下降して V_m が0を越える瞬間に V_{out} が反転
$V_{in} = -(R_1/R_2)(+V_{CC})$ が V_{refL} となる

$V_m = (R_1 V_{out} + R_2 V_{in})/(R_1 + R_2)$

±1.5V電源のとき
$V_{refH} = -(-1.5/10) ≒ 0.15$V
$V_{refL} = -(1.5/10) ≒ -0.15$V

反転型（図17）の入力 V_{in} とGNDを入れ替えると非反転型になります．

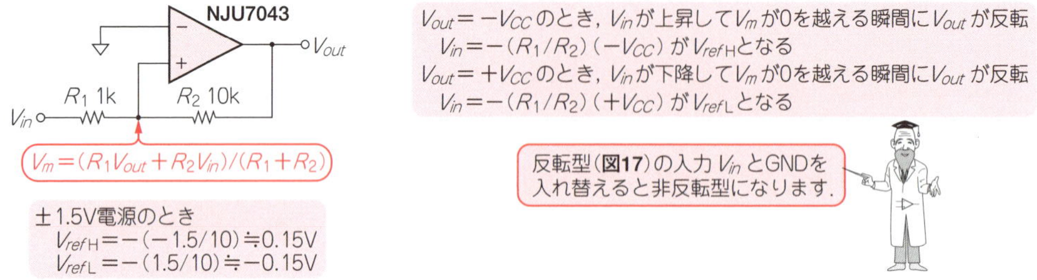

$V_{out} = -V_{CC}$ となります（図18）．

● **反転型と非反転型**

図17 の回路は，非反転入力 V_{in+} 側を基準電圧，反転入力 V_{in-} 側を回路の入力電圧 V_{in} としています．したがって，$V_{in} < V_{ref}$ のとき出力は"H"，$V_{in} > V_{ref}$ のとき出力は"L"となる反転型のヒステリシス付きコンパレータです．

出力の極性を反転して，$V_{in} < V_{ref}$ のとき出力は"L"，$V_{in} > V_{ref}$ のとき出力は"H"となる非反転型のヒステリシス付きコンパレータにすることもできます．

図19 のように，回路の入力 V_{in} とGNDを入れ替えれば実現できます． 〈宮崎 仁〉

ミニ用語解説④ column

● **正負電源**

正電源と負電源の二つの電源を使うシステムです．正負電源はアナログ回路では一般的ですが，単電源に比べてコストがかかるので，ディジタル回路ではほとんど使われません．まれな例としては，正負電源を使った3値論理や，RS-232Cなどのデータ伝送回路があります．

正負電源では，正電源-グラウンド間，グラウンド-負電源間，正電源-負電源間の三つを電源として利用できます．アナログ回路の特性は電源電圧の端のほうでは悪くなるので，OPアンプは正電源-負電源間を電源として利用し，その中央付近の電位を利用します．

● **絶対最大定格**

電気的素子の特性は一般にデータシートに記載されていますが，そのなかで，素子を壊さないために必ず守らなければならないのが絶対最大定格です．

半導体素子が壊れる主な原因は，過電圧による絶縁層の破壊，過電流による電流チャネルの破壊，高温による熱破壊，外力による機械的破壊などです．これらについて，それぞれ絶対最大定格が規定されています．

定格値は特定の動作条件で規定されており，動作条件が変わればより低い値で使用しなければならない場合もあります．これをディレーティング（derating）と呼びます．

徹底図解★OPアンプIC活用ノート

第**4**章
方形波や三角波などの繰り返し信号を発生する方法

信号波形を作り出してみよう

4-1 2種類の繰り返し信号を同時に発生できる
方形波/三角波発振回路

　この章では，CMOSタイプのOPアンプであるNJU7043（新日本無線）を，±1.5Vの両電源で動作させて実験を行います．

　ヒステリシス付きコンパレータは非反転入力と反転入力に電圧差を生じるので，前章までで使っていたNJM2732（新日本無線）では，うまく動作しませんので注意してください．

● 発振回路とは

　増幅回路や加算/減算回路は，入力信号に対して何らかの操作を加えたものを出力信号とする回路でした．それに対して，発振回路は何も入力信号を加えなくても，電源さえ供給していれば回路自身が出力信号を作り続けます．

　発振回路には，正弦波を発生するものや，方形波/三角波を発生するものがあります．複数の波形を切り替えたり振幅や周波数を調整可能なものが，実験用の信号発生器（ファンクション・ジェネレータ）として使われています．

　ここでは，OPアンプ1個で作れる手軽な方形波/三角波発振回路を作ります．振幅は固定で，周波数は外付け抵抗や外付けコンデンサの定数によって設定します．

　また，三角波は完全な直線でなく，ややカーブをもった疑似三角波です．

● コンパレータとして使う

　この回路では，OPアンプをコンパレータ（電圧比較器）として動作させます．

　OPアンプのほかに，外付け部品として10kΩの抵抗2本，100kΩの抵抗1本，0.01μFのコンデンサ1個が必要です．

　発振の周波数を変えてみるなら，これに加えて1kΩと100kΩの抵抗が1本ずつ，0.01μFのコンデンサがさらに何個かあるとよいでしょう．

● 実験回路

　図1(a)のように，OPアンプの出力ピンと反転入力ピンの間に外付け抵抗R_1 = 100kΩを接続し，反転入力ピンとGNDの間に外付けコンデンサC = 0.01μFを接続します．

　この抵抗R_1とコンデンサCは，CR積分回路と呼ばれる回路を構成します．

　OPアンプの非反転入力ピンとGNDの間に外付け抵抗R_2 = 10kΩで，出力ピンと非反転入力ピンの間を外付け抵抗R_3 = 10kΩで接続します．

　これによって，OPアンプと外付け抵抗R_2，R_3はヒステリシス付きコンパレータと呼ばれる回路を構成します．非反転増幅回路とよく似ていますが，図2に示すように，外付け抵抗がOPアンプの非反転入力側に接続されていることに注意してください．

　このように接続すると，CR積分回路の出力（R_1とCの接続点）はヒステリシス付きコンパレータの入力（OPアンプの反転入力）につながります．そして，ヒステリシス付きコンパレータの出力（OPアンプの出力）がCR積分回路の入力（R_1のCと接続されていない側）につながります．

　すなわち，

　　CR積分回路出力→
　　ヒステリシス付きコンパレータ入力→
　　ヒステリシス付きコンパレータ出力→
　　CR積分回路入力→

…というぐるぐる回りの信号の流れができました．このぐるぐ

4-1 方形波/三角波発振回路　　47

図1 方形波と三角波を発振する回路の実験

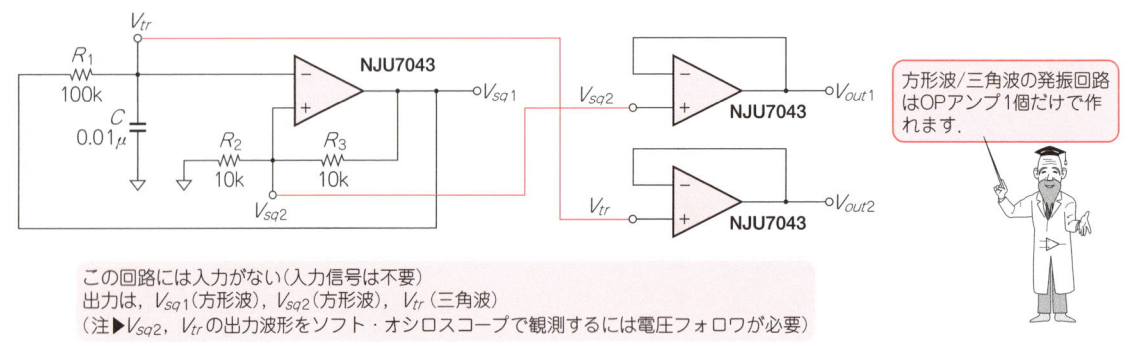

方形波/三角波の発振回路はOPアンプ1個だけで作れます．

この回路には入力がない（入力信号は不要）
出力は，V_{sq1}（方形波），V_{sq2}（方形波），V_{tr}（三角波）
（注▶V_{sq2}，V_{tr}の出力波形をソフト・オシロスコープで観測するには電圧フォロワが必要）

（a）回路図

図2 非反転増幅回路とヒステリシス付きコンパレータ

（a）ヒステリシス付きコンパレータ　　（b）非反転増幅回路

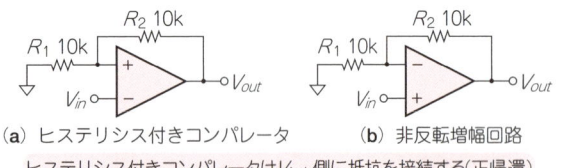

ヒステリシス付きコンパレータはV_{in}+側に抵抗を接続する（正帰還）
非反転増幅回路はV_{in}−側に抵抗を接続する（負帰還）

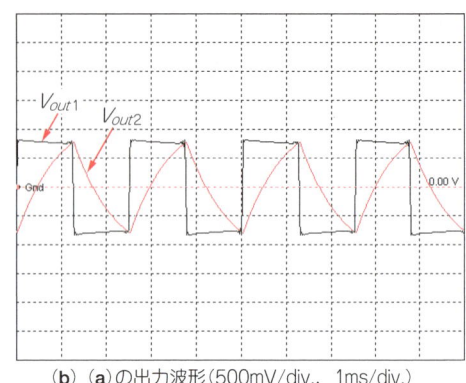

動作はまったく違うので見まちがえないように注意が必要です．

（b）（a）の出力波形（500mV/div., 1ms/div.）

る回りによって，自動的に発振が起こります．

それでは，波形を観測して発振のようすを調べてみましょう．

● **入力がなくても信号が出続ける**

この回路では，二つの方形波出力（V_{sq1}，V_{sq2}）と一つの三角波出力（V_{tr}）が得られます．

V_{sq}はOPアンプの出力，V_{sq2}はR_2とR_3の分圧点（すなわちOPアンプの非反転入力）に得られます．V_{tr}はCR積分回路の出力であるR_1の右側（すなわちOPアンプの反転入力）に得られます．

V_{sq1}はOPアンプの出力が電源電圧いっぱいに振れるので，振幅は±1.5Vとなります．V_{sq2}は，V_{sq1}を抵抗$R_2=R_3=$10kΩで2分の1に分圧したものですから，振幅は±0.75Vとなります．また，V_{tr}の振幅（ピーク電圧）はV_{sq2}と同じ±0.75Vです．

ここでは，V_{sq2}とV_{tr}を比較しながら観測してみましょう．通常のオシロスコープで観測するときは，R_2とR_3の分圧点やR_1の右側に直接プローブを接続しても問題ありませんが，ソフトウェア・オシロスコープの場合は，パソコンのオーディオ入力部の入力インピーダンスが低いので，直接プローブを接続すると動作が変わってしまう恐れがあります．

そこで，別のOPアンプを2個用意して，電圧フォロワ1と電圧フォロワ2を作ります．

R_2とR_3の分圧点（V_{sq2}）を電圧フォロワ1に接続します．これによって，出力にはV_{sq2}と同じ波形が得られます．

同様に，R_1の右側（V_{tr}）を電圧フォロワ2に接続します．これによって，出力にはV_{tr}と同じ波形が得られます．

電圧フォロワの出力には直接プローブを接続しても問題ありません．

ソフトウェア・オシロスコープのLチャネルで電圧フォロワ1の出力，Rチャネルで電圧フォロワ2の出力を観測してみましょう．

図1(b) に示すように，Lチャネルの波形は，"H"と"L"を交互に繰り返す方形波になっています．一方，Rチャネルの波形は方形波と同じ周期で上昇と下降を交互に繰り返す三角波

になっています．

　方形波が"H"のとき三角波は上昇し，方形波が"H"から"L"に切り替わるときが三角波の頂点（上側のピーク）となります．逆に，方形波が"L"のとき三角波は下降し，方形波が"L"から"H"に切り替わるときが三角波の頂点（下側のピーク）です．

　また，三角波の振幅（ピークからピークまで）は方形波の振幅（"H"から"L"まで）と同じです．

　OPアンプを±1.5 V電源で動作させ，**図1**の回路定数で作った場合は，この振幅は±0.75 V（1.5 V_{p-p}）になるはずです．

　通常のオシロスコープなら，画面上で電圧値を確認できます（電池の端子電圧はぴったり1.5 Vではないし，抵抗やOPアンプなど回路素子の誤差もあるので，ぴったり±0.75 Vになるわけではない）．

　ただし，ソフトウェア・オシロスコープを使用している場合は，パソコンのオーディオ入力の録音レベル設定によって表示の振幅が変わるので，画面に表示された波形の電圧値は±0.75 Vとは異なるはずです．このときは，現在の波形の真の振幅がぴったり±0.75 Vであると仮定して，電圧軸のキャリブレーションを行います（第1章を参照のこと）．

● 発振の周期/周波数の読み取り

　オシロスコープの画面から発振の周期と周波数をおおまかに読み取ってみましょう．これは通常のオシロスコープでもソフトウェア・オシロスコープでも同じようにできます．

　図1(b)では，オシロスコープの時間軸（横軸）を1 ms/div（1マスにつき1 ms）に設定しています．Lチャネルが"H"の期間（Rチャネルが上昇の期間）とLチャネルが"L"の期間（Rチャネルが下降の期間）は，ともに約1.25 msと読めます．したがって発振の周期はその2倍の約2.5 ms，周波数 f は周期 T の逆数なので，$f = 1/2.5\ ms = 0.4\ kHz$，すなわち約400 Hzと読めます．

　この回路の発振周期は，CR積分回路の出力（すなわち三角波）が上昇，下降するスピードで決まります．

　CR積分回路の出力が上昇して"H"を横切ったらヒステリシス付きコンパレータが反転し，CR積分回路の出力は下降に転じます．CR積分回路の出力が下降して"L"を横切ったらヒステリシス付きコンパレータが反転し，CR積分回路の出力は再び上昇に転じます．これを繰り返して発振が継続します．

　CR積分回路の出力の上昇/下降が速いほど，"H"や"L"に達するまでの時間は短く，発振の周期は短くなります．

　このスピードは C と R_1 の値で変わり，C が小さいほどスピードが速く，また R_1 が小さいほどスピードが速くなります．このスピードの目安となるのが時定数 $\tau = CR$ です．**図1**の定数（$C = 0.01\ \mu F, R_1 = 100\ k\Omega$）で計算すると，時定数 τ は，

$$\tau = 0.01\ \mu F \times 100\ k\Omega$$
$$= 1\ ms$$

です．

　図1(b)から読み取ったCR積分回路の上昇時間，下降時間はともに約1.25 msで，時定数に近い値となっています．

ミニ用語解説⑤   column

● 周波数

　一般に，正弦波（sine wave，またはsinusoidal wave），三角波（triangle wave），方形波（square wave）などの波形は，同じ波形が何度も何度も繰り返される繰り返し波形です．

　この繰り返しの1回ぶんの時間を繰り返し周期と呼び，その逆数が周波数（frequency）です．

　したがって周波数の単位はサイクル毎秒［c/s］ですが，現在ではとくにヘルツ［Hz］という呼び名が与えられています．これは，ドイツの物理学者ハインリヒ・ヘルツ（Heinrich Hertz）の名前にちなんで付けられました．

　周波数は，単位時間のうちに繰り返し波形が何回現れるかを示す数値です．したがって一般に，その回数には端数を含んでおり，連続的に変化するアナログ量です．ただし，周波数を測るときに，端数を切り捨てて整数で数えれば，容易にディジタル化できます．

4-1 方形波/三角波発振回路

4-2 周期/周波数/振幅を変えてみよう
いろいろな波形を出力するために

4-1節で作った方形波/三角波発振回路を何かの信号源に使う場合は，発振の周期/周波数や，振幅を変えたくなります．ここでは，それらを実験するとともに，実験用信号源の回路例を紹介します．

● 実験1：発振周波数の変更

この方形波/三角波発振回路では，CR積分回路の**時定数**（$\tau = CR$）によって発振の周波数をコントロールできます．

まず，**図3**のように，コンデンサCを2倍の0.02 μFに変えてみましょう．時定数が2倍になるので，発振の周期は2倍になり，周波数は2分の1になるはずです．Cはそのままで，代わりに抵抗R_1を2倍の200 kΩにしても同じです．

コンデンサは，同じ容量を2個並列にすれば容量は2倍になります．抵抗の場合は，同じ抵抗値を2個直列にします．

$C = 0.02$ μFに変えた波形を**図4**に示します．三角波V_{tr}（Rチャネル）の上昇と下降のスピードが遅くなり，発振周期も長くなっていることがわかります．発振の周期は約2倍，周波数は約2分の1になっているのがわかります．

次に，いったん**図1**の状態（$C = 0.01$ μF，$R_1 = 100$ kΩ）に戻します．そして，今度は**図5**のように，抵抗R_1を2分の1の50 kΩに変えてみましょう．時定数が2分の1になるので，発振の周期は2分の1になり，周波数は2倍になるはずです．R_1はそのままで代わりにコンデンサCを2分の1の0.005 μFにしても同じです．

抵抗は，同じ抵抗値を2個並列にすれば抵抗値は2分の1になります．コンデンサの場合は，同じ容量を2個直列にします．

$R_1 = 50$ kΩに変えた波形を**図6**に示します．三角波V_{tr}（Rチャネル）の上昇/下降のスピードが速くなり，発振周期も短くなっていることがわかります．発振の周期は約2分の1，周波数は約2倍になっているのがわかります．

このように，発振の周期，周波数はCR積分回路の時定数でコントロールできます．このとき，発振の振幅には影響を与えません．

● 実験2：振幅の変更

ヒステリシス付きコンパレータの抵抗値を変えれば，方形波/三角波の振幅を変えることができます．ただし，それと同時に発振の周期，周波数も変化します．

これまで観測している方形波V_{sq2}の"H"/"L"の電圧は，OPアンプの出力V_{sq1}を抵抗R_2，R_3で分圧したものです．OPアンプの出力電圧はほぼ±1.5 V

図3 方形波/三角波発振回路の発振周波数を1/2にする方法

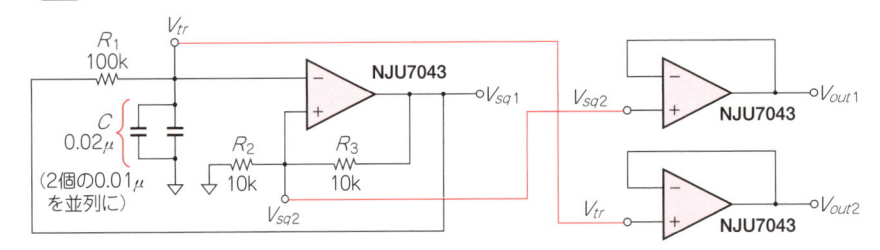

Cを2倍にするか，またはRを2倍にすると，時定数CRは2倍になる

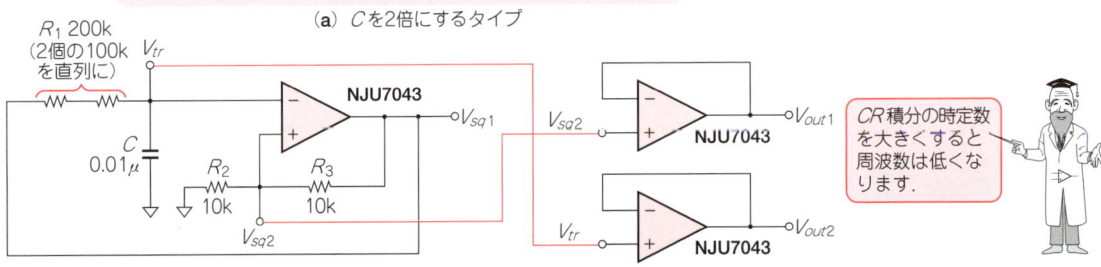

(a) Cを2倍にするタイプ

(b) Rを2倍にするタイプ

CR積分の時定数を大きくすると周波数は低くなります．

まで振れます．**図1**の回路では，これを $R_2 = R_3 = 10\,\text{k}\Omega$ で抵抗分圧して，分圧点の電圧は，

$$V_{sq2} = \frac{R_2}{R_2 + R_3} V_{sq1}$$

$$= \frac{10\,\text{k}}{10\,\text{k} + 10\,\text{k}} V_{sq1} = \frac{1}{2} V_{sq1}$$

となり，V_{sq2} は V_{sq1} の2分の1になります．これがヒステリシス付きコンパレータの出力が切り替わる閾値となります．

回路をいったん**図1**の状態（$C = 0.01\,\mu\text{F}$, $R_1 = 100\,\text{k}\Omega$）に戻します．次に，**図7**のように抵抗 R_2 を1 kΩに変えてみます．抵抗分圧の式は，

$$V_{sq2} = \frac{R_2}{R_2 + R_3} V_{sq1}$$

$$= \frac{1\,\text{k}}{1\,\text{k} + 10\,\text{k}} V_{sq1} = \frac{1}{11} V_{sq1}$$

になるので，"H"/"L"の電圧（すなわち閾値）は約 ± 0.14 Vになります．波形を**図8**に示します．

時定数は**図1**と同じなので，三角波 V_{tr} の上昇/下降のスピードは同じです．しかし，閾値が小さくなったので，同じスピードでも閾値に到達するまでの時間は短くなり，発振の周期が短くなっています．

また，閾値が小さくなったので，方形波 V_{sq2} も三角波 V_{tr} も振幅が小さくなっています．

ただし，**図1(b)**の波形からもわかるように，CR積分回路の出力の上昇/下降は直線的ではなく，時間とともに傾斜がゆるやかになる疑似三角波です．そのため閾値と発振の周期は完全には比例しません．

また，CR積分回路の出力は上昇/下降の開始直後が最も直線的に変化するので，閾値を小さくして使うほうが三角波 V_{tr} はより直線性が高くなり，完全な三角波に近づきます．

図4 図3の回路の出力波形（500 mV/div, 1 ms/div）

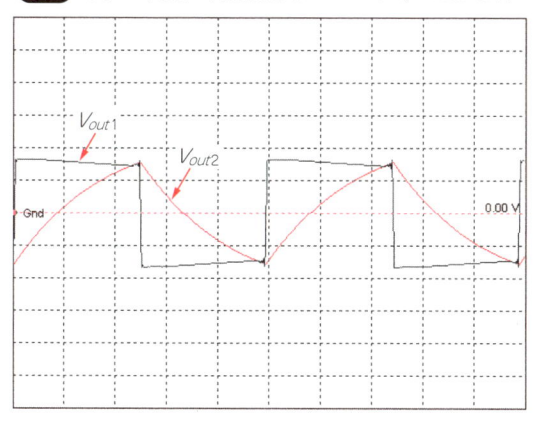

図6 図5の回路の出力波形（500 mV/div, 1 ms/div）

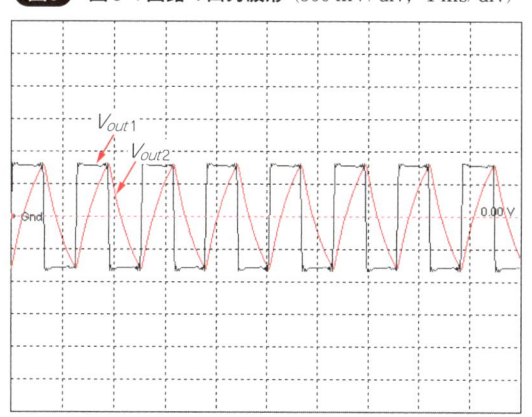

図5 方形波/三角波発振回路の発振周波数を2倍にする方法

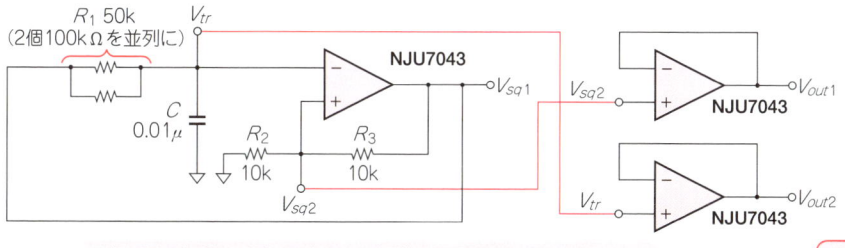

Rを1/2にするか，またはCを1/2にすれば，時定数CRは1/2になる

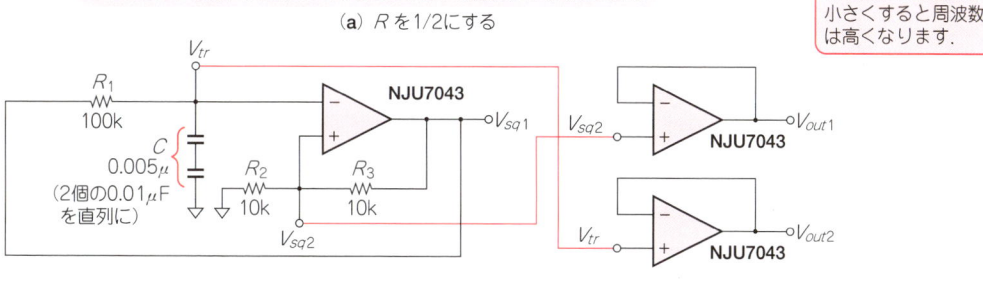

（a）Rを1/2にする

（b）Cを1/2にする

CR積分の時定数を小さくすると周波数は高くなります．

4-2 周期/周波数/振幅を変えてみよう

図7 方形波/三角波発振回路の振幅を変更する

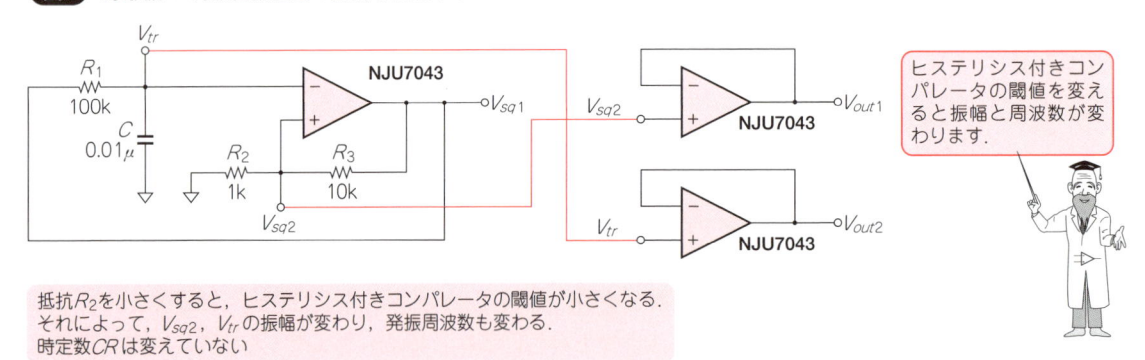

ヒステリシス付きコンパレータの閾値を変えると振幅と周波数が変わります．

抵抗R_2を小さくすると，ヒステリシス付きコンパレータの閾値が小さくなる．それによって，V_{sq2}，V_{tr}の振幅が変わり，発振周波数も変わる．時定数CRは変えていない

図9 実験などに使える簡易信号源の回路例

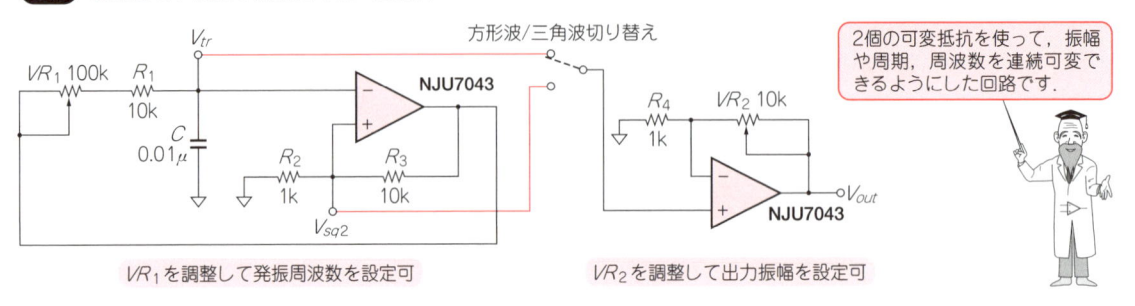

VR_1を調整して発振周波数を設定可　　VR_2を調整して出力振幅を設定可

2個の可変抵抗を使って，振幅や周期，周波数を連続可変できるようにした回路です．

● **実験3：振幅だけを変える**

ここで実験したように，この方形波/三角波発振回路では，CR積分回路の時定数を変えれば，発振の周期(周波数)が変わります．また，ヒステリシス付きコンパレータの閾値を変えれば，振幅と発振の周期(周波数)の両方が同時に変わり，三角波の波形も変化します．

単に周波数を変えたいだけならCR積分回路の時定数を変えるほうが良く，ヒステリシス付きコンパレータの閾値はなるべく固定で使うべきです．

それでは，振幅だけを変えたい場合には，どうしたらよいのでしょうか．

これを解決する一つの方法は，発振の振幅そのものは変えずに，発振出力を非反転増幅回路で増幅する方法があります．ここまでの実験では，回路の動作に干渉せずにソフトウェア・

図8 図7の回路の出力波形(100 mV/div, 200 μs/div)

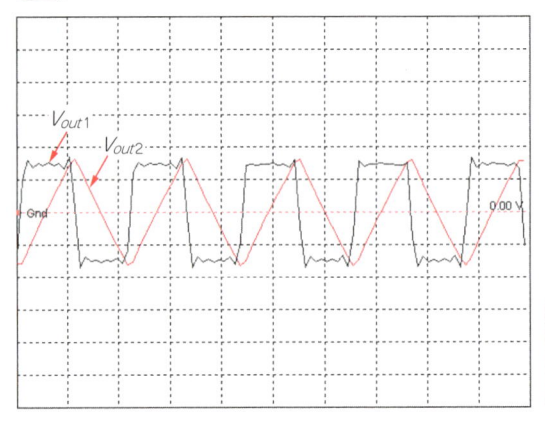

図1(b)や図4，図6とは，振幅軸，時間軸ともスケールが異なっていることに注意

オシロスコープのプローブを接続するために，方形波V_{sq2}，三角波V_{tr}はともに電圧フォロワを通して出力しています．この電圧フォロワを非反転増幅回路に変えれば，V_{sq2}とV_{tr}をそれぞれ増幅できます．

また，「実験2」で実験したように，閾値を小さく(すなわち発振の振幅を小さく)して使うほうがより直線性が高い三角波になります．これらを考慮す

ると，元の発振の振幅は小さくして，それを増幅して方形波/三角波出力を得るほうが，使いやすい回路ができそうです．

図9に実験用簡易信号源の回路例を示します．2個のOPアンプだけを使って，方形波/三角波はどちらか一方の出力を選択するようにしました．2個の可変抵抗を使って，振幅や周期(周波数)を連続に可変できます．

4-3 信号を発生する回路とそのしくみ

コンデンサの充放電が回路動作の決め手となる

● キー・パーツ「コンデンサ」のふるまい

コンデンサは電気を蓄えるバケツのような性質をもつ素子で，その端子電圧は蓄えた電気量に比例します．

それを利用して電圧の安定化，タイマや発振回路，アナログ信号の記憶や伝達などさまざまな目的に用いられています．

図10のように，コンデンサに電流を流し込むと電荷が蓄えられ，流し出すと放出されます．コンデンサに現在蓄えられている電気量は，これまでに流れた電流の総和です．

電流値 I [A] が一定の場合，蓄えられている電気量 Q [C（クーロン）] は充電した時間 t [sec] に比例し，

$$Q = It$$

で表されます．一般的には，

$$Q = \int I dt$$

と積分で表されます．

コンデンサの二つの端子間の電圧は，蓄えられている電気量に比例します．電気量 Q と端子電圧 V の関係は，コンデンサの大きさを表す静電容量 C で決まり，

$$Q = CV$$

です．これらを合わせると，

$$V = \frac{1}{C} \int I dt \quad \cdots\cdots(1)$$

となります．

この両辺を微分すると，

$$\frac{dV}{dt} = I \quad \cdots\cdots(2)$$

となります．

このように，コンデンサでは電流の積分が電圧，電圧の微分が電流という関係があり，微分回路や積分回路に応用できます．

● 充電電圧の立ち上がり速度を容量と抵抗値で調整

図11のように抵抗 R とコンデンサ C を組み合わせれば，CR 積分回路になります．入力電圧 V_{in} で抵抗 R を通して C を充電し，端子電圧が出力電圧 V_{out} として得られます．

この回路では，コンデンサに蓄えられている電気量が 0 C のときは出力電圧が 0 V で，入力電圧 V_{in} が抵抗に加わります．したがって，コンデンサは V_{in}

図10 コンデンサの充放電と両端電圧の変化

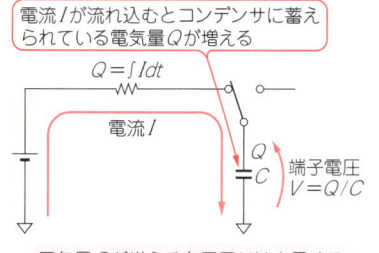

- 電流 I が流れ込むとコンデンサに蓄えられている電気量 Q が増える
- $Q = \int I dt$
- 端子電圧 $V = Q/C$
- 電気量 Q が増えると電圧 V は上昇する

(a) 充電

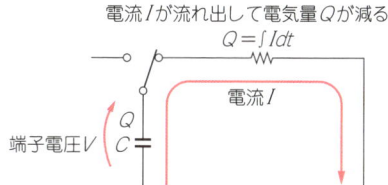

- 電流 I が流れ出して電気量 Q が減る
- $Q = \int I dt$
- 端子電圧 V
- 電気量 Q が減ると電圧 V は下降する

(b) 放電

電流の積分が電圧，電圧の微分が電流という関係があります．

図11 積分は抵抗とコンデンサだけで実現できる

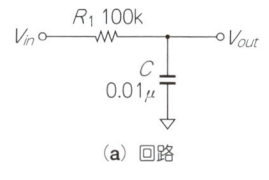

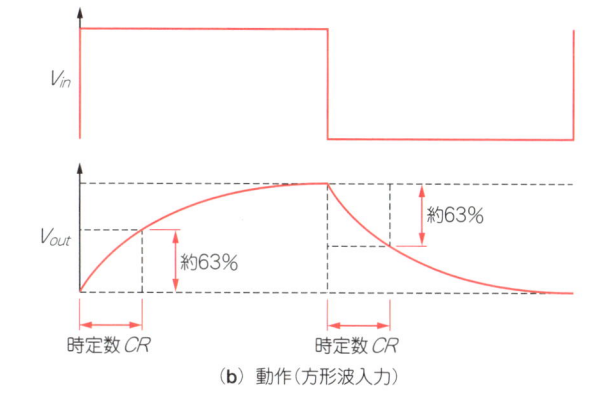

R_1 100k，C 0.01μ

(a) 回路

CR を時定数と言い，充放電時間の目安となります．

約63％，時定数 CR

(b) 動作（方形波入力）

図12 方形波/三角波（擬似三角波）発振回路

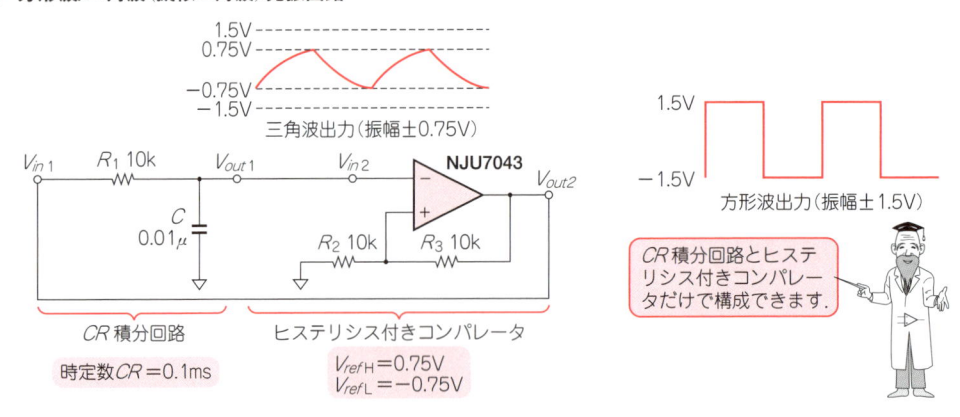

三角波出力（振幅±0.75V）

方形波出力（振幅±1.5V）

CR積分回路　　ヒステリシス付きコンパレータ

時定数 $CR = 0.1\text{ms}$　　$V_{refH} = 0.75\text{V}$、$V_{refL} = -0.75\text{V}$

CR積分回路とヒステリシス付きコンパレータだけで構成できます．

に比例した充電電流 $I_{in} = V_{in}/R$ で充電され，出力電圧 V_{out} は式(1)から，

$$V_{out} = \frac{1}{C} \int I_{in} dt$$
$$= \frac{1}{CR} \int V_{in} dt \quad \cdots\cdots (3)$$

のように，入力電圧 V_{in} の積分となります．V_{in} が一定ならば，V_{out} は一定の傾きで上昇（$V_{in} > 0$ のとき）または下降（$V_{in} < 0$ のとき）していきます．

ただし，式(3)が成り立つのは厳密には $Q = 0\text{C}$（クーロン）のときだけで，コンデンサが充電されて Q が増えれば V_{out} は上昇し，そのぶん抵抗に加わる電圧 $V_{in} - V_{out}$ は低下するので，充電電流が減少して V_{out} の上昇はゆるやかになっていきます．V_{in} が一定ならば，V_{out} は入力電圧に限りなく近づいていきます．

近似的には，V_{out} が0に近い範囲では積分動作する回路であり，CR積分回路と呼ばれています．

この CR 積分回路の充放電特性は全体としては指数関数で表されますが，CR で求まる時間[sec]をかけて充電すると，コンデンサが蓄えられる最大電荷量の約63％まで充電されます．この時間 CR を CR 積分回路の時定数と呼び，回路の充放電時間の目安として用いられています．

たとえば，この回路はディジタル信号の遅延回路として利用されますが，時定数はその遅延時間の目安となります．

● CR積分回路とヒステリシス付きコンパレータを組み合わせる

図12のように，ヒステリシス付きコンパレータの出力 V_{out2} を CR 積分回路に入力し，CR 積分回路の出力 V_{out1} をヒステリシス付きコンパレータに入力すれば，自動的に発振を続ける方形波/三角波発振回路ができます．

ヒステリシス付きコンパレータの出力は，$V_{out2} = +V_{CC}$ または $V_{out2} = -V_{CC}$ です．

$V_{out2} = +V_{CC}$ のとき CR 積分回路の出力 V_{out1} は上昇し，$V_{out1} = V_{refH}$ に達したらヒステリシス付きコンパレータの出力 V_{out2} が反転します．

$V_{out2} = -V_{CC}$ のとき CR 積分回路の出力 V_{out1} は下降し，$V_{out1} = V_{refL}$ に達したらヒステリシス付きコンパレータの出力 V_{out2} が反転します．

これが繰り返されるので，V_{out2} は一定周期で $+V_{CC}$ と $-V_{CC}$ が切り替わる方形波となり，V_{out1} は上昇と下降が切り替わる三角波となります．

方形波/三角波の発振周期はヒステリシス付きコンパレータの閾値 V_{refL}，V_{refH} と，CR 積分回路の時定数 $\tau = CR_1$ で決まります．図12 では，$+V_{CC} = 1.5\text{V}$，$-V_{CC} = -1.5\text{V}$，$R_2 = R_3 = 10\text{k}\Omega$ なので，

$$V_{refH} = \frac{R_2}{R_2 + R_3} \times (+V_{CC})$$
$$= \frac{1}{2} \times 1.5\text{V}$$
$$= 0.75\text{V}$$
$$V_{refL} = \frac{R_2}{R_2 + R_3} \times (-V_{CC})$$
$$= \frac{1}{2} \times (-1.5\text{V})$$
$$= -0.75\text{V}$$

です．

いまここで，V_{out2} が $V_{refL} = -0.75\text{V}$ に達して $V_{out1} = 1.5\text{V}$ に切り替わった瞬間を考えると，CR 積分回路に加わる電圧は

$$1.5 - (-0.75) = 2.25\text{V}$$

です．

そこからV_{out1}が1.5 V上昇すれば$V_{refH}=0.75$ Vに達しますが，この上昇ぶんの1.5 Vは充電電圧2.25 Vの3分の2，すなわち約67％に相当します．これは時定数$\tau=CR_1$に対応する上昇ぶん（約63％）よりやや大きいので，上昇時間も時定数よりやや長くなりますが，目安としては時定数に近いと考えられます．

V_{out1}が$V_{refH}=0.75$ Vから下降するときも同様なので，発振周期Tは時定数$\tau=CR_1$の約2倍，すなわち

$$T \fallingdotseq 2CR$$

が目安となります．

● 発振周波数の設定

したがって，図12の定数では，発振周期Tは，

$$T \fallingdotseq 2CR$$
$$= 2 \times 0.01\,\mu\text{F} \times 10\,\text{k}\Omega$$
$$= 0.2\,\text{ms}$$

となり，発振周波数fは，

$$f = \frac{1}{T} \fallingdotseq \frac{1}{0.2\,\text{ms}}$$
$$= 5\,\text{kHz}$$

が目安となります．

発振の振幅は，方形波は$-V_{CC} \sim +V_{CC}$であり，三角波は$V_{refL} \sim V_{refH}$となります．

〈宮崎 仁〉

ファンクション・ジェネレータ　　column

● CR発振タイプのファンクション・ジェネレータ

この章で紹介した方形波/三角波発振回路は，計測機器の任意信号発生器（ファンクション・ジェネレータ；function generator）としても利用されています．

これら計測機器の場合は，CR積分回路の代わりに，第8章で紹介する完全積分回路を使ってきれいな三角波を発生します．

方形波も，出力振幅が安定で立ち上がり/立ち下がりが高速な出力バッファを使って，きれいな方形波を発生します．

ファンクション・ジェネレータで最もよく使われる正弦波は，この回路では発生できません．正弦波発振回路というのはもちろんありますが，ファンクション・ジェネレータでは同じ周波数ダイヤルの設定で，方形波や三角波と同一周波数の正弦波が欲しいので，発振回路を別に設けることはしません．一般に，三角波や方形波を元にして，波形変換回路を用いて疑似的に正弦波を発生します．

こうなると回路もかなり複雑になるので，全体を一つのICにまとめたファンクション・ジェネレータICが一般に使われていました．

たとえば，低周波用（300 kHzまで発振可能）のICL8038（インターシル），広帯域用（20 MHzまで発振可能）のMAX038（マキシム）がありましたが，どちらも現在は保守品または廃止品になっています．

この章で紹介した発振回路にしても，ICL8038やMAX038にしても，発振の周波数がコンデンサCと抵抗Rの値で決まるCR発振回路です．

すなわち，周波数精度が抵抗やコンデンサの精度で決まってしまうということです．とくに，コンデンサの精度は良くても1％程度で，また温度による変動もあります．そのため，ファンクション・ジェネレータでもCR発振タイプは次第に使われなくなってきました．

● DDSタイプのファンクション・ジェネレータ

高精度，高安定性が得られる発振回路として，現在はDDS（Direct Digital Synthesizer；ダイレクト・ディジタル・シンセサイザ）方式が主流です．

DDSとは，ディジタル値の波形データをつぎつぎにD-Aコンバータに書き込むことによって，D-Aコンバータから所定のアナログ信号波形を出力するものです．

時間方向や周波数方向の精度は，水晶発振器が生成する基準クロックから得られるので，きわめて高精度かつ高安定な信号を発生することができます．

DDS用ICも最近はいろいろなものが発売されています．

代表的なものには，ウェルパイン社のTC170C030，アナログ・デバイセズ社のAD9834，AD9851などがあります．

徹底図解★OPアンプIC活用ノート

第**5**章
マイナス電源も使わないディジタルに対応

プラス電源だけでOPアンプを動かす

5-1 正負電源を使わずにOPアンプを動作させる
単電源動作のための基礎知識

本章では，OPアンプを単電源で使用する実験を行います．前章までは±1.5Vの正負電源で使用する実験を紹介しましたが，この章では3Vの単電源で使ってみましょう．

実験に使ってきた2個のOPアンプ（新日本無線のNJM2732，NJU7043）は，どちらも主に単電源で使うことを前提として作られています．現実の電子回路では，ディジタル・システムでは5Vや3Vなどの単電源が主に使われています．OPアンプなどのアナログ回路も，ディジタル・システムに組み込まれて使われることが多くなり，手軽に単電源で使えるOPアンプ製品の人気が高いのです．

この章の実験を行うには，直流電圧計（テスタ，DMM，普通のオシロスコープなど）があればやりやすいと思います．パソコンのオーディオ出力を利用したソフトウェア・ジェネレータ，オーディオ入力を利用したソフトウェア・オシロスコープは，原理的に交流専用なので，正電圧に限定した実験をするには不向きです．

1 単電源化のコモンセンス

一般に「単電源用OPアンプ」と呼ばれるOPアンプは，別に単電源専用というわけではなく，正負電源でも単電源でも同じように使えます．また，単電源用でないOPアンプでも，ちょっと回路に手を加えれば単電源で動作させられます．ここでは，まず手軽な単電源動作の入門から実用的な使いこなしのマスタまでを説明します．

● OPアンプは単電源でも両電源でも本来の動作をする

正負電源と単電源は何が違うのかというと，実際には電源電圧の違いというよりも，信号電圧範囲の違いです．どんなOPアンプにも正電源（$+V_{CC}$）と負電源（$-V_{CC}$）の2本の電源ピンがあります．単電源用OPアンプもしかりです．

正負電源か単電源かは，OPアンプ側では区別できません．$+V_{CC}$と$-V_{CC}$の電圧差が定格を満たしてさえいれば，ちゃんと動作します．例えば3V動作のOPアンプなら，3V単電源（$+V_{CC}=3$V／$-V_{CC}=0$V）でも，±1.5V電源（$+V_{CC}=1.5$V／$-V_{CC}=-1.5$V）でも，－3V単電源（$+V_{CC}=0$V／$V_{CC}=-3$V）でも，OPアンプは動作します（図1）．

● プラス電源だけで動くOPアンプが増幅できるのは入力信号の正の部分だけ

正負電源と単電源の違いは，正負電源では電源電圧の中間にグラウンド（GND）が位置するのに対して，単電源では電源電圧の端にGNDが位置することです．

そのため，正負電源の場合は正負の信号電圧を扱えるのに対して，単電源では信号電圧が正だけ（または負だけ）となります（図2）．

● プラス単電源増幅のコモンセンス

① GNDレベルぎりぎりの入力信号を増幅したいときは単電源専用OPアンプを使う

次節では，この方法について解説します．非反転増幅回路のように，入力が正なら出力も正，入力が負なら出力も負という回路なら，信号電圧が正だけ（または負だけ）の範囲で使えます．

図1 OPアンプが動作可能な電源電圧

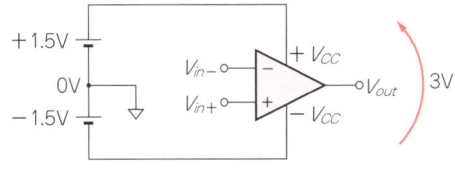

(a) ±1.5V正負電源

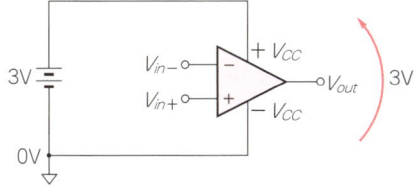

(b) +3V単電源

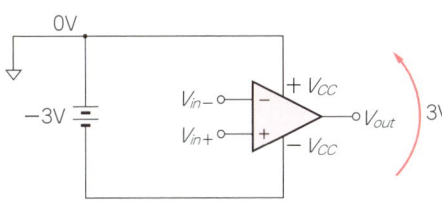

(c) −3V単電源

OPアンプにとっては同じ3Vの電源電圧であり，区別できない

> 正負電源では電源電圧の中間にGNDが位置するのに対して，単電源では電源電圧の端にGNDが位置します．

図2 正負電源と単電源の違い

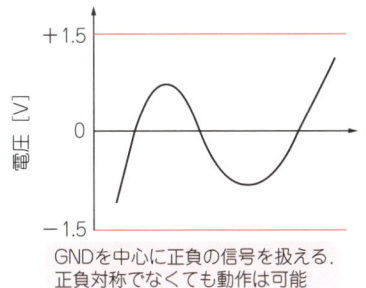

(a) ±1.5V電源
GNDを中心に正負の信号を扱える．正負対称でなくても動作は可能

(b) +3V単電源
正の信号だけを扱える．−V_{CC}いっぱいまで使えるOPアンプでないと，GNDレベルの信号を扱えない

(c) −3V単電源
負の信号だけを扱える．+V_{CC}いっぱいまで使えるOPアンプでないと，GNDレベルの信号を扱えない

−V_{CC}いっぱいまで扱えるOPアンプを「単電源用OPアンプ」と呼ぶ
（負の単電源用はあまり使わないので，負の単電源用は作られていない）
−V_{CC}いっぱいから+V_{CC}いっぱいまで扱えるOPアンプもある
「入出力レール・ツー・レール」または「入出力フル・スイング」と呼ぶ

> 正負電源の場合は正負の信号電圧を扱えるのに対して，単電源では信号電圧が正だけ，または負だけとなります．

図3 信号を正側にシフトする

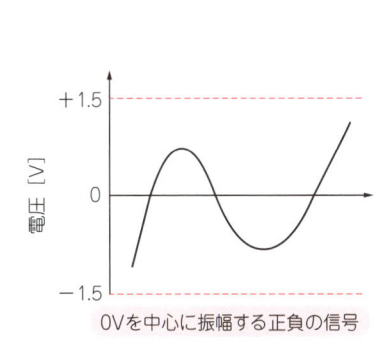

0Vを中心に振幅する正負の信号
±1.5V電源

信号全体を1.5V持ち上げる

1.5Vを中心に振幅する正の信号になる
3V単電源

> 単電源で使うには，信号全体を正側にシフトして，正の範囲だけで信号を扱うようにします．

交流専用回路なら直流レベルは自由に変えられるので，シフトは容易．
直流を扱う回路の場合は，1.5Vが疑似的にGNDの性質をもつようにする

5-1 単電源動作のための基礎知識

したがって，そのまま単電源動作が可能です．電圧フォロワや非反転加算回路も同様です．

ただし，この使いかたでGND付近の電圧を扱うためには，単電源動作専用に作られたOPアンプが必要です．

② 反転増幅回路は動作の基準電位を正側にシフトしなければ使えない

反転増幅回路のように，入力が正なら出力は負，入力が負なら出力は正という回路は，正負の信号電圧を同時に扱う必要があります．そのままでは，基本的に単電源動作はできません．

これを単電源で使うには，信号全体を正側にシフトして，正の範囲だけで信号を扱うようにします（図3）．これには，次の二つの方法があります．

③ 入力信号と増幅回路の基準電位を正側にシフトすればどんなOPアンプでも使える

オーディオ回路のように，扱う信号が交流だけなら比較的簡単です．0Vを中心に振れる交流信号に適当なバイアス電圧（電源電圧の中点に選ぶのが一般的）を加えれば，バイアス電圧を中心に振れる交流信号になるので，信号を正の範囲に収めることができます．5-3節では，この方法について解説します．

単電源用OPアンプは必要なく，どんなOPアンプでも同じように使えます．

直流信号を正側にシフトするには，GND（0V）の代わりになる正電位のGND（疑似GNDと呼ぶ）が必要です．5-4節で，この方法について解説します．

2 実験の準備

● 2個の電池を直列接続して3V単電源を作る

図4のように，2個の電池を直列に接続して3V電源を作ります．この陰極側（0V）を実験回路の負電源（$-V_{CC}$）に接続し，陽極側（3V）を実験回路の正電源（$+V_{CC}$）に接続します．

つまり，$+V_{CC}=3V$，$-V_{CC}=GND=0V$とします．ここでは2個の電池を使っていますが，1パッケージで3V出力の電池や，3V出力の直流安定化電源なども利用できます．±1.5V電源に比べて電源の作りかたの選択肢が広く，また低コストにできる可能性があります．

図4 3V単電源の作りかた

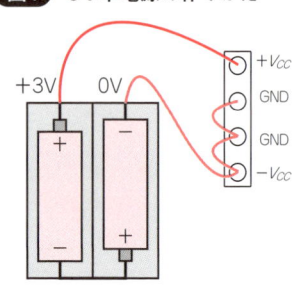

図5 簡易直流電圧源の回路図

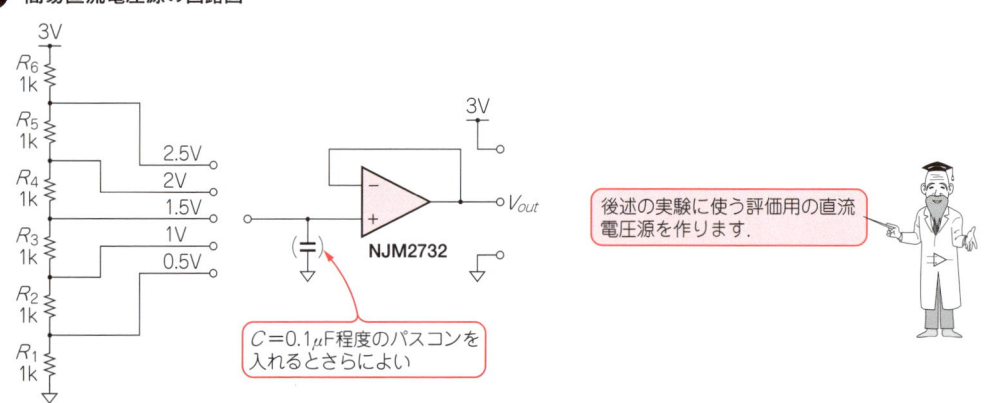

図6 実験用の連続可変電圧源

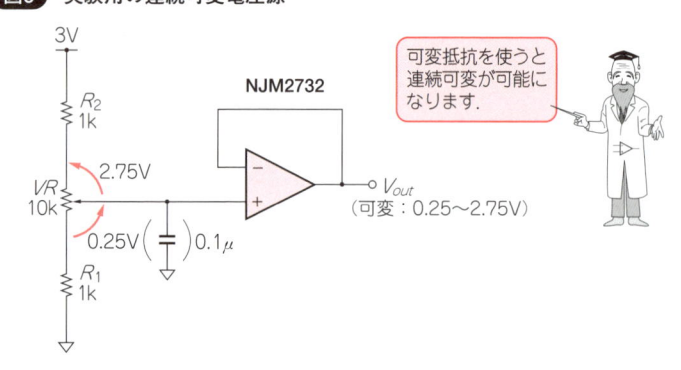

可変抵抗を使うと連続可変が可能になります．

後述の実験に使う評価用の直流電圧源を作ります．

$C=0.1\mu F$程度のパスコンを入れるとさらによい

● OPアンプで可変出力の直流電圧源を作る

評価用に，図5のような可変型の直流電圧源を作ります．$+V_{CC}$〜GND間を3本の1kΩ抵抗で分圧すれば0V，1V，2V，3Vと1Vきざみの電圧源になります．6本の1kΩ抵抗で分圧すれば0V，0.5V，1V，1.5V，2V，2.5V，3Vと0.5Vきざみの電圧源になります．また，可変抵抗を使えば図6のように連続可変電圧源ができます．

いずれの場合も，抵抗分圧は出力インピーダンスが高く，負荷を接続すると電圧降下してしまうので，電圧フォロワを出力バッファに用います．ただし，次節のように，OPアンプの非反転入力ピンに信号を接続する場合は，入力インピーダンスが高いので電圧フォロワは不要です．

なお，直流信号源の電圧安定性向上のために，分圧点にはパスコン（バイパス・コンデンサ）を入れるべきです．

E標準系列 column

抵抗に限らず，電子部品の定数値は一般に1，10，100，1k，10k，100k，…というように等比数列に並んでいます．それでは，1と10の中間の値はどのように並ぶのがよいでしょうか．

1，x，y，10という並びにおいて，等比的に1と10の間を3等分する値x，yを考えてみましょう．

10の立方根$\sqrt[3]{10}$を考えると，図Aのように$x = \sqrt[3]{10}$，$y = x^2 = (\sqrt[3]{10})^2$は1と10を3等分します．近似値をとると，$x = \sqrt[3]{10} \fallingdotseq 2.2$，$y = (\sqrt[3]{10})^2 \fallingdotseq 4.7$です．

さらに，10の6乗根を考えると，$\sqrt[6]{10} \fallingdotseq 1.5$，$(\sqrt[6]{10})^2 = \sqrt[3]{10} \fallingdotseq 2.2$，$(\sqrt[6]{10})^3 = \sqrt{10} \fallingdotseq 3.3$，$(\sqrt[6]{10})^4 = (\sqrt[3]{10})^2 \fallingdotseq 4.7$，$(\sqrt[6]{10})^5 \fallingdotseq 6.8$のように，1と10の間を6等分できます．

このようにして，1と10の間を3等分，6等分，12等分，…，するように決めた数列をE標準系列と呼びます．表Aに，E3，E6，E12，E24系列の数値を示します．

表ではE24系列までですが，さらにE48系列，E96系列，…と続きます．しかし，E48系列以降はあまり使いません．市販の抵抗はE24系列までは比較的容易に入手できますが，回路の定数はできればE12系列までから選ぶほうが在庫部品の種類を減らせます．

表A E標準系列の数値

E3系列	E6系列	E12系列	E24系列
1.0	1.0	1.0	1.0
			1.1
		1.2	1.2
			1.3
	1.5	1.5	1.5
			1.6
		1.8	1.8
			2.0
2.2	2.2	2.2	2.2
			2.4
		2.7	2.7
			3.0
	3.3	3.3	3.3
			3.6
		3.9	3.9
			4.3
4.7	4.7	4.7	4.7
			5.1
		5.6	5.6
			6.2
	6.8	6.8	6.8
			7.5
		8.2	8.2
			9.1
10	10	10	10

図A 1と10の間を3等分する

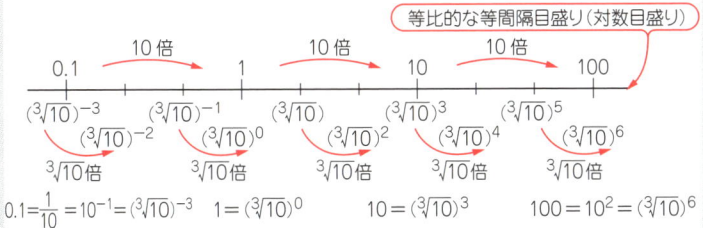

等比的な等間隔目盛り（対数目盛り）

0.1　10倍　1　10倍　10　10倍　100

$(\sqrt[3]{10})^{-3}$　$(\sqrt[3]{10})^{-1}$　$(\sqrt[3]{10})$　$(\sqrt[3]{10})^3$　$(\sqrt[3]{10})^5$

$(\sqrt[3]{10})^{-2}$　$(\sqrt[3]{10})^0$　$(\sqrt[3]{10})^2$　$(\sqrt[3]{10})^4$　$(\sqrt[3]{10})^6$

$\sqrt[3]{10}$倍　$\sqrt[3]{10}$倍　$\sqrt[3]{10}$倍　$\sqrt[3]{10}$倍　$\sqrt[3]{10}$倍　$\sqrt[3]{10}$倍

$0.1 = \frac{1}{10} = 10^{-1} = (\sqrt[3]{10})^{-3}$　$1 = (\sqrt[3]{10})^0$　$10 = (\sqrt[3]{10})^3$　$100 = 10^2 = (\sqrt[3]{10})^6$

5-2 単電源で非反転増幅回路と減算回路を作る

入力信号が正電圧だけならこの方法が簡単

1 増幅

● NJM2732を3V単電源で非反転増幅回路として動作させる

この3V単電源を使って，NJM2732を単電源の非反転増幅回路として動作させてみましょう．

図7(a)のように，抵抗 $R_1 = R_2 = 10\ \mathrm{k\Omega}$ によって，増幅率 A は，

$$A = 1 + \frac{R_2}{R_1} = 1 + 1 = 2$$

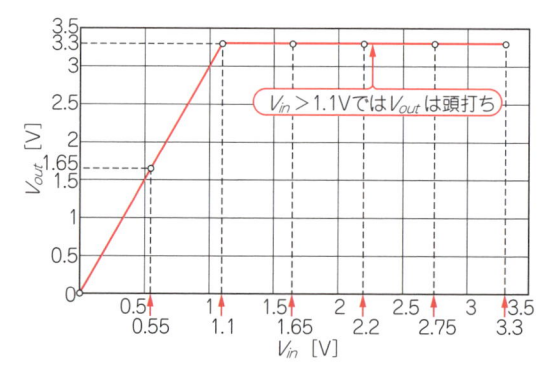

と2倍になります．

2倍の非反転増幅回路なので，入力電圧として0.5Vを加えれば出力電圧は1V，入力電圧として1Vを加えれば出力電圧は2Vになるでしょう．

NJM2732は，入出力レール・ツー・レール（$+V_{CC}$側，$-V_{CC}$

図7 単電源の非反転増幅回路

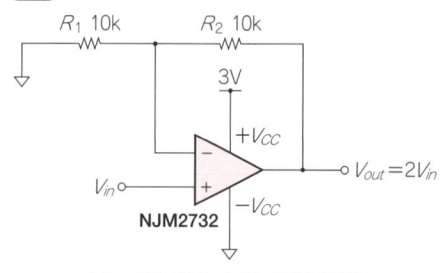

(a) 回路図（2倍の非反転増幅回路）

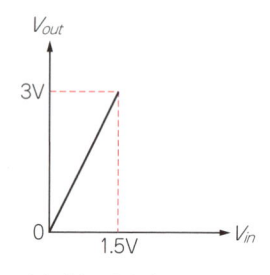

(b) (a)の入出力電圧の関係

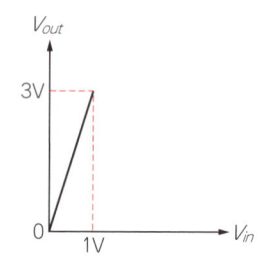

(d) (c)の入出力電圧の関係

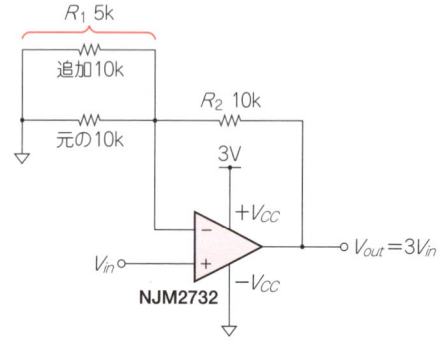

(c) 回路図（増幅率3倍に変更）

増幅率を高くすると出力が電源電圧で頭打ちになるときの入力電圧が小さくなります．

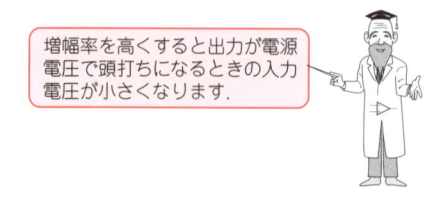

図8 増幅率2倍の非反転増幅回路の入力電圧-出力電圧特性
電源に使用した電池の電圧が1.65Vあり，そのぶん全体の電圧が上がった

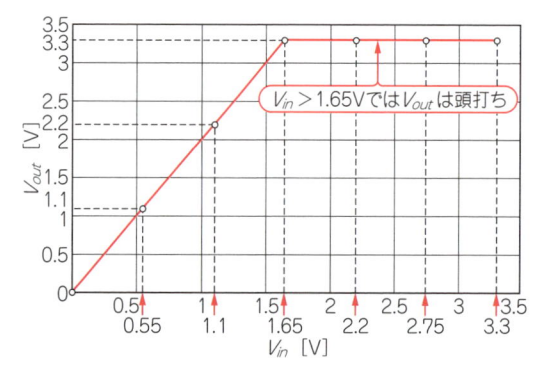

$V_{in} > 1.65\mathrm{V}$ では V_{out} は頭打ち

図9 増幅率3倍の非反転増幅回路の入力電圧-出力電圧特性
電源に使用した電池の電圧が1.65Vあり，そのぶん全体の電圧が上がった

$V_{in} > 1.1\mathrm{V}$ では V_{out} は頭打ち

側ともにいっぱいまで動作するタイプ）なので，入力電圧として0Vを加えれば出力電圧は0Vに，入力電圧として1.5Vを加えれば出力電圧は3Vになるはずです．

● 増幅率を高くすると出力電圧を頭打ちにする入力電圧が小さくなる

図5 の直流電圧源から入力電圧を加えたときの入力電圧 V_{in}，出力電圧 V_{out} の測定結果を 図8 に示します．$V_{in}>$ 1.5Vのときは，OPアンプ出力が電源電圧で頭打ちになっています．

増幅率を高くすれば，入力電圧範囲はさらに狭くなります．図7 の抵抗 R_1 の左側と反転入力ピンの間に10kΩの追加抵抗を挿入すれば，$R_1=10$kΩと追加抵抗10kΩが並列になり，R_1 を5kΩに置き換えたのと同じ効果になります．

これによって，増幅率 A ［倍］は，

$$A = 1 + \frac{10\text{k}}{5\text{k}} = 3\text{倍}$$

となります．測定結果を 図9 に示します．

OPアンプ出力が頭打ちの状態では仮想短絡が成り立たず，V_{in+} と V_{in-} に電圧差が生じてOPアンプに負担をかける場合があります．

とくにNJM2732は，差動入力電圧の絶対最大定格が±1Vと低いので要注意です．ちょっと実験してみる程度なら大丈夫ですが，実験する場合はなるべく短時間にとどめましょう．

2 2信号の引き算

● NJM2732を3V単電源で減算回路として動作させる

第3章で紹介した減算回路（差動増幅回路）は，二つの入力 V_{in} と V_{in1} の電圧差を増幅して出力する回路です．V_{in} と V_{in1} がともに正で，かつ電圧差が正（すなわち $V_{in}>V_{in1}>0$）であれば，出力電圧は正（$V_{out}>0$）です．この条件で使うかぎり，すべての信号は正の範囲にあり，そのまま単電源で動作可能

です．

図10 に実験回路を示します．

● $V_{in}<V_{in1}$ のとき出力電圧は0V（$-V_{CC}$）で頭打ち

図10 の回路定数（$R_1=R_2=R_3=R_4=10$kΩ）のとき，減算

図10 単電源の減算回路

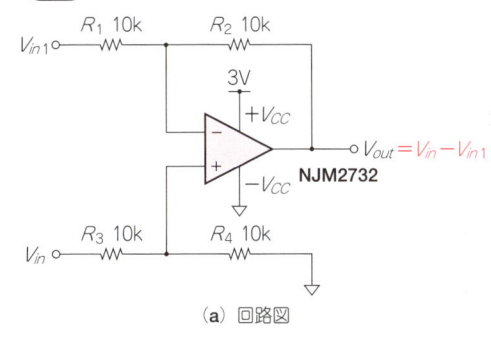

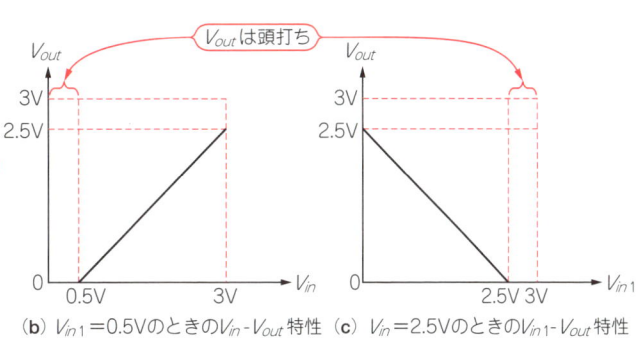

(a) 回路図
(b) $V_{in1}=0.5$Vのときの V_{in}-V_{out} 特性
(c) $V_{in}=2.5$Vのときの V_{in1}-V_{out} 特性

図11 単電源の減算回路の入力電圧-出力電圧特性

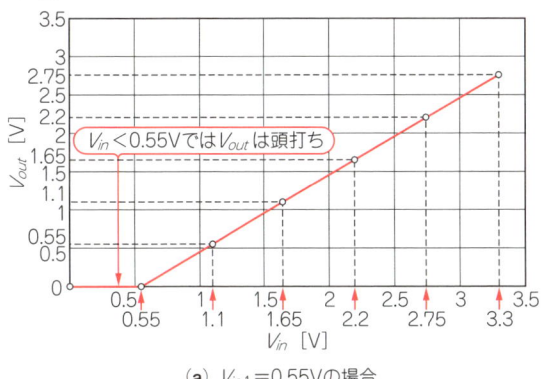

(a) $V_{in1}=0.55$Vの場合
(b) $V_{in}=2.75$Vの場合

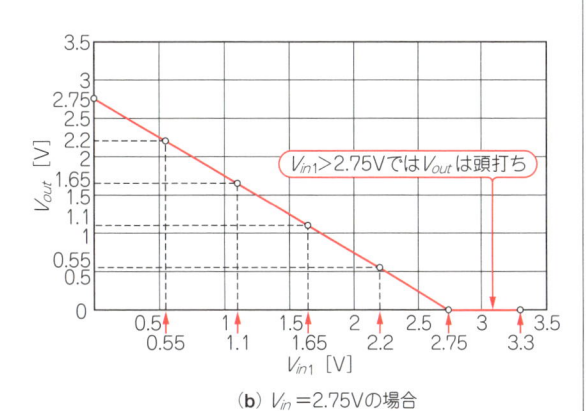

回路(差動増幅回路)の出力は,
$$V_{out} = V_{in} - V_{in1} \cdots\cdots(1)$$
となります. $V_{in1} = 0.5\,\mathrm{V}$(一定)として, V_{in} を $0.5\,\mathrm{V}$ ずつ変化させたときの動作結果と, $V_{in} = 2.5\,\mathrm{V}$(一定)として, V_{in1} を $0.5\,\mathrm{V}$ ずつ変化させたときの動作結果を 図10(a) と 図10(b) に示します.

いずれも, $V_{in} > V_{in1}$ のときは式(1)に従って動作していますが, $V_{in} < V_{in1}$ のときは V_{out} は負にならず, $0\,\mathrm{V}(-V_{CC})$ で頭打ちになっていることがわかります.

単電源用OPアンプのいろいろ　　　　　　　　　　　　　　column

第1章で,汎用OPアンプ(単電源/低電圧動作)として,代表的な単電源用OPアンプのいくつかを紹介しました.ここでは,それらの特徴と用途について説明します.

● LM324/358

ナショナル セミコンダクター社のLM324(4回路入り)とLM358(2回路入り)は,単電源用OPアンプとして最も古くから使われているものです.最初に登場したのは1972年で,交流特性が低いため音声回路などには不向きですが,バイポーラ入力の低コスト汎用OPアンプとして広く使われてきました.

これらは±15V電源でも動作可能であり,15V,12V,9V,6V,5Vなどさまざまな単電源でも動作可能です.5V単電源で使用したとき,入出力の信号電圧範囲はほぼ0～3.5Vとなります(出力範囲は負荷条件で変わる).

LM324/358は汎用OPアンプのなかでも安価なので,±15V電源の用途でも人気があります.また,自動車用バッテリ(12V)や006P電池(9V),ディジタル回路と同じ5V単電源でもよく使われています.

同じファミリで,車載用として動作温度範囲を−40～85℃に広げたLM2902(4回路入り)とLM2904(2回路入り)も作られています(LM324/358の動作温度範囲は0～70℃).LM2902/2904は最大電源電圧が26Vと低いため,±15V電源では使えません.

さらに,バッテリ動作向けのローパワー版としてLP324/2902,LP358/2904も作られています.

● LMC660/662

ナショナル セミコンダクター社のLMC660(4回路入り),LMC662(2回路入り)は,CMOS OPアンプとしては比較的初期の製品です.特性的にはLM324/358を意識しており,置き換えを狙ったものといえるでしょう.CMOS OPアンプの特徴として,入力バイアス電流がきわめて小さくなっています.

電源電圧範囲はLM324/358より狭く,耐圧が16Vしかないため,±15V電源では使えません.5～15Vの単電源で用いられることが多く,正負電源の場合は±2.5～±7.5Vの範囲で用います.

最近は,CMOSというと入出力フルスイング(レール・ツー・レール)というイメージがありますが,LMC660/662はフルスイングではありません.5V単電源で使用したとき,入力範囲はほぼ0～3V,出力範囲は負荷が軽ければフルスイングに近づきますが,600Ω負荷の最悪値では0.69～4.21Vとなります.

また,アナログICの場合はCMOSだからローパワーになるとは限りません.LMC660/662はバッテリ動作でもよく用いられていますが,さらにローパワー版のLPC660/662も作られています.

● NJM2732/2734

新日本無線のNJM2732(2回路入り),NJM2734(4回路入り)は,バイポーラ入力の低電圧動作,入出力フルスイングOPアンプです.特性的には,やはりLM324/358を意識していると思われます.ただし,電源電圧を1.8～6Vと低電圧専用にしています.

5V単電源のとき,入力範囲は0～5Vとフルスイングで,出力範囲も負荷が軽ければほぼフルスイングが得られます.ただし,2kΩ負荷の最悪値では0.25～4.75Vとなります.

本文にも書いたように,差動入力電圧の最大定格が±1Vに制限されているので,基本的には負帰還をかけて常に仮想短絡(もしくは仮想接地)の状態で使わなければなりません.コンパレータなど開ループ動作には使えません.

● NJU7043

新日本無線のNJU7043(2回路入り)は,CMOSの低電圧動作,入出力フルスイングOPアンプです.特性的にはNJM2732/2734と似た部分も多いのですが,CMOS OPアンプのため入力バイアス電流がきわめて小さくなっています.電源電圧も1.8～5Vと低電圧専用です.

5V単電源のとき,入力範囲は0～5Vとフルスイングで,出力範囲もほぼフルスイングが得られます.

5-3 交流信号を増幅するときの定石
オーディオ信号などを増幅する

扱う信号を交流信号に限定して，単電源動作を実験してみましょう．電源の作りかたは5-1節と同じです．

反転増幅回路や反転加算回路のような反転系の回路は，そのままでは単電源動作では使えませんが，回路にちょっと手を加えれば，単電源で動作させることができます．とくに，扱う信号を交流信号に限定すれば，簡単に単電源動作を実現できます．この場合は特別な**単電源用OPアンプは不要**です．

オーディオ回路のような交流専用の用途では，単電源動作の交流反転増幅回路が広く使われています．

1 単電源動作のポイント

● バイアス電圧を加えて動作の基準を変える

図12のように，反転増幅回路はOPアンプの非反転入力V_{in+}を基準点として動作します．通常は非反転入力を接地して$V_{in+}=0\text{V}$として使いますが，V_{in+}に適当なバイアス電圧V_{bias}を加えれば，仮想短絡で$V_{in-}=V_{bias}$が常に成り立ち，$V_{in}>V_{bias}$ならば$V_{out}<V_{bias}$，$V_{in}<V_{bias}$ならば$V_{out}>V_{bias}$というように，V_{bias}が動作の基準となります．一般に，V_{bias}は電源電圧の中点（$+V_{CC}/2$）に選びます．

● 実験の手順と波形観測

実験回路を**図13**に示します．まず$+V_{CC}$と非反転入力，非反転入力とグラウンド（GND）の間にそれぞれ抵抗$R_3=10\text{k}\Omega$，$R_4=10\text{k}\Omega$を接続して，バイアス電圧V_{bias}を作ります．回路の入力電圧V_{in}は，コンデンサ$C=0.1\mu\text{F}$を介して直流成分をカットして，抵抗R_1の左側に加えます．

なお，バイアス電圧の安定性向上のために，分圧点にはパスコン（バイパス・コンデンサ）を

図12 反転増幅回路のバイアスの有無による動作の違い

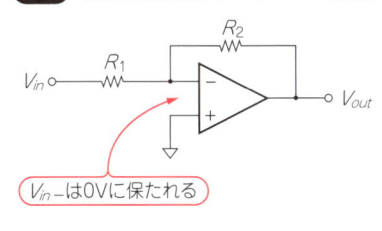

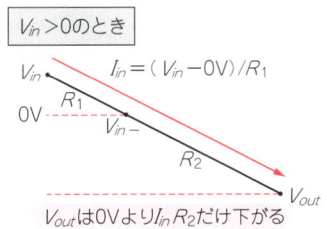

（a）バイアスなしの場合（$V_{in+}=0\text{V}$）
V_{in-}は0Vに保たれる
$V_{in}>0$のとき：$I_{in}=(V_{in}-0\text{V})/R_1$，$V_{out}$は0Vより$I_{in}R_2$だけ下がる
$V_{in}<0$のとき：$I_{in}=(V_{in}-0\text{V})/R_1$，$V_{out}$は0Vより$I_{in}R_2$だけ上がる

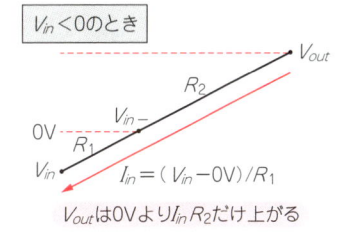

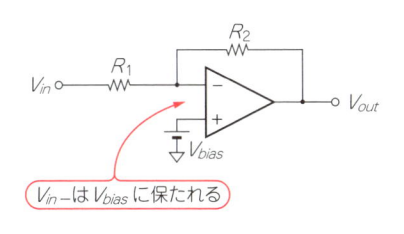

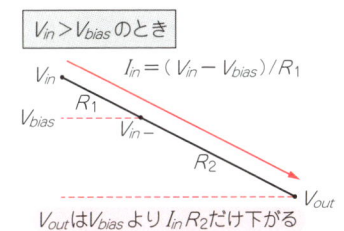

（b）バイアス電圧V_{bias}を加えた場合（$V_{in+}=V_{bias}$）
V_{in-}はV_{bias}に保たれる
$V_{in}>V_{bias}$のとき：$I_{in}=(V_{in}-V_{bias})/R_1$，$V_{out}$は$V_{bias}$より$I_{in}R_2$だけ下がる
$V_{in}<V_{bias}$のとき：$I_{in}=(V_{in}-V_{bias})/R_1$，$V_{out}$は$V_{bias}$より$I_{in}R_2$だけ上がる

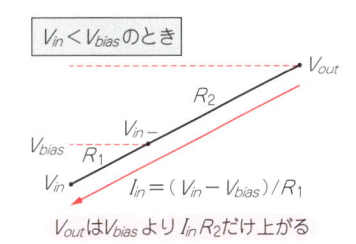

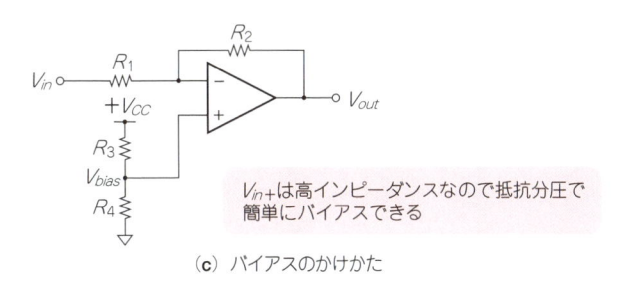

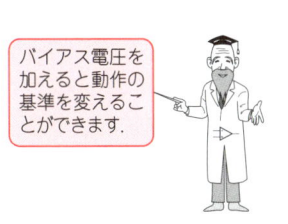

（c）バイアスのかけかた
V_{in+}は高インピーダンスなので抵抗分圧で簡単にバイアスできる

バイアス電圧を加えると動作の基準を変えることができます．

図13 増幅率－1倍の交流反転増幅回路

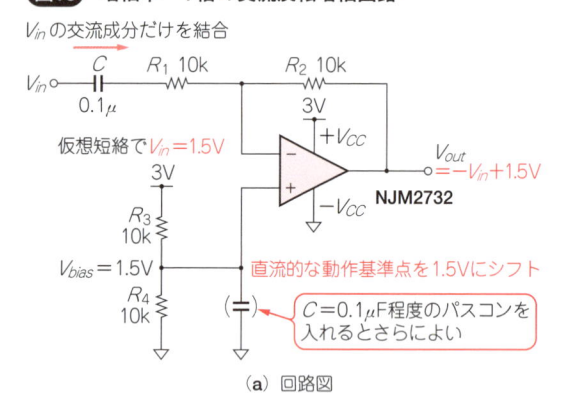

(a) 回路図

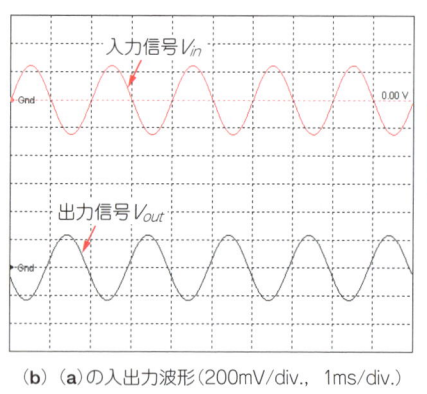

(b) (a)の入出力波形(200mV/div., 1ms/div.)

直流成分をカットするためにCを挿入します．

図14 増幅率－2倍の交流反転増幅回路

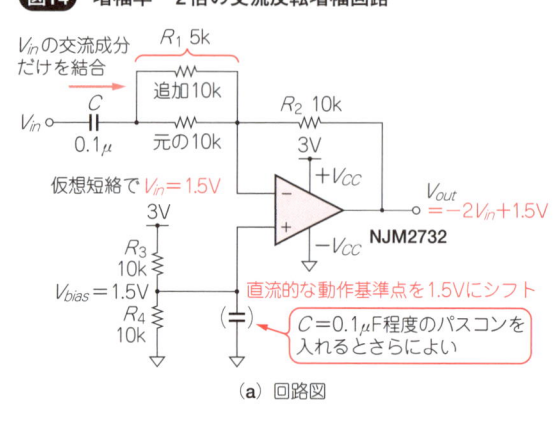

(a) 回路図

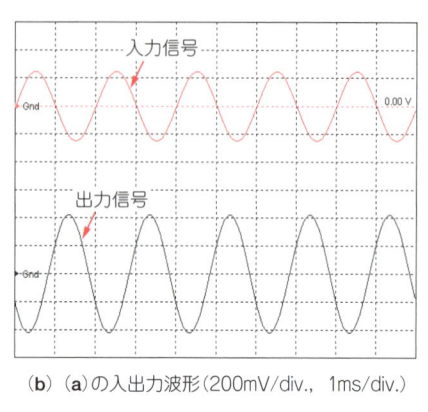

(b) (a)の入出力波形(200mV/div., 1ms/div.)

ソフト・オシロスコープで観測した波形はGND(0V)を中心に振れているように見えます．

入れるべきです．

$R_3 = R_4 = 10 \text{ k}\Omega$ によって，バイアス電圧 V_{bias} は，

$$V_{bias} = \frac{+V_{CC}}{2} = 1.5 \text{ V}$$

となり，また基板に実装されている抵抗 $R_1 = R_2 = 10 \text{ k}\Omega$ によって，回路の増幅率 A［倍］は，

$$A = -\frac{R_2}{R_1} = -1$$

と－1倍になります．

入力と出力の波形をオシロスコープで観測してみましょう．

図13(b) のように，入力が－1倍されて(すなわち反転されて)出力に現れているのがわかります．

● **増幅率を－2倍にしてみる**

図14 のように抵抗 R_1 に 10 kΩ の追加抵抗を並列接続すれば，R_1 を 5 kΩ に置き換えたのと同じですから，増幅率 A は，

$$A = -\frac{10 \text{ k}}{5 \text{ k}} = -2$$

となります．観測波形でも，入力が－2倍されて出力されます．

ソフトウェア・オシロスコープで観測した波形は直流成分がカットされるので，入力も出力も GND(0 V)を中心に振れているように見えます．実際には，$V_{bias} = 1.5 \text{ V}$ を中心に振れていることに注意してください．

この交流反転増幅回路は，バイアス電圧 V_{bias}(一般に電源電圧の中点)を中心に動作し，電源電圧の端のほうは使いません．したがって，特別に単電源用 OP アンプを使う必要はなく，通常の OP アンプを使うことができます．

2 信号を反転させない方法

この交流増幅回路の考えかたは，非反転増幅回路にも使うことができます．

● **直流増幅率を1倍にする**

図15 のように，非反転増幅回路は回路の入力電圧が OP アンプの非反転入力 V_{in+} に直接加わります．

この V_{in+} に適当なバイアス電圧 V_{bias} を加え，入力電圧 V_{in} はコンデンサ C_2 を介して加えます．

図15 非反転増幅回路のバイアス

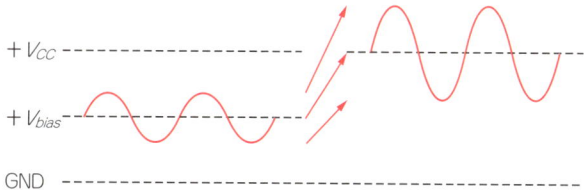

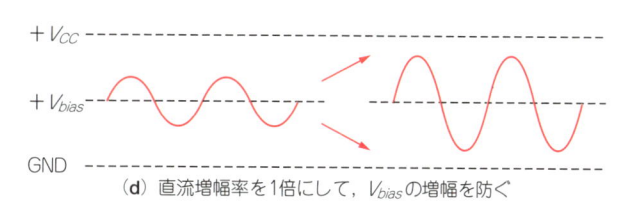

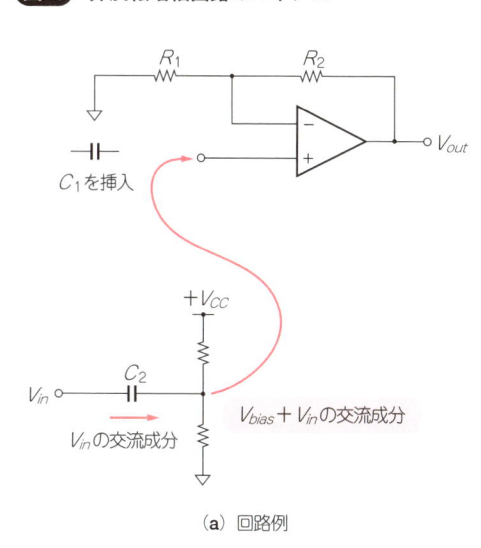

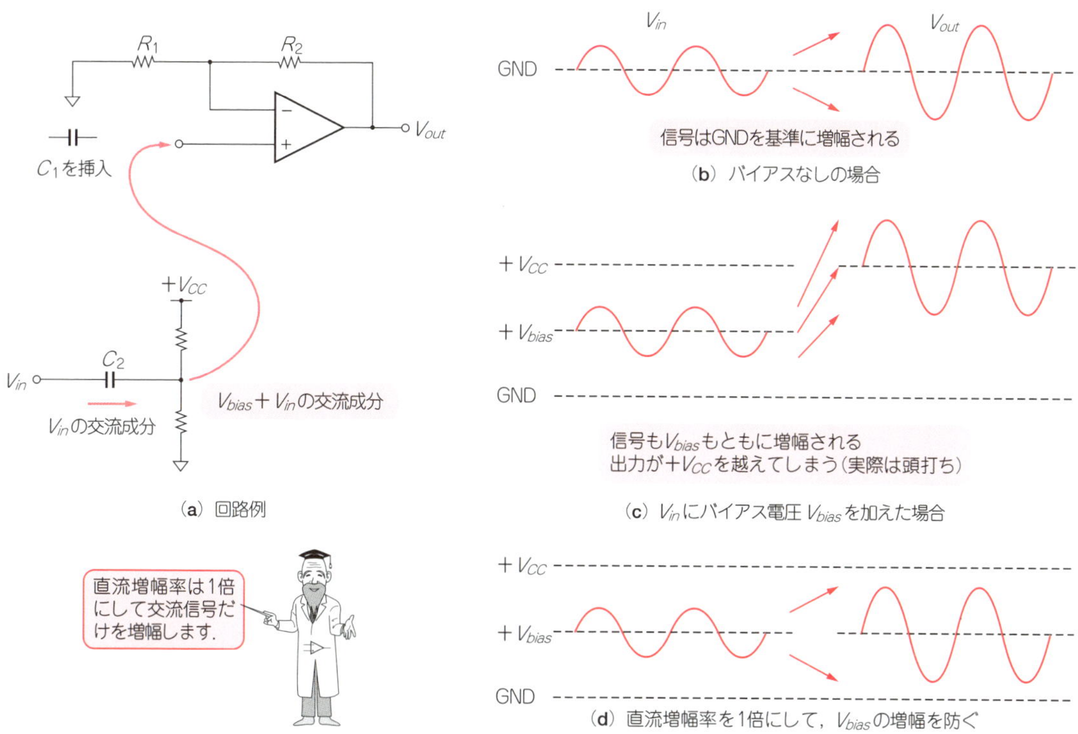

(a) 回路例

直流増幅率は1倍にして交流信号だけを増幅します．

(b) バイアスなしの場合
信号はGNDを基準に増幅される

(c) V_{in}にバイアス電圧V_{bias}を加えた場合
信号もV_{bias}もともに増幅される
出力が$+V_{CC}$を越えてしまう（実際は頭打ち）

(d) 直流増幅率を1倍にして，V_{bias}の増幅を防ぐ

図16 増幅率2倍の交流反転増幅回路

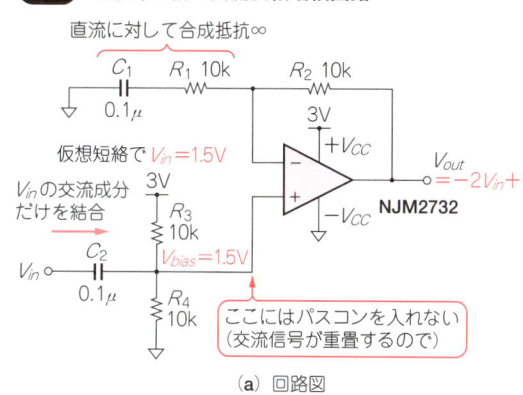

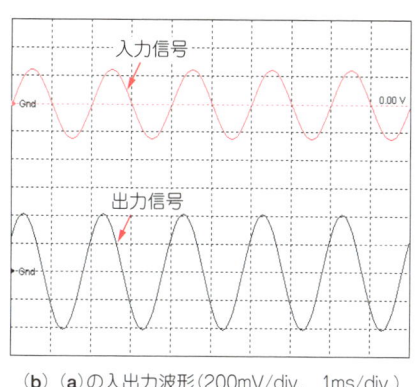

(a) 回路図

直流に対して合成抵抗∞
仮想短絡で$V_{in}=1.5$V
V_{in}の交流成分だけを結合
$V_{bias}=1.5$V
ここにはパスコンを入れない（交流信号が重畳するので）

(b) (a)の入出力波形（200mV/div., 1ms/div.）

しつこいようですが，ソフト・オシロスコープで観測した波形はGND（0V）を中心に振れているように見えます．

　これだけではV_{bias}も入力電圧といっしょに増幅されてしまうので，抵抗R_1と直列にコンデンサC_1を挿入します．

　コンデンサのインピーダンスは直流に対して∞，周波数が高くなるほど小さくなるので，直流に対してだけ増幅率A_{DC}〔倍〕を，

$$A_{DC} = 1 + \frac{1}{\infty} = 1$$

とする効果があります．すなわち，交流成分は$1 + R_2/R_1$倍に増幅し，V_{bias}はそのまま出力される回路になります．

● **実験の手順と波形観測**

　実験回路を**図16**に示します．まず，$+V_{CC}$と非反転入力，非反転入力とGNDの間にそれぞれ抵抗$R_3 = 10$ kΩ，$R_4 = 10$ kΩを接続して，バイアス電圧V_{bias}を作ります．

　回路の入力電圧V_{in}は，コンデンサ$C_2 = 0.1$ μFを介して直流成分をカットし，非反転入力に加えます．さらに，抵抗R_1の左側とGNDの間にコンデンサ$C_1 = 0.1$ μFを接続します．

　$R_3 = R_4 = 10$ kΩによって，

5-3 交流信号を増幅するときの定石

バイアス電圧 V_{bias} は，

$$V_{bias} = \frac{+V_{CC}}{2} = 1.5\,\text{V}$$

となります．

抵抗 $R_1 = R_2 = 10\,\text{k}\Omega$ によって，回路の増幅率 A_{AC}［倍］は，

$$A_{AC} = 1 + \frac{R_2}{R_1} = 2$$

と2倍になります．

入力と出力の波形をオシロスコープで観測してみましょう．入力が2倍されて出力に現れているのがわかります．

ソフトウェア・オシロスコープで観測した波形は，直流成分がカットされるので，入力も出力も GND(0 V) を中心に振れているように見えます．実際には，$V_{bias} = 1.5\,\text{V}$ を中心に振れていることに注意してください．

5-2節で実験したように，非反転増幅回路はそのまま単電源動作にできますが，直流成分も交流成分も同じように増幅するので，信号電圧範囲に注意が必要でした．この交流非反転増幅回路は直流成分は増幅しないので，交流信号の振幅だけ注意すればよく，設計が簡単です．また，電源電圧の端のほうは使わないので，単電源用OPアンプを必要としない利点もあります．

トランジスタの交流増幅回路と直流増幅回路 column

OPアンプICが登場する以前には，バイポーラ・トランジスタを用いたさまざまな増幅回路が使われていました．トランジスタ増幅回路では，ベース電流を常時流しておき，トランジスタを能動状態で動作させることが必要です．

そのため，**図B** のように抵抗 R_1，R_2 の分圧回路で作った直流バイアス電圧をトランジスタに供給し，交流信号電圧 V_{in} はコンデンサ C_{in} を通してトランジスタのベースに入力するようにしていました．出力電圧も交流であり，コンデンサ C_{out} を通してトランジスタのコレクタから取り出します．正側にバイアスしているので，回路は単電源で動作します．

このように，トランジスタ増幅回路では単電源動作の交流増幅回路が基本回路となっていました．昔は，電話やラジオなどのオーディオ回路がトランジスタ増幅回路の主要な用途であり，交流信号だけを扱えばよかったのです．また，交流信号は結合コンデンサを用いて直流バイアス電圧から容易に分離できますが，直流信号は分離できないので，トランジスタを用いて高精度の直流増幅回路を作るのは難しかったのです．

直流バイアス電圧の影響を除去して，直流信号を高精度に増幅するために，**図C** の差動増幅回路が工夫されました．2個の特性のそろったトランジスタを向き合わせてペアで使い，入力電圧/出力電圧ともに両者の差をとることによって，直流バイアス電圧の影響を打ち消すことができます．この差動増幅回路は，OPアンプの入力段に用いられています．それによって，OPアンプは高精度の直流増幅用途に広く用いられてきました．

図B トランジスタによる交流増幅回路

I_B と I_C は，直流バイアス＋交流信号

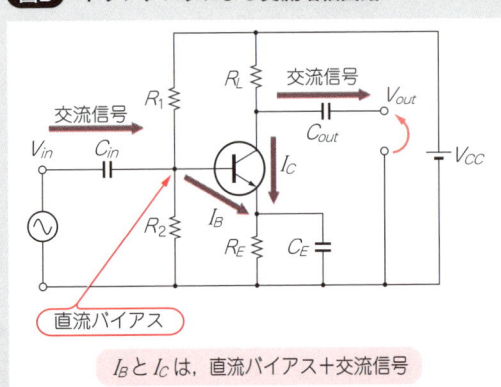

図C OPアンプの入力部に用いられる差動増幅回路

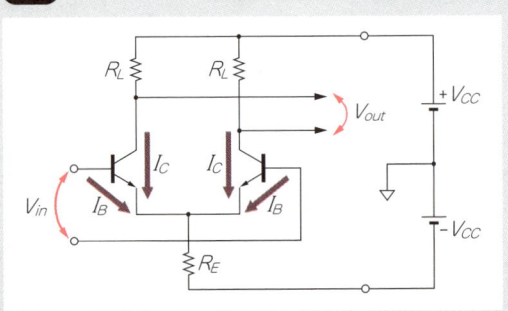

5-4 反転増幅器で直流を増幅したいなら 疑似グラウンドを使う

1 抵抗ではなく電圧フォロワでバイアス

交流信号も直流信号もすべて正電圧にシフトして単電源で扱う方法を検討してみましょう．電源は5-1節と同じ3V単一ですが，さらに1.5Vの疑似グラウンド（GND）を作って使います．

疑似GNDは仮想GNDと呼ぶ場合もありますが，反転増幅回路の仮想接地とはまったく異なるものです．OPアンプ自体は±1.5V電源の場合と同じ動作をしますから，特に単電源用OPアンプを用いる必要はありません．

● 回路の各部の電圧を正側にシフトすると…

図17(b)のように，±1.5V電源動作の回路の各部の電圧をすべて正方向に1.5Vシフトすれば，3V単電源の回路になります．図17(a)では0V（GND）を基準に増幅を行うのに対して，図17(b)では1.5Vを基準に増幅を行います．そのために，図17(b)では1.5V電圧源を使って，抵抗R_1の左側を1.5V持ち上げています．

この1.5V電圧源は，OPアンプの出力から抵抗R_2，R_1を通ってきた負荷電流が流れるので，内部抵抗があると電圧が変動してしまいます．

すなわち，内部抵抗がゼロと見なせる低インピーダンスの電圧源が必要であり，単なる抵抗分圧ではできません．

● OPアンプでGNDを作る

一般に，GNDは電圧の基準としてさまざまな回路が接続され，回路を流れた負荷電流が流れ込みます．図17(b)に示した3V単電源動作回路の1.5V電圧源は，それと同じ役割をはたすので，十分な電圧安定性を持ち，低インピーダンスで，電流容量も十分に大きいことが必要です．

このような条件を満たすように作った電圧源を疑似GNDと呼びます．大きな負荷電流を流す用途では，疑似GNDは大がかりな回路になってしまいますが，負荷電流が小さければOPアンプの電圧フォロワを使って実現できます．

ここでは，NJU7043を電圧フォロワとして，疑似GNDに使ってみましょう．NJU7043は，高出力電流を特長とする

図17 回路の各部の電圧を正側にシフト

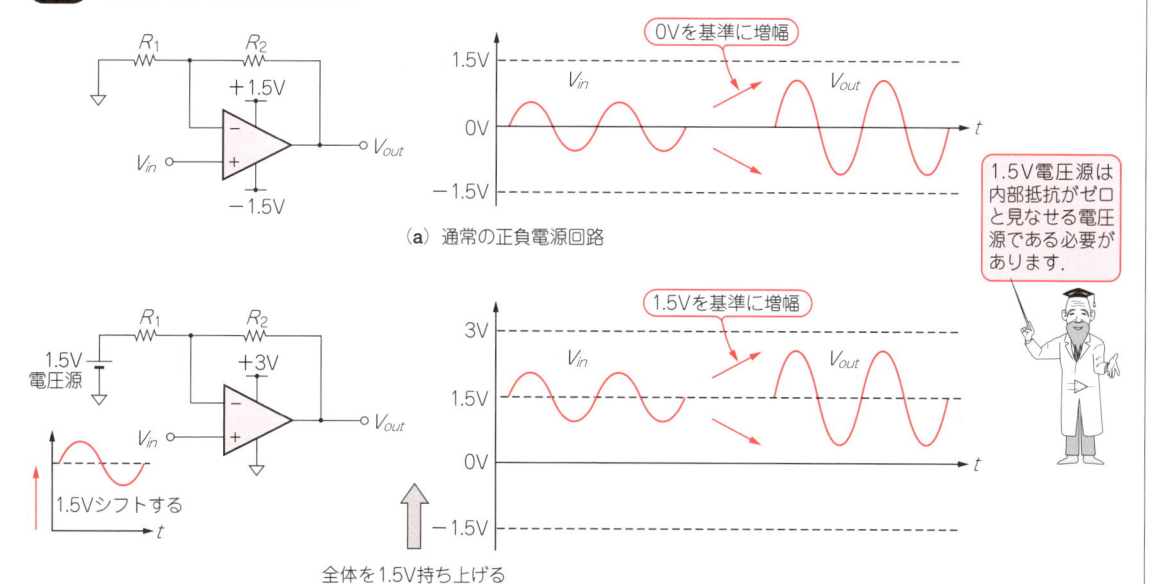

(a) 通常の正負電源回路

(b) (a)を正側に1.5Vシフトした回路

1.5V電圧源は内部抵抗がゼロと見なせる電圧源である必要があります．

図18 疑似GNDの作りかた
GNDは電圧を測る基準点としての役割と回路を流れた電流が電源装置に戻って行く戻り道としての役割がある

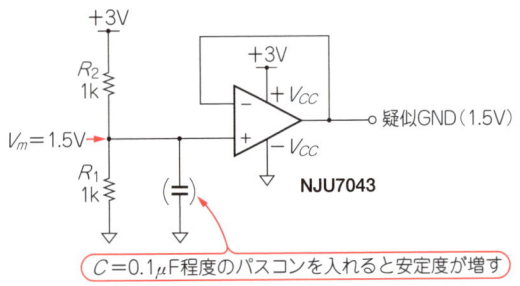

(a) GNDの働きをする1.5Vライン(疑似GND)
$C=0.1\mu$F程度のパスコンを入れると安定度が増す

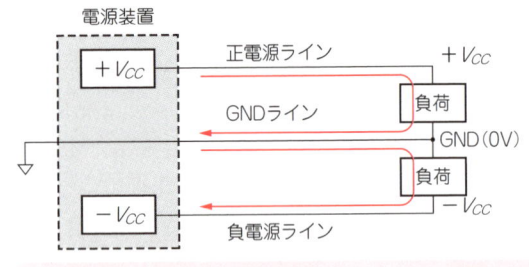

(b) 正負電源システムのGND
GNDには電圧の基準(0V)と電流の帰路という二つの役割がある

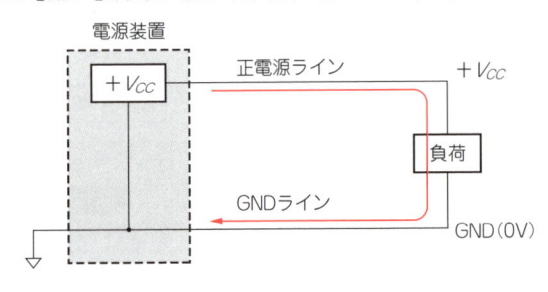

(c) 単電源のGND

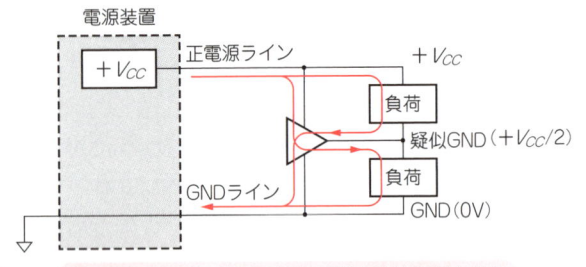

(d) 片電源システムのGND
電圧の基準($+V_{CC}/2$)と電流の帰路の働きを持たせる

CMOS OPアンプであり，±40mAの負荷電流を流すことができます．疑似GNDとして使いやすいOPアンプだと思います．

疑似GNDを作るには，**図18**に示すように，電源電圧(3V)を抵抗分圧して1.5Vを作り，電圧フォロワに入力します．

つまり，$+V_{CC}$と非反転入力，非反転入力とGNDの間にそれぞれ抵抗$R_1=1$kΩ，$R_2=1$kΩを接続して，電圧フォロワの入力を$+V_{CC}/2=1.5$Vに固定します．これによって，出力が疑似GNDとなります．

非反転入力とGNDの間に電圧安定化のためのパスコン(バイパス・コンデンサ)を入れるべきです．

接続ができたら動作確認として，$+V_{CC}$が約3V，非反転入力と出力が約1.5Vになっているか測定してみてください．

疑似グラウンドは最後の手段　　　column

　本章では，単電源におけるOPアンプの使いかたや信号の扱いかたを理解してもらいたいことから，疑似グラウンドを用いる方法を説明しています．ここでは，抵抗分圧と電圧フォロワで簡単に疑似グラウンドを作りましたが，高精度の専用疑似グラウンドICとしてテキサス・インスツルメンツ社のTLE2425/2426があります．どちらも，1個のICで疑似グラウンドを実現できます．

　しかし，実際のシステムでは疑似グラウンドは最後の手段で，それほど多くは使われません．疑似グラウンドは真のグラウンドより精度が落ちるのは避けられませんし，疑似と真のグラウンドが混在する場合に信号のレベル・シフトが必要になります．

　なるべく疑似グラウンドを使わないためには，5-1節のように正電圧の信号だけを扱うとか，5-2節のように交流信号だけを扱うように工夫します．どうしても直流の負電圧信号を扱いたい場合は，疑似グラウンドを作る代わりにローカル負電源を作る方法があります．

　システム全体は単電源でも，DC-DCコンバータを用いて小容量の負電源を作れば，どうしても負電圧信号を扱いたい部分だけOPアンプを正負電源で動作させることが可能です．たとえば，5V電源を反転して-5V電源を生成するDC-DCコンバータICやモジュールは容易に入手できます．

　ローカル負電源のほうが，一般に疑似グラウンドに比べて厳しい電圧精度は要求されません．また，負電源を用いた部分は信号電圧範囲が広がるので，その点でも精度的に有利です．また，グラウンドは一つなので信号のレベル・シフトも不要です．

2 方形波/三角波発振回路を単電源化する

実際に疑似GNDを利用した単電源回路を作ってみましょう．ここでは，第4章で紹介した方形波/三角波発振回路を実験します．疑似GNDは前項の手順で作っておいてください．

● 実験のセットアップ

図19に実験回路を示します．

▶手順1

まず，NJU7043の出力と反転入力の間に $R_3 = 100\,\text{k}\Omega$ を接続し，反転入力と疑似GNDの間に $C = 0.01\,\mu\text{F}$ を接続します．ここで，C の片側を GND(0 V) ではなくて疑似GND (1.5 V) に接続しています．

この C と R_3 は，時定数 $\tau = CR_3 = 1\,\text{ms}$ の CR 積分回路を構成します．

▶手順2

次に，NJU7043の非反転入力と疑似GND，出力と非反転入力をそれぞれ $R_4 = 10\,\text{k}\Omega$，$R_5 = 10\,\text{k}\Omega$ で接続します．ここでも，R_4 の片側をGND(0 V)ではなくて疑似GND(1.5 V)に接続しています．

これによって，NJU7043はヒステリシス付きコンパレータとして動作します．

▶手順3

CR 積分回路とヒステリシス付きコンパレータの組み合わせによって発振が起こり，CR 積分回路の出力に三角波出力 V_{tr} が得られます．同時に，R_4 と R_5 の分圧点に方形波出力 V_{sq2} が得られます．

▶手順4

ただし，これらはどちらも出力インピーダンスが高いので，それぞれ電圧フォロワによる出力バッファを介して出力を取り出します．

▶手順5

CR 積分回路の出力とNJU2732(電圧フォロワ1)の非反転入力，R_4 と R_5 の分圧点と

図19 第4章で紹介した方形波/三角波発振回路を単電源化する

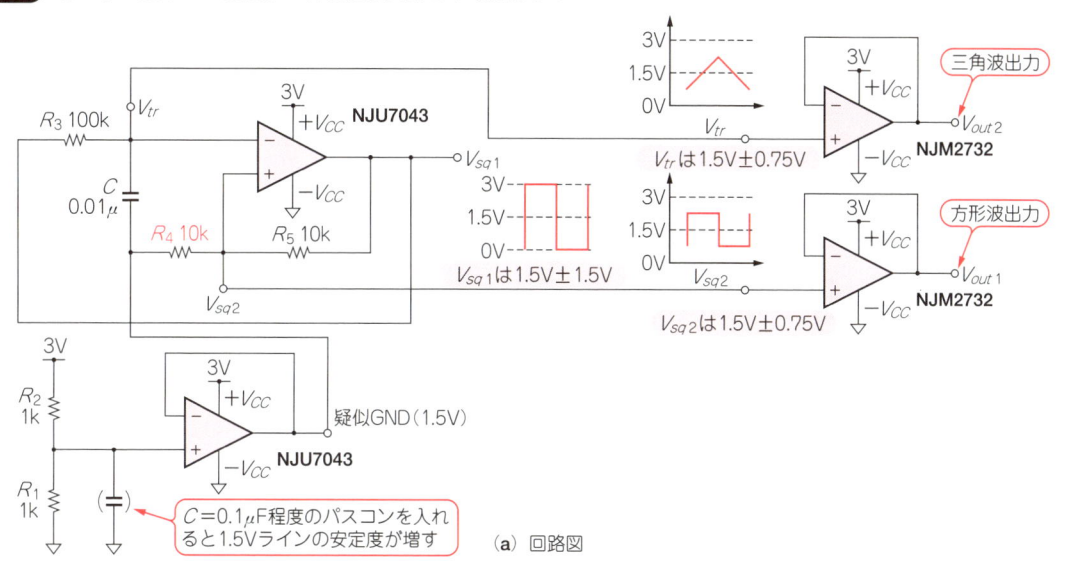

(a) 回路図

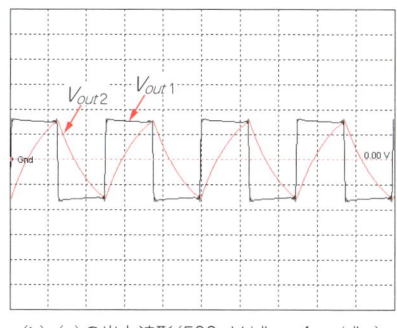

$C = 0.1\,\mu\text{F}$ 程度のパスコンを入れると1.5Vラインの安定度が増す

ソフト・オシロスコープで観測すると，直流分がカットされるので，V_{out1} と V_{out2} は0Vを中心に振幅する波形になります．

(b) (a)の出力波形(500mV/div., 1ms/div.)

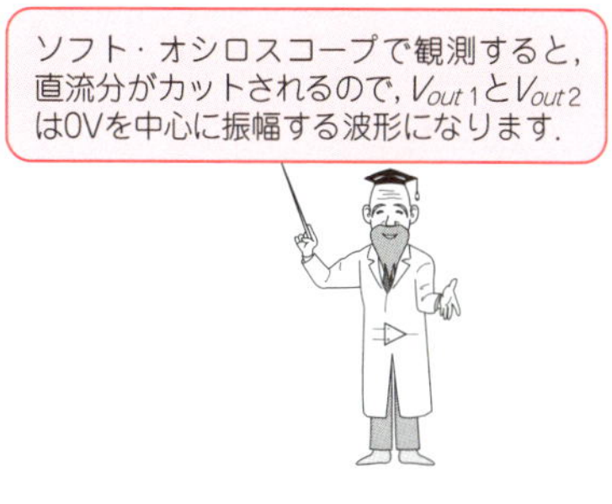

5-4 疑似グラウンドを使う

NJU2732（電圧フォロワ2）の非反転入力をそれぞれ接続すれば，電圧フォロワ1の出力から三角波出力 V_{tr}，電圧フォロワ2の出力から方形波出力 V_{sq2} が得られます．この二つの出力をオシロスコープで観測してみましょう．

● 実験…発振波形を観測する

第4章において±1.5 V電源で実験したときと同様に，方形波／三角波はともに振幅±0.75 V，周波数約400 kHzで発振しています．

ソフトウェア・オシロスコープで観測した波形は，直流成分がカットされるので，方形波も三角波もGND（0 V）を中心に振れているように見えます．実際には，どちらも疑似GND（1.5 V）を中心に振れていることに注意してください．

▶発振周波数と振幅を変えてみる

次に，第4章で実験したように，ヒステリシス付きコンパレータの閾値を変更して，発振の振幅と周波数を変えてみましょ

う．**図20**のように，NJU7043の非反転入力と疑似GNDの間に接続した外付け抵抗 R_4 を，1 kΩに変えてみます．

これによって，閾値は，

$$V_{sq2} = \frac{R_4}{R_4 + R_5}$$

$$V_{sq1} = \frac{1k}{1k + 10k}(\pm 1.5V)$$

$$\approx \pm 0.14 \text{ V}$$

と小さくなり，発振の振幅と周期が小さくなるはずです．

動作波形を**図21**，**図22**に示します．これも，第1章3-5節

図20 完成した単電源方形波／三角波発振回路の発振周波数と振幅を変えてみる
図19のヒステリシス付きコンパレータのしきい値を変える

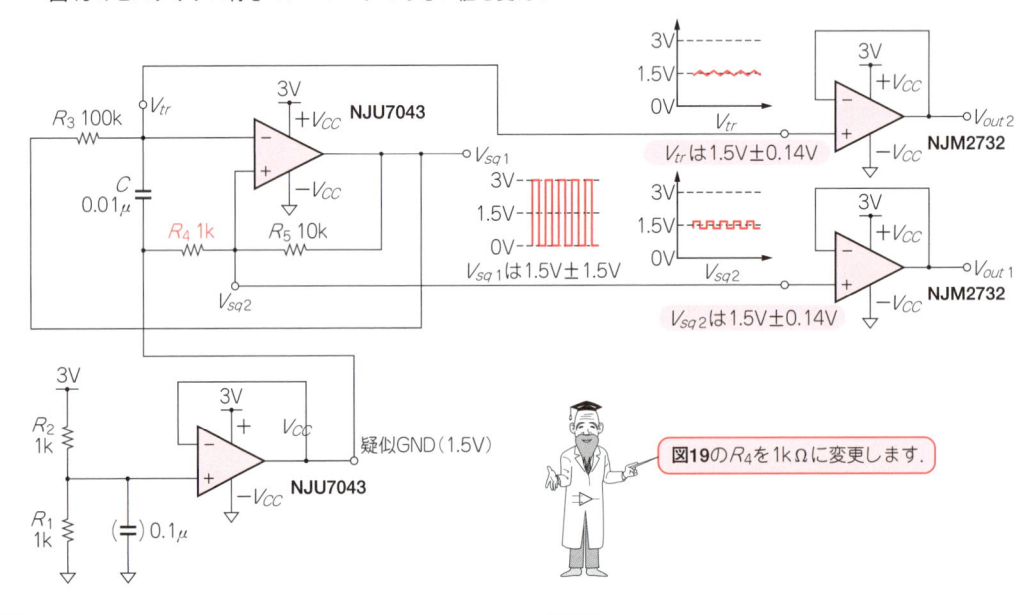

図21 図20の回路の出力波形（500 mV/div., 1 ms/div.）

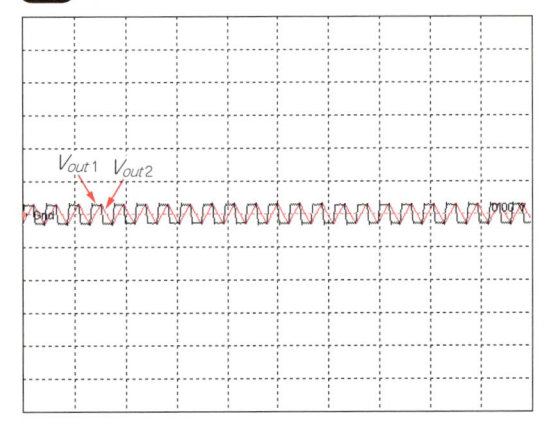

図22 図20の回路の出力波形（100 mV/div., 200 μs/div.）

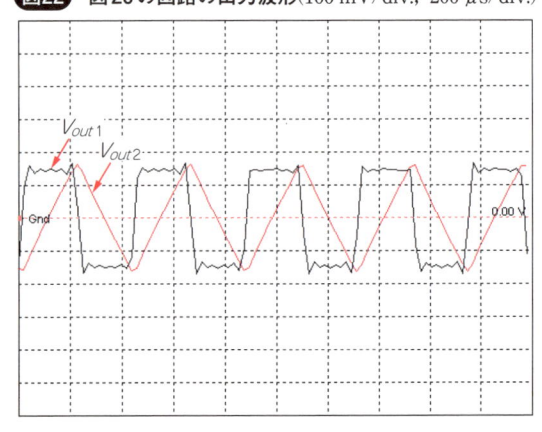

において±1.5 V電源で実験したときとほぼ同様の波形となっています．ただし，ソフトウェア・オシロスコープで観測した波形はGND(0 V)を中心に振れているように見えますが，実際には疑似GND(1.5 V)を中心に振れていることに注意してください．

3　GNDの異なる回路どうしをつなぐとどうなる？

● 製作した方形波/三角波発振回路を信号源にして実験する

完成した方形波/三角波発振器を信号源として利用して，単電源動作の非反転増幅回路を実験してみます．

図20で，CR積分回路の出力は電圧フォロワを出力バッファにして取り出しています．この電圧フォロワを非反転増幅回路に変えて，その動作を調べてみましょう．なお，ここでは2本の抵抗の部品番号は，それぞれR_6, R_7とします．

● 疑似GND基準で動作する回路どうしを接続

図23に示すように，三角波出力が接続されているほうのNJM2732を，疑似GND(1.5 V)を基準として動作する非反転増幅回路に変えます．

▶三角波がきれいに2倍に増幅された

動作波形を図24に示します．比較のため，方形波はそのまま（電圧フォロワでバッファして）表示しています．図22と比べて，三角波が2倍に増幅されているのがわかります．

これは，疑似GNDを中心に振れる三角波を，疑似GNDを基準として動作する非反転増幅回路で2倍に増幅した例です．

● 疑似GND基準で動く発振回路とGND基準に動く増幅器を直結すると…

次に，図25のように，非反転増幅回路のR_6の左側を疑似グラウンド(1.5 V)ではなく，

図24　図23の入出力波形 (100 mV/div., 200 μs/div.)

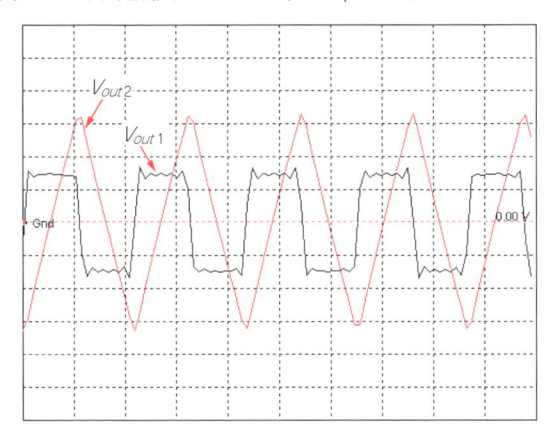

図23　図20の電圧フォロワを単電源の非反転増幅回路（疑似GND基準）に置き換えた回路

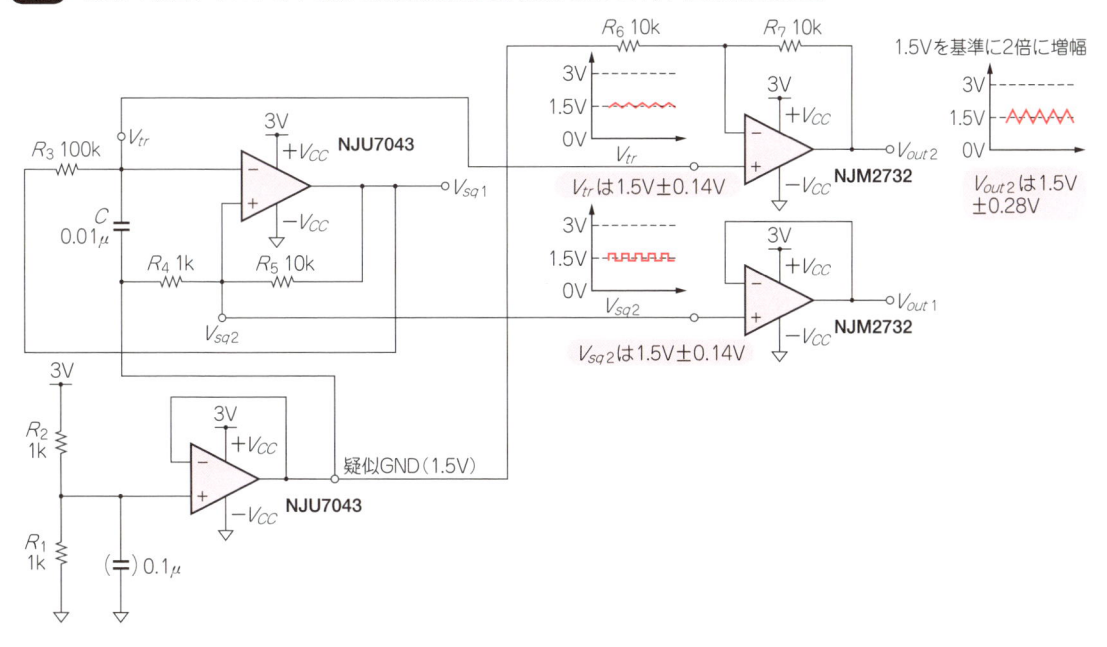

5-4　疑似グラウンドを使う

▶ **図25** 図20の電圧フォロワを単電源の非反転増幅回路（GND基準）に置き換えた回路

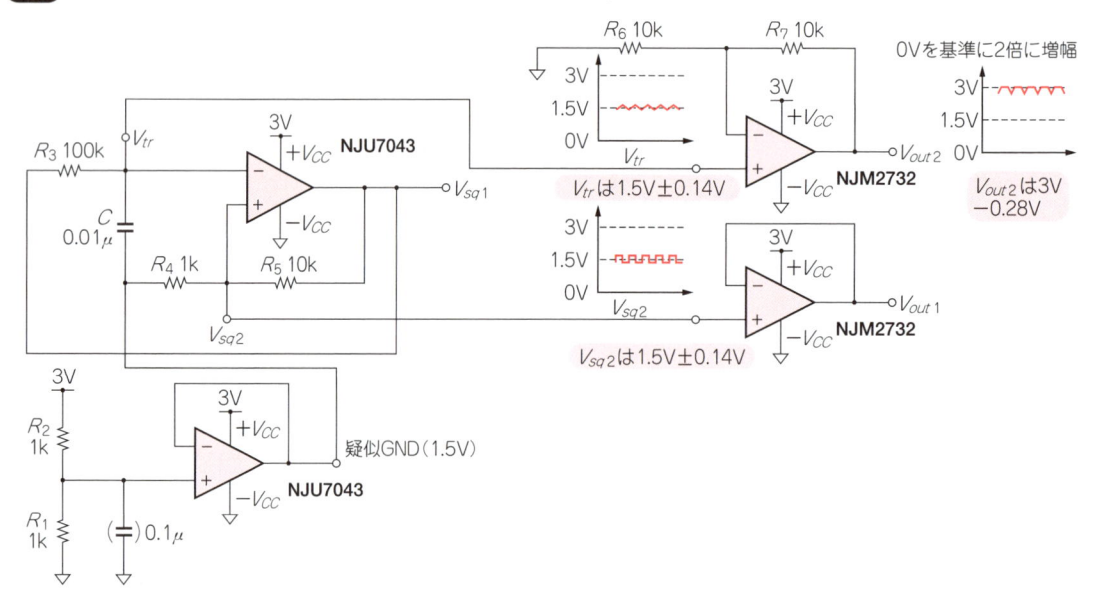

▶ **図26** 図25の出力波形（100 mV/div., 200 μs/div.）

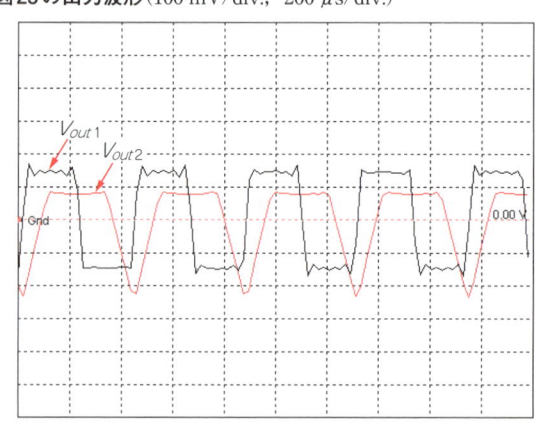

本当のグラウンド（0 V）に接続してみます．これによって，GND（0 V）を基準として動作する非反転増幅回路ができました．

▶ **三角波の上側が削り取られてしまった**

動作波形を **図26** に示します．比較のため，方形波はそのまま（電圧フォロワでバッファして）表示しています．**図24** と違って，2倍に増幅された三角波の上側が削られてしまっています．

これは，疑似GND（1.5 V）を中心に振れる三角波を，GND（0 V）を基準として動作する非反転増幅回路で2倍に増幅しようとしたため，増幅結果は3 Vを中心に振れる三角波となり，電源電圧を越える上半分が削られてしまったものです．

ソフトウェア・オシロスコープの表示だとややわかりにくいですが，直流も観測できる通常のオシロスコープなら，このような状態を観測できるはずです．

〈宮崎 仁〉

正負電源と単電源の違い　　　column

　正負電源の場合，基本的に2組の電源装置があって，正電源（負電源）から負荷に供給された電流はグラウンド（GND）を通って電源に戻ります．これらの負荷電流でGND電位が変動しないように，GNDのインピーダンスは十分に低く作られています．

　単電源の場合，基本的に電源装置は1組で，正電源から負荷に供給された電流がGNDを通って電源に戻るだけです．その間には，低インピーダンスの電流の戻り道はありません．

　したがって，正負電源として作られている回路を，電圧だけそのままシフトして単電源動作にしようとしてもうまくいきません．

徹底図解★OPアンプIC活用ノート

第6章
微小で繊細な信号に力強さを加える

センサ出力や音声を増幅する

6-1 計測に使える増幅回路を作る
数mVの信号を100〜1000倍増幅する

基本的なOPアンプ増幅回路として，反転増幅回路，非反転増幅回路，差動増幅回路を第1章で実験し，第2章で原理や使いかたを解説しました．

本章では，用途を限定してさらに特性や使いやすさを改善したOPアンプ増幅回路として，計測用途を中心とした直流増幅回路，オーディオ用途を中心とした交流増幅回路について実験しながら解説します．

● 計測回路に求められる機能

計測回路は，電気量を計測したり，センサを用いてさまざまな物理量を計測するための回路です．

センサは熱，光，磁気，力，変位などの物理量を電圧，電流，抵抗などの電気量に変換する機能をもちます．計測回路では，このような電気量を電圧信号に変換し，適当な電圧レベルに増幅したり，比較/検出などの処理を行います．

● 直流成分を高い精度で処理

信号源であるセンサの性質は千差万別で，出力が抵抗や電流で得られるもの，電圧出力でも信号源インピーダンスが高いもの，信号レベルが微小なもの，グラウンド（GND）から浮いたものがたくさんあります．

抵抗出力のものはR-V（抵抗-電圧）変換，電流出力のものはI-V（電流-電圧）変換してから増幅や演算などの処理を行います．

電圧出力のものはそのまま増幅できますが，信号源インピーダンスが高いものは高入力インピーダンス回路，信号レベルが微小なものは高精度増幅回路，GNDから浮いたものは差動回路で受ける必要があります．

センサのなかには交流信号で出力が得られるものもありますが，大部分のセンサでは直流成分を高精度に処理することが要求されます．そのために，高精度OPアンプを用いたり，オフセットやノイズを抑える技術も必要になります．

次節からは，一般的な反転増幅回路や非反転増幅回路を計測用途に用いる場合の注意点や，高入力インピーダンスの差動増幅器として計測用に多く用いられているインスツルメンテーション・アンプを紹介します．

● 無入力でも出力される直流が邪魔をする

OPアンプは手軽に使えて，かつ多くの用途で十分な高精度が得られるのが特徴です．しかしOPアンプは，入力信号がゼロでも，微小な直流電圧（オフセット）やノイズを出力しています．したがって直流の微小電圧信号の増幅には注意が必要です．図1に－100倍の反転増幅回路の回路例と動作波形を示します．

一般的なセンサでも出力が数mV程度と微小なものは多く，100〜1000倍に増幅することが必要です．しかし，一般的な汎用OPアンプは，やはり数mV程度の入力オフセット電圧を出力します．これでは，センサ出力を増幅しているのかオフセット誤差を増幅しているのかわからなくなってしまいます．

このような直流微小電圧増幅の用途には，高精度OPアンプを用いるか，オフセット調整によってオフセット誤差を抑えることが必要になります．

オフセット調整を行えば，オフセット誤差を1桁程度改善する効果が期待できます．また，入力オフセット電圧が原因の誤差と入力バイアス電流が原因の誤差を合わせて調整できます．

図1 無入力なのに出てしまう直流電圧（オフセット）やノイズを減らす方法

オフセット調整を行えば，オフセット誤差を1桁程度改善する効果が期待できます．

$f_C = 1/(2\pi C R_2) \fallingdotseq 16\text{kHz}$
16kHz以上を除去するロー・パス・フィルタ

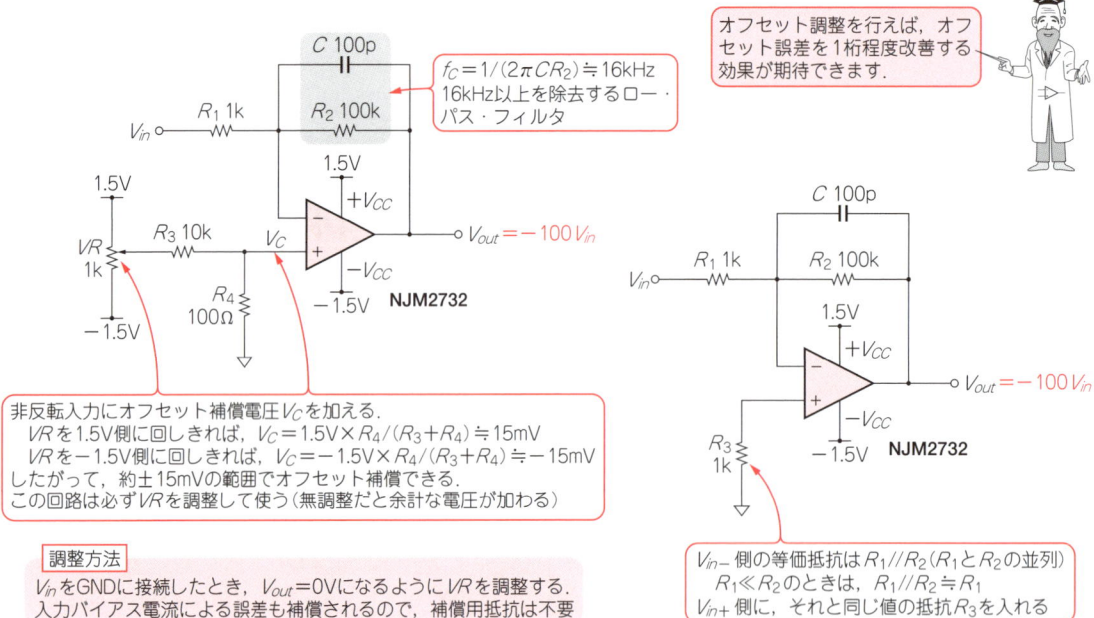

非反転入力にオフセット補償電圧 V_C を加える．
VR を1.5V側に回しきれば，$V_C = 1.5\text{V} \times R_4/(R_3+R_4) \fallingdotseq 15\text{mV}$
VR を−1.5V側に回しきれば，$V_C = -1.5\text{V} \times R_4/(R_3+R_4) \fallingdotseq -15\text{mV}$
したがって，約±15mVの範囲でオフセット補償できる．
この回路は必ず VR を調整して使う（無調整だと余計な電圧が加わる）

調整方法
V_{in} をGNDに接続したとき，$V_{out} = 0\text{V}$ になるように VR を調整する．
入力バイアス電流による誤差も補償されるので，補償用抵抗は不要

(a) 回路図

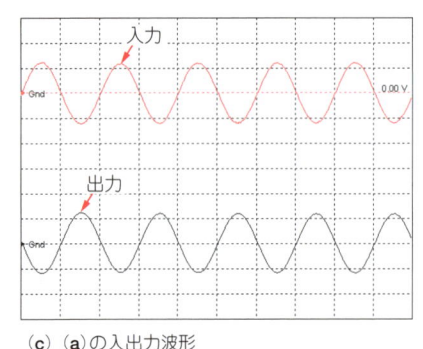

V_{in-} 側の等価抵抗は $R_1 // R_2$（R_1 と R_2 の並列）
$R_1 \ll R_2$ のときは，$R_1 // R_2 \fallingdotseq R_1$
V_{in+} 側に，それと同じ値の抵抗 R_3 を入れる

(b) 入力バイアス電流の補償

(c) (a)の入出力波形
（上：10mV/div.，下：1V/div.，1ms/div.）

ただし，オフセット調整直後にはオフセット誤差はなくなったように見えますが，温度ドリフトなどの変動要因によって再びオフセット誤差が現れてきます．

● **オフセットを減らして狙った信号だけを大きく増幅する方法**

8ピン・パッケージで1個入りのOPアンプは専用のオフセット調整ピンをもち，メーカが指定する方法でオフセット調整を行います．小型パッケージや2個入り，4個入りタイプのようにオフセット調整ピンのないOPアンプの場合は，図1の方法でオフセットを調整できます．

入力バイアス電流による誤差を抑えるには，バイアス電流補償用抵抗が効果的です．反転増幅回路や非反転増幅回路では，反転入力ピンには抵抗 R_1，R_2 が接続されているので，非反転入力側に補償用抵抗 $R_3 = R_1 // R_2$ を挿入します．ただし，NJU7043などのCMOS OPアンプやFET入力OPアンプはもともと入力バイアス電流が小さいので，一般に補償用抵抗は不要です．

● **OPアンプから出ているノイズへの対応**

微小電圧増幅回路では，入力信号に含まれるノイズやOPアンプ自身がもつノイズも大きく増幅されてしまいます．ノイズなどの不要成分は高周波のものが多いので，増幅回路の前後にロー・パス・フィルタを入れたり，図1のように抵抗 R_2 に並列にコンデンサ C を入れて増幅回路自体にロー・パス・フィルタの効果をもたせます．

OPアンプの構造では，バイポーラ入力のほうが一般に入力オフセット電圧や入力換算電圧ノイズが小さく，温度変動も小さいので微小電圧増幅用に適しています．

ただし，バイポーラ入力OPアンプは入力バイアス電流が大きいので，外付け抵抗値を小さめに選び，バイアス電流補償用抵抗を必ず入れ，必要に応じて

高精度OPアンプのいろいろ

第1章では，代表的な高精度OPアンプのいくつかを紹介しました．ここでは，それらを中心として高精度OPアンプの特徴と用途について説明します．

汎用OPアンプの場合，入力オフセット電圧は±10 mVくらいあり，1 Vの信号電圧に対しては±1％の誤差で済みますが，10 mVの信号電圧に対しては±100％の誤差になってしまいます．10 mVの信号電圧を±1％の精度で扱いたい場合には，入力オフセット電圧は±100 μVの範囲に抑える必要があります．

高精度OPアンプは低オフセット，低ドリフトかつ低ノイズで，開ループ・ゲインや同相除去比（CMRR）が大きく，微小電圧を高いゲインで増幅できます．その代わり，初期の高精度OPアンプは汎用OPアンプに比べて交流特性が低く，直流計測専用と位置付けられていました．

しかし，高精度OPアンプの交流特性は次第に向上し，低ノイズや低ひずみの特徴を生かして高級オーディオ用や交流計測用に用いられるものも多くなっています．

なお，OPアンプなどのアナログICは，同じ型名でも精度によってランク分けされることがあります．とくに，高精度OPアンプはその傾向が強く，低ランク品と高ランク品では特性や価格が数倍も異なることがしばしばあるので注意が必要です．

● OP27，OP37

アナログ・デバイセズ社のOP27/37は，高精度OPアンプの特徴と，オーディオ用に必要な交流特性を備えたOPアンプとして1980年に登場した製品です．

OP37は位相補償を浅くすることによって交流特性を大幅に向上させたもので，63 MHzという広帯域を実現しています．その代わり，ゲイン≧5で使用しないと発振してしまう恐れがあります．

OP27はゲイン1から動作可能で，電圧フォロワでも使用できます．帯域幅は8 MHzとOP37より狭くなりますが，それでもオーディオ回路などには十分な交流特性をもっています．

OP27/37でもう一つ注意すべき点は，差動入力電圧の最大定格が±0.7 Vに制限されていることです．負帰還をかけて仮想短絡（もしくは仮想接地）の状態で使わなければなりません．コンパレータなど開ループ動作には使えません．

● OP77，OP177，AD707

直流計測用の高精度OPアンプとしては，1975年に登場したOP07が元祖といえます．OP77やAD707はその改良版であり，高精度OPアンプの定番となっています．さらに改良されたOP177は，究極の高精度OPアンプといわれています．

OP177の入力オフセット電圧 V_{OS}（$T_A = 25$℃時）は，高ランク品で25 μV，低ランク品でも60 μVに抑えられ，オフセットの温度ドリフトもそれぞれ0.3 μV/℃，1.2 μV/℃が保証されています．

この温度ドリフトは，いったんオフセット調整を行ったあと，温度が50℃変化しても，それによって生じるオフセット電圧はそれぞれ15 μV，60 μVに抑えられることを意味しています．

● チョッパ・スタビライズドOPアンプ

OPアンプは対称型の差動入力によって直流誤差を打ち消す回路構成をもちますが，回路素子の特性のアンバランスによって，入力オフセット電圧などの誤差を生じます．上記の高精度OPアンプは，ICの製造段階で特性のバランスを合わせ込むことによって高精度を実現しています．

それに対して，ICの動作中に発生している入力オフセット電圧を測定して，オフセットがゼロになるように自動調整するOPアンプ製品があります．これらはチョッパ・スタビライズドOPアンプと呼ばれています．

代表的なものにICL7650，LT1562，MAX420などがあります．これらはCMOS OPアンプで，低入力バイアス電流という特長もあります．

オフセット調整を行います．CMOS OPアンプは低入力バイアス電流，高入力インピーダンスという利点はありますが，入力オフセット電圧が大きく，また温度変動も大きめなので，オフセット調整後の変動が大きくなってしまいます．

● 正負電源動作が望ましい

直流増幅回路は単電源用OPアンプを用いたり，疑似GNDを作って信号電圧全体を正方向にシフトすれば，単電源で動作させることができます．

しかし，どちらの方法もGND付近に誤差を生じやすいので，微小電圧の増幅には適しません．直流微小電圧を増幅したいのであれば，単電源でなく，しっかりしたGNDをもつ正負電源動作にすべきです．

6-2 「インスツルメンテーション・アンプ」を使う
回路中の2点間の差電圧を増幅する方法

抵抗出力のセンサは**図2**のような抵抗ブリッジ回路で抵抗-電圧変換を行うことが多く，信号源インピーダンスが高く，かつGNDから浮いた信号源となります．

このような用途には，高入力インピーダンスの差動増幅回路（減算回路）が必要です．インスツルメンテーション・アンプ（Instrumentation Amplifier）は，そのために考えられた回路です．

インスツルメンテーション・アンプには，OPアンプ3個で作るタイプと，OPアンプ2個で作るタイプがあります．ここでは，OPアンプ3個のタイプを紹介します．

● 回路の原理と動作

第3章で紹介した差動増幅回路は高入力インピーダンスではありませんでした．**図3**のように，差動増幅回路の二つの入力に前段として電圧フォロワを付加すれば，簡単に高入力インピーダンスにできます．これでも十分に実用的な回路ですが，さらにひと工夫して，より使いやすく仕上げた回路が広く使われています．

▶ 1段目

図4にOPアンプ3個によるインスツルメンテーション・アンプを示します．前段のNJU7043は単なる電圧フォロワではなく，抵抗R_3，R_4，R'_4（ただし$R_4 = R'_4$とする）と組み合わせて差動入力-差動出力の増幅回路となっています．後段のNJM2732によって，差動-シングル・エンド変換と増幅を行います．まず前段の回路を見てみましょう．

なお，ここでは1段目と2段目のOPアンプを変えていますが，通常は同じOPアンプでかまいません．

NJU7043の反転入力をそれぞれV_{21}，V_{31}，出力をV_{22}，V_{32}とすれば，まず仮想短絡によって$V_{21} = V_{in}$，$V_{31} = V'_{in}$です．OPアンプの入力ピンは高入力インピーダンスなので，外付け抵抗R_4，R_3，R'_4には同じ電流Iが流れて，

$$V_{22} - V_{32}$$
$$= I \times (R_4 + R_3 + R'_4)$$
$$= I \times (R_3 + 2R_4)$$
$$I = \frac{V_{21} - V_{31}}{R_3} = \frac{V_{in} - V'_{in}}{R_3}$$

となり，これらをまとめると，

図2 点Ⓐと点Ⓑ間の差電圧を増幅するには？
入力インピーダンスが高い減算回路（差動増幅回路）があればいい12

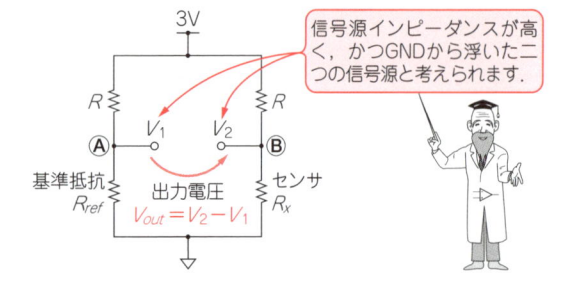

図3 電圧フォロワを付加して入力インピーダンスを高めた差動増幅回路
インスツルメンテーション・アンプという

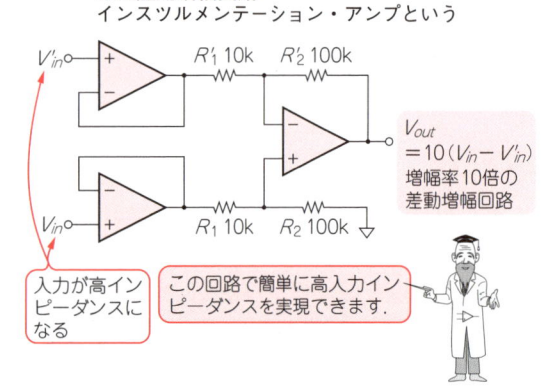

図4 実際のインスツルメンテーション・アンプ（OPアンプ3個）の回路例

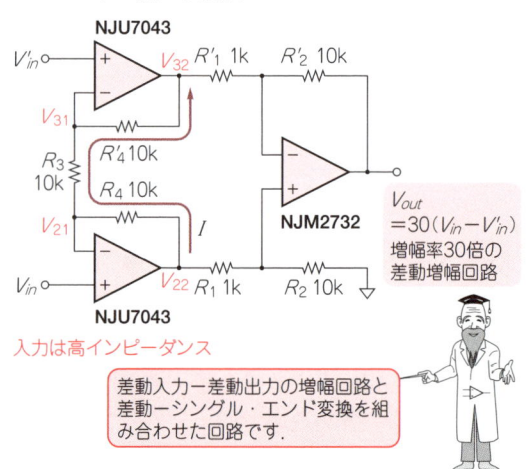

$$V_{22} - V_{32} = \left(1 + \frac{2R_4}{R_3}\right)(V_{in} - V'_{in})$$
.................(1)

となります．すなわち，これは入力電圧差 $V_{in} - V'_{in}$ を $1 + 2R_4/R_3$ 倍に増幅して，出力電圧差 $V_{22} - V_{32}$ として出力する回路です．

▶ 2段目が加わると

この電圧差 $V_{22} - V_{32}$ が，後段の差動増幅回路で増幅されます．差動増幅回路は，第3章で示したように抵抗値を $R'_1 = R_1$, $R'_2 = R_2$ と選べば，

$$V_{out} = \frac{R_2}{R_1}(V_{22} - V_{32}) \cdots (2)$$

ですから，式(1)と式(2)をまとめると，

$$V_{out} = \frac{R_2}{R_1}\left(1 + \frac{2R_4}{R_3}\right)(V_{in} - V'_{in})$$
.....................(3)

となります．

図4 では，$R_1 = R'_1 = 1\,\mathrm{k\Omega}$, $R_2 = R'_2 = R_3 = R_4 = R'_4 = 10\,\mathrm{k\Omega}$ によって，

$$\frac{R_2}{R_1}\left(1 + \frac{2R_4}{R_3}\right) = \frac{10\,\mathrm{k}}{1\,\mathrm{k}}\left(1 + \frac{2 \times 10\,\mathrm{k}}{10\,\mathrm{k}}\right) = 30$$

$$V_{out} = 30 \times (V_{in} - V'_{in})$$

と，増幅率30倍に設定しています．

● 回路の特徴と使いかた

▶ 1個の可変抵抗で増幅率を調整できる

このインスツルメンテーション・アンプは，高入力インピーダンスを特徴とする差動増幅回路ですが，もう一つ使いやすい特徴として，増幅率の設定が容易であることが挙げられます（**図5**）．

もともとの差動増幅回路（減算回路）で増幅率を変えるには，$R_1 = R'_1$ または $R_2 = R'_2$ をペアで取り替えなければなりません．

しかし，この回路では，R_3 を1個だけ取り替えれば増幅率

図5 増幅率を可変にしたインスツルメンテーション・アンプ

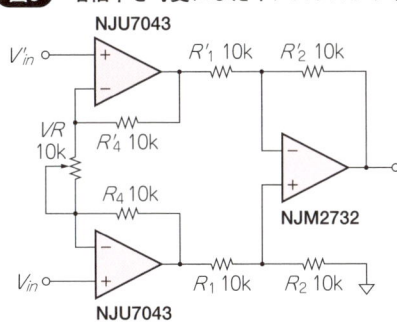

(a) 回路図

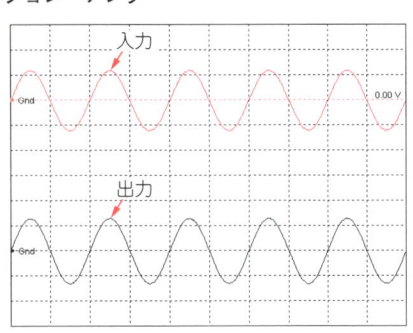

(b) (a)の入出力波形
(上：10mV/div., 下：100mV/div., 1ms/div.)

1個の可変抵抗で増幅率を設定できます．

図6 単電源で動かす方法

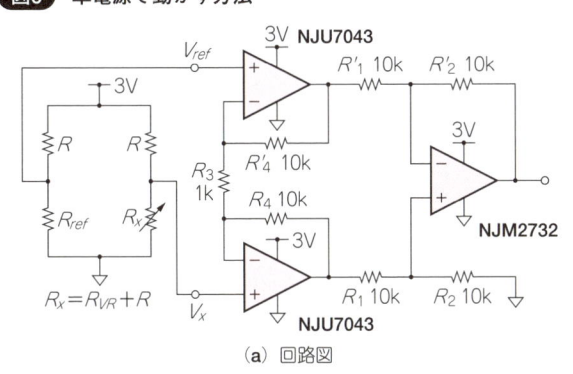

(a) 回路図

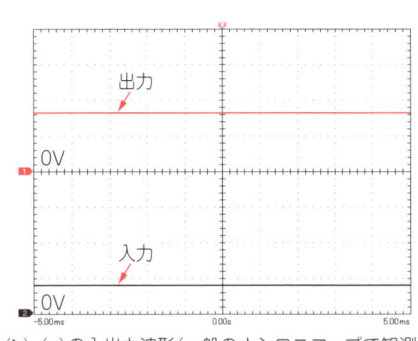

(b) (a)の入出力波形（一般のオシロスコープで観測）
(上：1V/div., 下：100mV/div., 1ms/div.)

センサ出力が $R_x > R_{ref}$ であれば，$V_x > V_{ref} > 0$ なので単電源動作が可能です．

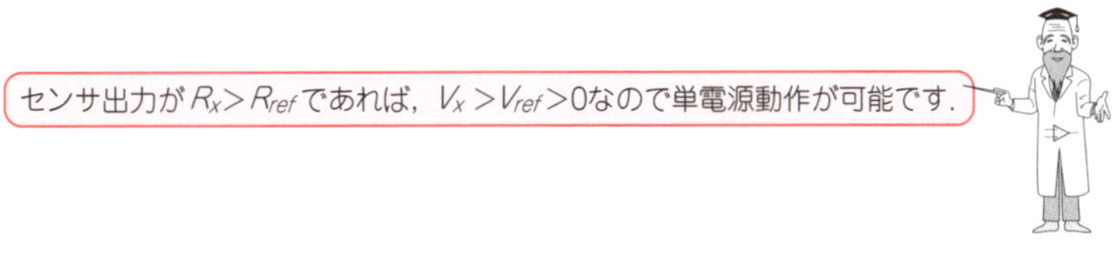

を変えられます．とくに，計測回路ではセンサの特性に合わせて増幅率を調整したい場合も多いので，1個の可変抵抗で調整できるのはとても便利です．

● 単電源で動かすことができる

この回路は，電圧フォロワや差動増幅回路と同様に，単電源用OPアンプを用いてそのまま単電源で動作させることができます(図6)．

ただし，同相入力電圧 V_{in}，V'_{in} がともに正で，かつ差動入力電圧 $V_{in} - V'_{in}$ も正でなければなりません．

抵抗ブリッジ増幅のようなセンサ信号処理回路はこの条件を満たすことが多く，単電源動作のインスツルメンテーション・アンプがよく使われています．

OPアンプ2個で作るインスツルメンテーション・アンプ column

本章では，OPアンプ3個で作るインスツルメンテーション・アンプ(高入力インピーダンスの差動増幅回路)を紹介しました．これは，本文にも書いたように，差動増幅回路の入力に電圧フォロワを付けて高入力インピーダンスにしたものと考えられます．

一方，それとは異なる発想で，OPアンプ2個だけでインスツルメンテーション・アンプを作ることもできます．

第3章の3-1節で，OPアンプの反転増幅回路と非反転増幅回路を合体することによって差動増幅回路(減算回路)ができることを示しました．このとき，非反転側のゲインが反転側のゲインより大きいため，非反転側に抵抗分圧を挿入してゲイン合わせを行いました．

これとは逆に，図A のように反転側に非反転増幅回路を挿入してゲイン合わせを行う方法も考えられます．この場合，非反転増幅回路と同様に $1+R_2/R_1$ 倍のゲインをもつ差動増幅回路になります．大きな特長として，もともと高入力インピーダンスである非反転側の入力はそのまま使い，低入力インピーダンスである反転側の入力を非反転増幅回路でバッファするので，両入力とも高入力インピーダンスの差動増幅回路になります．

以前はOPアンプが高価であり，特に高精度の計測回路では安価な汎用OPアンプが使えないことも多かったため，OPアンプ2個でできるこのインスツルメンテーション・アンプにはメリットがありました．ただし，使い勝手からいえば，OPアンプ3個のタイプには抵抗1本でゲイン調整ができるという大きな利点があるため，広く用いられています．

図A 反転側に非反転増幅回路を挿入してゲイン合わせを行う方法

$-\left(1+\dfrac{R_2}{R_1}\right)$ 倍に反転増幅

$1+\dfrac{R_1}{R_2}$ 倍に非反転増幅

$-\dfrac{R_2}{R_1}$ 倍に反転増幅

$\left(1+\dfrac{R_2}{R_1}\right)$ 倍に非反転増幅

2段の合成ゲインは，
$$\left(1+\dfrac{R_1}{R_2}\right) \times \left(-\dfrac{R_2}{R_1}\right)$$
$$= -\dfrac{R_1+R_2}{R_2} \times \dfrac{R_2}{R_1}$$
$$= -\dfrac{R_1+R_2}{R_1} = -\left(1+\dfrac{R_2}{R_1}\right)$$

$$V_{out} = \left(1+\dfrac{R_2}{R_1}\right)V_1 - \left(1+\dfrac{R_2}{R_1}\right)V_1'$$
$$= \left(1+\dfrac{R_2}{R_1}\right)(V_1 - V_1')$$

電圧差 $V_1 - V_1'$ を $1+\dfrac{R_2}{R_1}$ 倍に増幅する

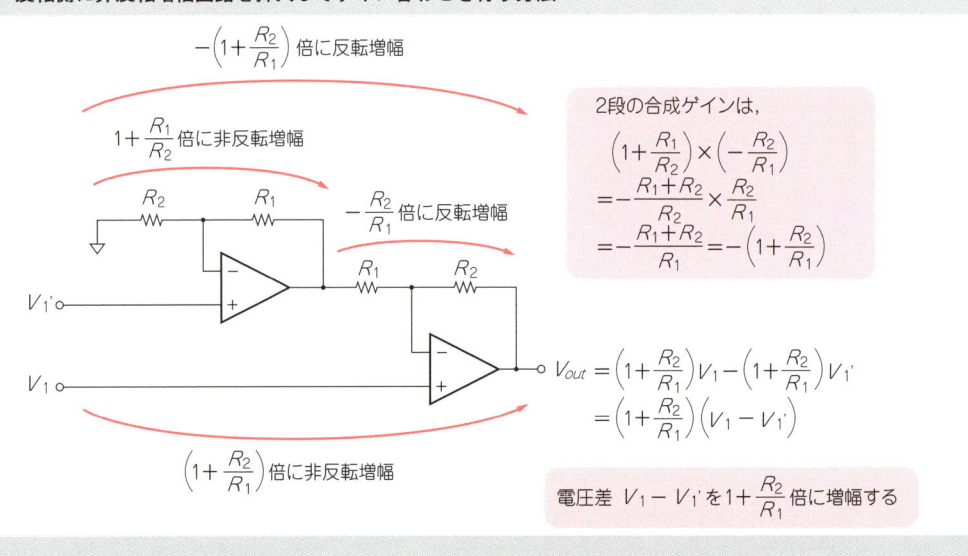

6-3 交流信号だけを上手に増幅する方法

微小電圧増幅でも直流誤差を無視できる

1 基礎知識

● 交流信号に適した回路で増幅する

　一般の増幅回路は，とくに断らないかぎり，直流信号も交流信号もひとまとめに増幅します．第2章，第3章で紹介した基本的な反転増幅回路，非反転増幅回路，差動増幅回路は，いずれも直流と交流の両方を扱うことができます．最初に紹介した直流増幅回路も，直流誤差に特に注意をはらった回路ですが，交流信号も増幅できます．

　それに対して，オーディオ回路のように交流信号だけを扱う用途では，交流だけを増幅する回路にすれば，微小電圧増幅でも直流誤差を無視できるので便利です．また，単電源動作も簡単な回路で実現できます．

● そもそも何を増幅したいのかを考える

▶ 直流信号がもつ重要な情報は一瞬一瞬の電圧値

　直流信号と交流信号の違いは，波形の違いではなく，波形に含まれているどんな量に注目するかの違いです（図7）．

　直流信号は各瞬間の電圧が信号の値であり，それが正弦波であっても，信号が時間とともに変化しているととらえます．

▶ 交流信号がもつ重要な情報は「振幅」と「周波数」

　交流信号は，波形の振幅と周波数という二つの値を別個の信号として扱うことにより，一つの信号で2次元の量を扱うことができます（さらに，位相という第3の量を考えることもでき

図8 交流信号と電源電圧範囲

（a）正負電源の場合，GND中心に振れると効率が良い

（b）単電源の場合，$+V_{CC}/2$中心に振れると効率が良い

電源電圧の中点（$+V_{CC}/2$）にシフトすれば，信号を電源電圧範囲で目一杯スイングさせられます．

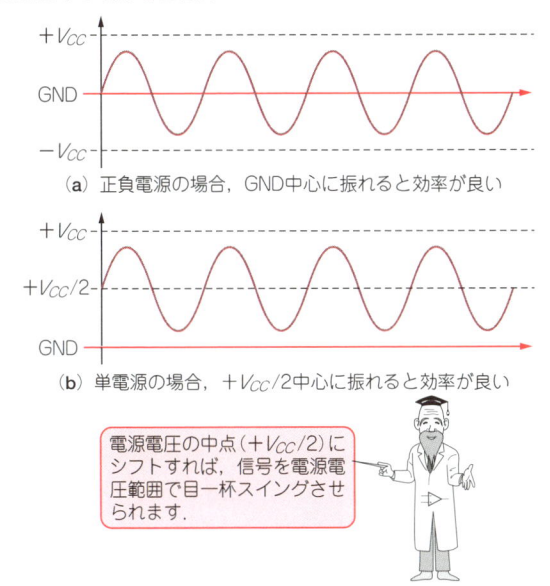

図7 直流信号と交流信号が持つ重要な情報とは

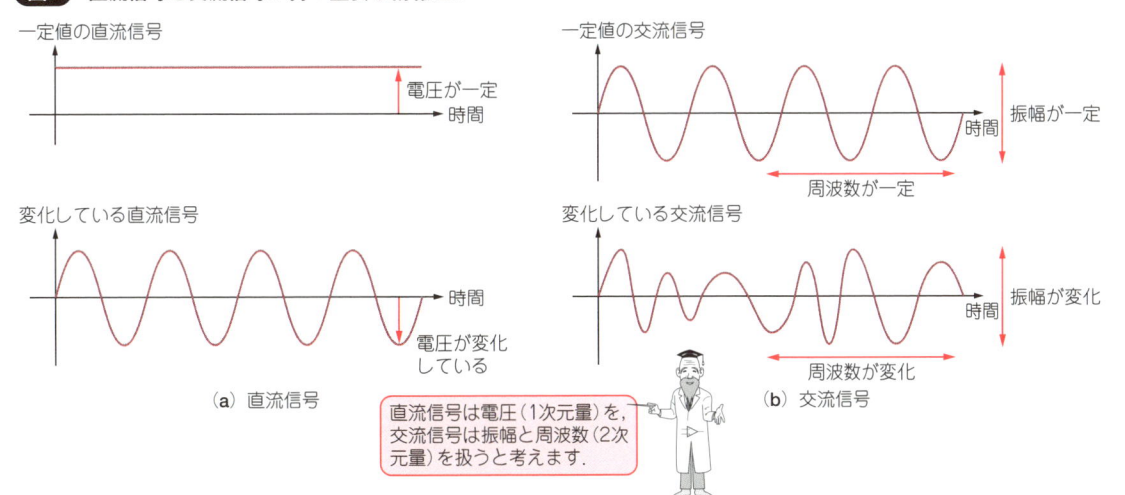

（a）直流信号

（b）交流信号

直流信号は電圧（1次元量）を，交流信号は振幅と周波数（2次元量）を扱うと考えます．

る).

例えばオーディオ信号の場合,振幅は音の大きさ,周波数は音の高さに対応し,直流成分は音には関係しません.一般に,交流信号だけを扱う回路では,コンデンサによる交流結合(ハイ・パス・フィルタ)で直流成分をカットし,交流成分は任意の電圧にシフトして扱えます.

● 電源電圧範囲で目一杯スイングさせる

正負電源では,信号はGNDを中心に振れるので信号電圧範囲を最も有効に使えます.単電源回路で交流信号だけを扱う場合,信号がGNDを中心に振れると信号電圧範囲をはみ出してしまいます.

しかし,信号の中心を電源電圧の中点($+V_{CC}/2$)にシフトすれば,信号電圧範囲を最も有効に活用できます(図8).信号電圧範囲が電源電圧いっぱいまで得られる入出力フルスイングOPアンプの場合,たとえば1.5Vにシフトすれば,3V単電源で最大3V_{p-p}の振幅を扱うことができます.

2 直流成分の侵入を抑えて交流成分の増幅に徹する

交流増幅回路では,コンデンサによる交流結合で入力信号の直流成分をカットし,直流に対する増幅率を0倍にします.交流成分は任意の電圧にシフトして扱うことができますが,信号電圧範囲を有効に使うために,正負電源の場合はGND(0V)に,単電源の場合は$+V_{CC}/2$にシフトするのが一般的です.回路例を図9に示します.

● 入力信号の直流成分をカットし,さらに直流信号成分に対する増幅率を抑える

まず,入力信号から直流成分をカットするために,抵抗R_1と直列にコンデンサCを挿入して交流結合とします.コンデンサは抵抗と同じように電流が流れるのを妨げる性質すなわちインピーダンスをもっていて,そのインピーダンスZ_Cの大きさは,

$$|Z_C| = \frac{1}{2\pi fC} \cdots\cdots (4)$$

です.周波数fを横軸,インピーダンスの大きさ$|Z_C|$を縦軸として周波数特性のグラフを書くと,図10のようになります.周波数が低いほどインピーダンスは高くなり,直流(周波数0)に対しては∞Ωの抵抗として働きます.周波数が高いほどインピーダンスは低くなり,高周波に対してはインピーダンスはほとんど0Ωになります.一般に,「コンデンサは交流を通すが直流を通さない」というのはこのためです.

したがって,R_1とCの直列抵抗$|Z|$を考えると,$|Z_C|$≒∞となる直流では$|Z|$≒∞となり,$|Z_C|$≒0となる高周波では$|Z|$≒R_1となります.この$|Z|$を用いれば交流反転増幅回路の増幅率の式は

$$A = -R_2/|Z|$$

となるので,$|Z|$≒∞となる直流ではA≒0,$|Z|$≒R_1となる高周波では通常の反転増幅と同様にA≒$-R_2/R_1$となります.

図9 交流信号だけを上手に増幅する回路

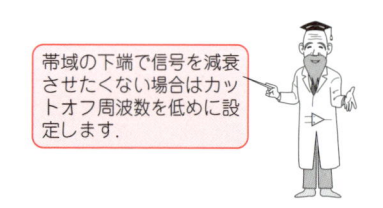

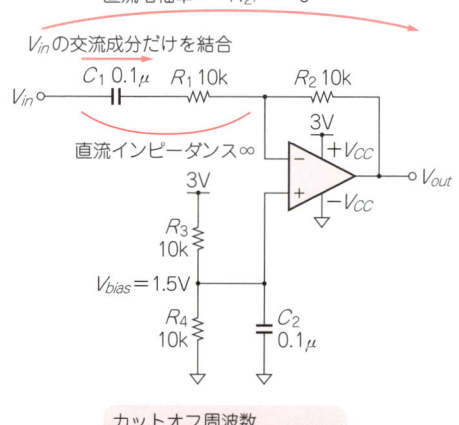

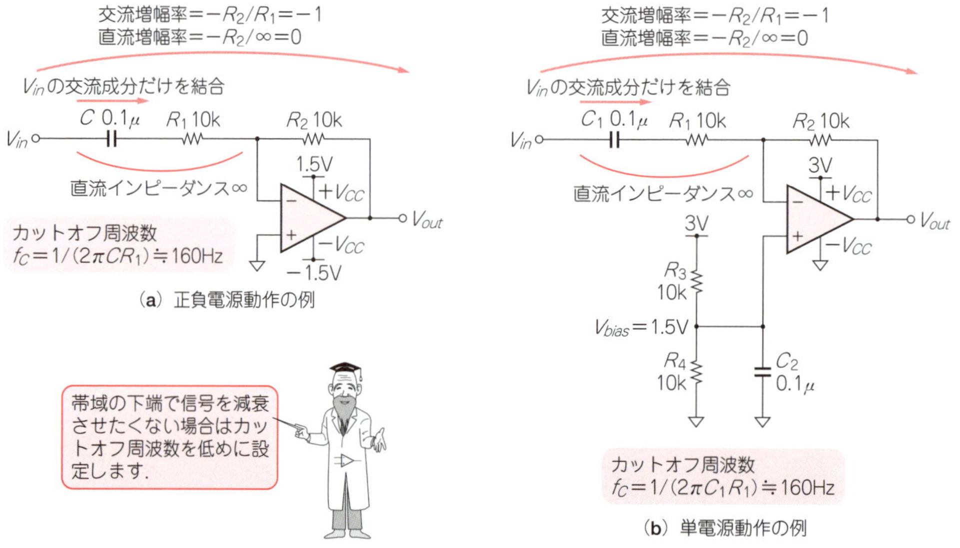

(a) 正負電源動作の例

交流増幅率=$-R_2/R_1=-1$
直流増幅率=$-R_2/\infty=0$
V_{in}の交流成分だけを結合
C 0.1μ R_1 10k R_2 10k
1.5V
直流インピーダンス∞
-1.5V
カットオフ周波数
$f_C=1/(2\pi CR_1)$≒160Hz

(b) 単電源動作の例

交流増幅率=$-R_2/R_1=-1$
直流増幅率=$-R_2/\infty=0$
V_{in}の交流成分だけを結合
C_1 0.1μ R_1 10k R_2 10k
3V
直流インピーダンス∞
3V
R_3 10k
V_{bias}=1.5V
R_4 10k
C_2 0.1μ
カットオフ周波数
$f_C=1/(2\pi C_1 R_1)$≒160Hz

帯域の下端で信号を減衰させたくない場合はカットオフ周波数を低めに設定します.

図10 コンデンサのインピーダンスは周波数が低いほど高くなる

(a) コンデンサのみ — コンデンサのインピーダンスは，$|Z_C| = 1/(2\pi fC)$

(b) コンデンサと抵抗の直列合成インピーダンス — 抵抗のインピーダンス

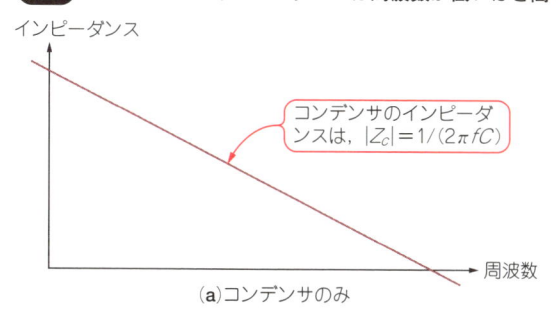

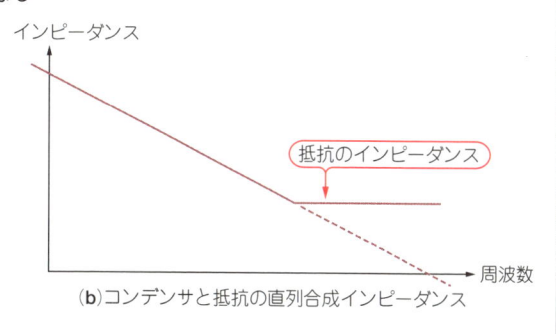

図11 図9の増幅回路の増幅率の周波数特性

$f \gg f_C$ では増幅率 ≒ 1

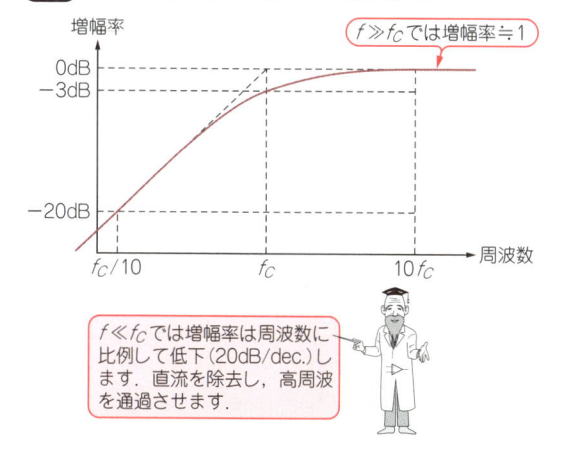

$f \ll f_C$ では増幅率は周波数に比例して低下（20dB/dec.）します．直流を除去し，高周波を通過させます．

図12 図9の入出力波形（一般のオシロスコープで観測．200 mV/div., 1 ms/div.）

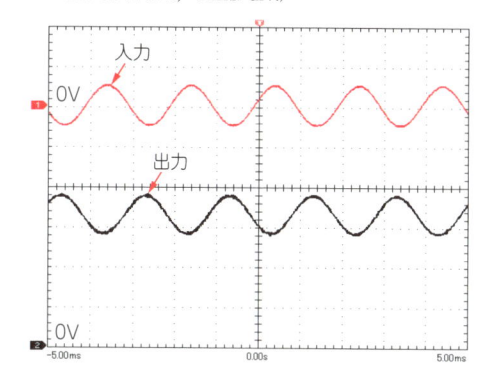

● 通過させる周波数成分の下限の設定

　どの程度の周波数までがカットされ，どの程度の周波数から反転増幅として動作するかは，**図11**の周波数特性のグラフから読み取れます．

　カットオフ周波数 f_C に対して，f_C より高い周波数成分は交流結合を通過（増幅率がほぼ1倍）し，f_C より低い周波数成分は減衰（増幅率がほぼ0倍）します．f_C は容量 C と抵抗 R_1 で決まり，

$$f_C = \frac{1}{2\pi CR_1} \cdots\cdots\cdots\cdots (5)$$

です．ただし，実際の特性は図に示したようにゆるやかに変化し，$f \gg f_C$ では増幅率はほぼ1倍（0 dB）ですが，$f = 100\,f_C$ では約0.99995倍，$f = 10\,f_C$ では約0.995倍，$f = 5\,f_C$ では約0.98倍，$f = 3\,f_C$ では約0.95倍，$f = 2\,f_C$ では約0.89倍，$f = f_C$ で $\sqrt{2}/2$ 倍（-3 dB）と，f_C の付近では増幅率は徐々に低下します．

　f_C より低い周波数では増幅率はどんどん低下し，$f = f_C/2$ で約0.45倍，$f = f_C/5$ で約0.19倍，$f = f_C/10$ で約0.0995倍（-20 dB）となります．$f \ll f_C$ では周波数の低下とほぼ比例して増幅率も低下（周波数が10分の1ごとに増幅率も10分の1すなわち-20 dB）していきます．

　一般には，通過させたい交流信号の帯域に対して，その下端に合わせてカットオフ周波数 f_C を設定します．ただし，f_C 付近

交流結合の位相の周波数特性　　column

　交流結合の増幅率は**図11**のようにカットオフ周波数 f_C を境に変化しますが，同時に波形の位相も変化します．

　増幅率がほぼ1倍となる高周波では位相変化はほぼ0で，入力信号≒出力信号です．周波数の低下とともに位相の進みが大きくなり，カットオフ周波数では90°進み，さらに増幅率がほぼ0倍となる直流では180°進みます．

　第5章の図14，図16では，信号周波数＞カットオフ周波数ですが，信号周波数とカットオフ周波数が比較的近いので増幅率はやや低下するとともに，位相もやや進んでいるのがわかります．

では増幅率は約0.7倍（−3 dB）に低下し，また位相も変化します．帯域の下端で信号を減衰させたくない場合は，余裕を見てカットオフ周波数を低めに設定します．

● 実際に動かした例

動作波形を**図12**に示します．$C = 0.1\ \mu F$，$R_1 = 10\ k\Omega$によって，カットオフ周波数を$f_C = 1/(2\pi CR_1) \fallingdotseq 160\ Hz$に設定しています．

このf_Cに対して，動作例の信号周波数500 Hzは約3倍に相当するので，500 Hzにおける増幅率は約−0.95倍です．

なお，第5章の図14では，R_1に追加抵抗10 kΩを並列接続して$R_1 = 5\ k\Omega$にしたときの動作波形を示しています．これによって，増幅率は$A \fallingdotseq -R_2/R_1 = -2$倍に設定されますが，同時に$f_C$の値も変わり，$f_C = 1/(2\pi CR_1) \fallingdotseq 320\ Hz$と信号周波数の500 Hzに近くなります．そのため，第5章の図14では500 Hzにおける増幅率が−2倍よりやや低下し，位相もやや進んでいます．

3 出力信号を反転させたくない場合

交流非反転増幅回路は，交流反転増幅回路よりコンデンサが1個多く必要であり，動作原理もやや複雑です（**図13**．第5章参照）．また，カットオフ周波数の設定が2か所あります．非反転増幅回路といっても，入力側に交流結合とバイアス抵抗が挿入されるのでインピーダンスが下がり，高入力インピーダンスという特徴は失われます．

● 直流に対する増幅率を抑える

非反転増幅回路では，抵抗R_1の一端がGNDに接続されて増幅の基準となり，非反転入力V_{in+}には入力信号が加わります．

まず，交流反転増幅回路と同様に，R_1と直列にコンデンサC_1を挿入して直流に対する増幅率を抑えます．ただし，元の非反転増幅回路の増幅率が$A = 1 + R_2/R_1$なので，C_1を挿入したときの増幅率は直流では$A \fallingdotseq 1$，高周波では$A \fallingdotseq 1 + R_2/R_1$となります．

● 入力信号から直流成分をカットする

さらに，コンデンサC_2を用いて入力信号をV_{in+}に交流結合するとともに，正負電源の場合はGND（0 V）に，単電源の場合は$+V_{CC}/2$にバイアスします．

直流に対する増幅率が1なので，このバイアス電圧が1倍されて出力のバイアス電圧となります．

● カットオフ周波数の設定

カットオフ周波数は，C_1側とC_2側の2か所でそれぞれ設定します．C_1側は，交流反転増幅回路と同様に$f_{C1} = 1/(2\pi C_1 R_1)$がカットオフ周波数となります．$C_2$側はバイアス電圧の作りかたで変わります．

正負電源の場合はGNDにバイアスするので，バイアス抵抗は1本の抵抗R_3でよく，カットオフ周波数は$f_{C2} = 1/(2\pi C_2 R_3)$となります．単電源の場合は$+V_{CC}$を2本のバイアス抵抗$R_3$，$R_4$で分圧し，分圧点に$C_2$を接続します．

このような場合は，R_3とR_4を並列合成した抵抗値でカットオ

図13 出力が反転しない交流増幅回路

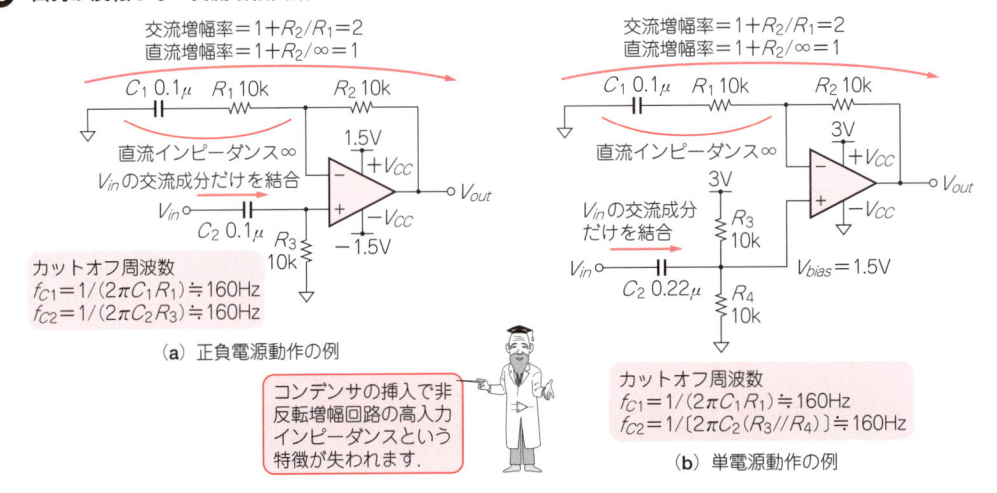

(a) 正負電源動作の例

交流増幅率＝$1+R_2/R_1 = 2$
直流増幅率＝$1+R_2/\infty = 1$

$C_1\ 0.1\mu$，$R_1\ 10k$，$R_2\ 10k$
$+V_{CC}$ 1.5V，$-V_{CC}$ −1.5V
直流インピーダンス∞
V_{in}の交流成分だけを結合
$C_2\ 0.1\mu$，$R_3\ 10k$

カットオフ周波数
$f_{C1} = 1/(2\pi C_1 R_1) \fallingdotseq 160Hz$
$f_{C2} = 1/(2\pi C_2 R_3) \fallingdotseq 160Hz$

(b) 単電源動作の例

交流増幅率＝$1+R_2/R_1 = 2$
直流増幅率＝$1+R_2/\infty = 1$

$C_1\ 0.1\mu$，$R_1\ 10k$，$R_2\ 10k$
$+V_{CC}$ 3V
直流インピーダンス∞
V_{in}の交流成分だけを結合
3V，$R_3\ 10k$
$C_2\ 0.22\mu$，$R_4\ 10k$
$V_{bias} = 1.5V$

カットオフ周波数
$f_{C1} = 1/(2\pi C_1 R_1) \fallingdotseq 160Hz$
$f_{C2} = 1/[2\pi C_2 (R_3//R_4)] \fallingdotseq 160Hz$

コンデンサの挿入で非反転増幅回路の高入力インピーダンスという特徴が失われます．

フ周波数を計算できます．一般には，$+V_{CC}$を2分の1に分圧するために2本の抵抗を同じ値（$R_3 = R_4$）に選ぶので，並列合成は$R_3 // R_4 = R_3/2$となり，カットオフ周波数は$f_{C2} = 1/(\pi C_2 R_3)$となります．

● 実際に動かした例

動作波形を 図14 に示します．$C_1 = 0.1\ \mu F$, $C_2 = 0.22\ \mu F$, $R_1 = R_3 = R_4 = 10\ k\Omega$によって，カットオフ周波数を$f_{C1} \fallingdotseq 160\ Hz$, $f_{C2} \fallingdotseq 160\ Hz$に設定しています．

図14 図13の入出力波形
（一般のオシロスコープで観測．200 mV/div., 1 ms/div.）

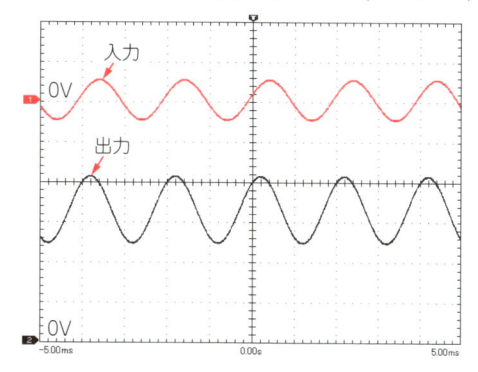

なお，第5章の 図16 では$C_2 = 0.1\ \mu F$を用いて，$f_{C2} \fallingdotseq 320\ Hz$として実験しています．

そのため，500 Hzにおける増幅率は-2倍よりやや低下し，位相もやや進んでいます．

4　大きな増幅率が必要でOPアンプの雑音が問題になる場合

● バイポーラ入力OPアンプを使い抵抗は小さめにする

交流専用回路でも，マイクロホンのように出力電圧が微小なものがあり，100～1000倍に増幅することもよくあります．

ただし，高周波で大きな増幅率をもつので，入力信号に含まれるノイズやOPアンプ自身のもつノイズも大きく増幅されてしまいます．一般にCMOS OPアンプは入力換算電圧ノイズが大きく，微小電圧増幅にはバイポーラ入力OPアンプが適しています．

ただし，バイポーラ入力OPアンプは電流性の入力ノイズは比較的大きいので，入力バイアス電流が問題にならない交流増幅でも，外付け抵抗は小さめに選びます．

図15 雑音が気になる微小信号の増幅回路

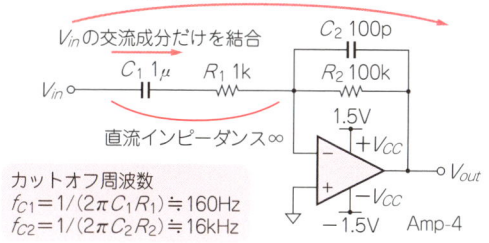

(a) 正負電源動作の例

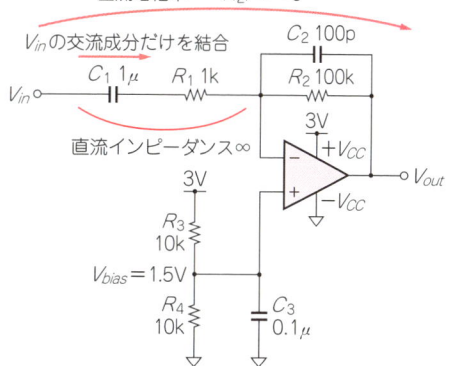

(b) 単電源動作の例

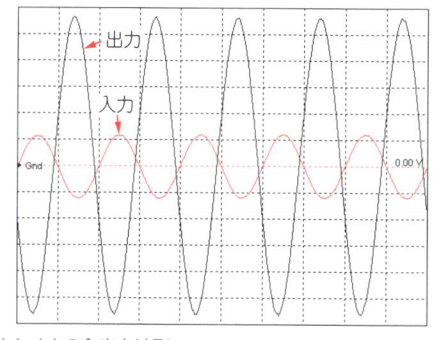

(c) (a)の入出力波形
（入力：10mV/div., 出力：200mV/div., 1ms/div.）

> 低域，高域を除去するバンド・パス・フィルタになっています．周波数帯域は160～16000Hzです．

6-3　交流信号だけを上手に増幅する方法

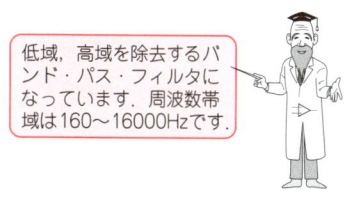

● ロー・パス・フィルタで高周波成分をカットする

　交流微小電圧の増幅では，増幅回路の前後にロー・パス・フィルタを入れたり，抵抗R_2に並列にコンデンサを入れて増幅回路自体にロー・パス・フィルタの効果をもたせます．

　図15に−100倍の交流反転増幅回路の回路例と動作波形を示します．

　交流結合が直流〜低周波をカットして高周波だけを通過させるのとは逆に，ロー・パス・フィルタは高周波をカットして直流〜低周波だけを通過させます．周波数特性のグラフも，**図16**のようにカットオフ周波数に対して対称になります．カットオフ周波数f_Cは，交流結合と同様に$f_C = 1/(2\pi CR)$によって計算できます．

　図15の回路例では，交流結合（ハイ・パス・フィルタ）のカットオフ周波数f_{C1}は，$C_1 = 1\,\mu\text{F}$，$R_1 = 1\,\text{k}\Omega$によって，$f_{C1} \fallingdotseq 160\,\text{Hz}$に設定されています．

　また，ロー・パス・フィルタのカットオフ周波数f_{C2}は，$C_2 = 100\,\text{pF}$，$R_2 = 100\,\text{k}\Omega$によって，$f_{C2} \fallingdotseq 16\,\text{kHz}$に設定されています．これによって，通過する信号帯域幅は160〜16000 Hzとなります．　　　　〈宮崎 仁〉

図16 ロー・パス・フィルタの増幅率の周波数特性

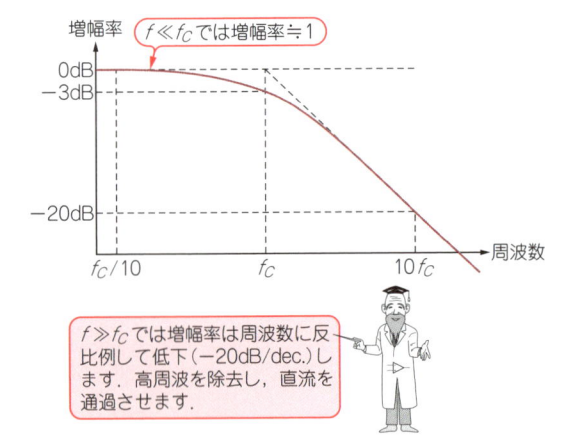

$f \ll f_C$ では増幅率≒1

$f \gg f_C$ では増幅率は周波数に反比例して低下（−20dB/dec.）します．高周波を除去し，直流を通過させます．

オーディオ用OPアンプのいろいろ　　column

　OPアンプはもともと直流信号を高精度に扱える増幅器として工夫されたものです．1968年に使いやすい位相内部補償型OPアンプICのμA741が登場して，汎用OPアンプの定番の座を占めました．

　しかし，当時の電子回路の最大の市場だったラジオなどのオーディオ回路に用いるには，μA741は周波数帯域が狭く，ノイズやひずみが大きいという難点がありました．

● **RC4558，NJM4558**

　その後，帯域幅を3 MHzに広げ，ノイズを低減した汎用OPアンプとしてRC4558が登場して，ラジカセなどの量産オーディオ機器に盛んに使われるようになりました．開ループで3 MHzの帯域幅があれば，ゲイン100倍の増幅回路を作っても30 kHzの帯域幅となり，オーディオ機器で最低限必要とされる20 kHzの帯域幅を確保できます．

　RC4558は入力バイアス電流がやや大きめですが，使いやすい2回路入り汎用OPアンプとして，オーディオ回路以外にも広く使われています．オリジナルのメーカはレイセオン社ですが，耐久性に難点があったため，当時日本でレイセオン社と提携していた新日本無線がプロセスを改良したNJM4558を作りました．その後レイセオン社は半導体事業を売却してしまったので，NJM4558が実質上のオリジナルといってもよいでしょう．

　NJM4558の交流特性を改善したNJM4559，出力電流特性を強化したNJM4560などがあります．

● **NE5532，NJM2114**

　NE5532は，オーディオ向けに低ノイズ，低ひずみを追求した汎用OPアンプです．低ノイズ化のため，入力トランジスタの耐圧を下げ，反転入力と非反転入力を保護ダイオードで接続するという回路構成を最初に採用しました．その代わり，差動入力電圧の最大定格が約0.7 Vと低くなっています．

　NE5532はシグネティックス社（現在NXP社）がオリジナルで，やはりセカンド・ソースや改良版が多数あります．NJM2114も改良版の一つです．

● **その後のオーディオ用OPアンプ**

　その後，オーディオ用途に向けてさらに交流特性（ノイズとひずみ）を改善したさまざまなOPアンプが作られて，高級オーディオ機器でもOPアンプが一般的になっていきました．代表的なものに，LM833，LM4562，NJM4580，AD797などがあります．

徹底図解★OPアンプIC活用ノート

第7章
電流/抵抗/周波数と電圧を相互に変換

電圧以外の信号を扱う

7-1 電流信号の測定に使える 電流を電圧に変換する

電子回路では主として電圧を信号として用い、増幅や演算などの処理を行います。電流や抵抗、周波数など、電圧以外の信号を扱うために、それらの信号と電圧を相互に変換する回路が用いられています。

交流信号を直流信号に変換する整流回路のように、電圧信号どうしの変換を行う回路もあります。

電流と電圧の関係はオームの法則で決まり、基準抵抗を用いれば電流Iと電圧Vの相互変換(I-V変換/V-I変換)ができます。

基準抵抗R_{ref}に入力電流I_{in}を流せば、I_{in}に比例した電圧降下$\Delta V = I_{in}R_{ref}$を生じます。その電圧降下を出力電圧V_{out}として取り出せばI-V変換ができます。I-V変換は電流測定などの用途に用いられます。

● 高精度なI-V変換回路

代表的な高精度I-V変換回路は、図1のように反転増幅回路から入力抵抗R_1を取り去り、直接電流I_{in}を流し込むようにしたものです。R_1を取り去っても負帰還による仮想接地は働きます。I_{in}はすべて帰還抵抗R_{ref}を流れるので、

$$V_{out} = -I_{in}R_{ref} \cdots\cdots (1)$$

と、I_{in}に比例した出力電圧V_{out}が得られます。

図1の回路例では、$R_{ref}=10\mathrm{k}\Omega$を用いて、$0\sim 150\mu\mathrm{A}$の入力電流を$0\sim -1.5\mathrm{V}$の出力電圧に変換しています。入力電流を逆向き(流れ出し)にすれば、正の出力電圧が得られます。入力電流が双方向なら、正負の出力電圧になります。

この回路の利点は、電流の入力点が仮想接地になっていることです。信号源(電流源)から見た出力条件が常に一定のため、信号電流によけいな誤差を生じません。

例えば、フォト・ダイオードは受光量に応じた光電流が流れる光センサですが、このI-V変換回路を用いて、図2のよ

図1 高精度I-V変換回路

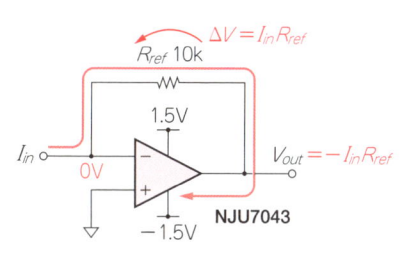

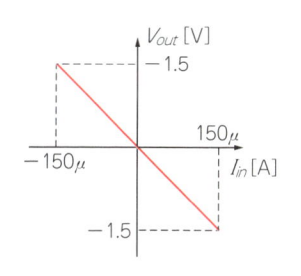

(a) 回路例 (R_{ref} 10k, 1.5V, $V_{out}=-I_{in}R_{ref}$, NJU7043, -1.5V)

(b) 入力電流-出力電圧特性

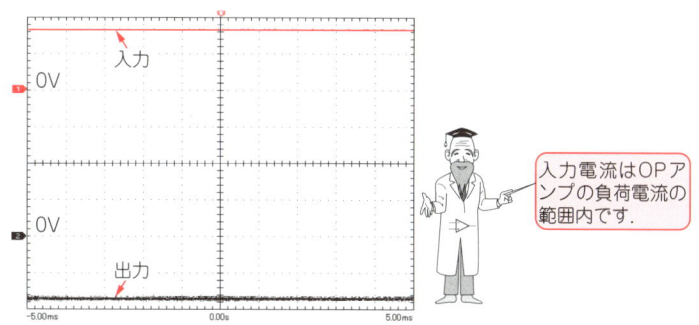

(c) (a)の入出力波形(一般のオシロスコープで観測。入力：$10\mu\mathrm{A}$/div., 出力：$100\mathrm{mV}$/div., 1ms/div.)

入力電流はOPアンプの負荷電流の範囲内です。

7-1 電流を電圧に変換する   85

うに光電流測定回路を構成できます．このとき，フォト・ダイオード自体は常に0Vにバイアスされるので，光量と光電流の間に高い直線性が得られます．

● 入力電流はOPアンプの出力電流の最大値に制限される

一方，このI-V変換回路の注意点としては，入力電流範囲はOPアンプの負荷電流範囲に制限されること，入力電流の周波数範囲はOPアンプの周波数特性に制限されること，OPアンプの入力バイアス電流が誤差要因になること，信号源の静電容量が大きい場合にOPアンプが発振しやすくなることなどがあげられます．

負荷電流が大きい点と入力バイアス電流が小さいという点でCMOS OPアンプが有利ですが，発振に対する安定性では一般にバイポーラ入力OPアンプが有利です．

この回路の入力電流I_{in}は，すべて帰還抵抗R_{ref}を通ってOPアンプの出力ピンに流れ，OPアンプの負荷電流となります．そのため，この回路ではOPアンプの負荷電流範囲の入力電流しか扱えません．高出力電流が特徴のNJU7043は±

図3 OPアンプの品種によらず大きな電流を扱えるI-V変換回路（大電流用）

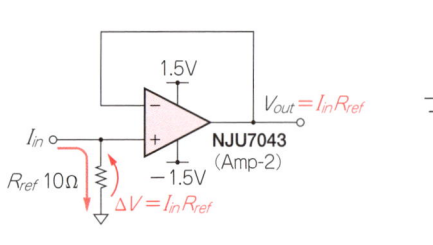

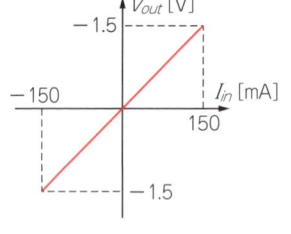

(a) 回路例

(b) 入力電流-出力電圧特性

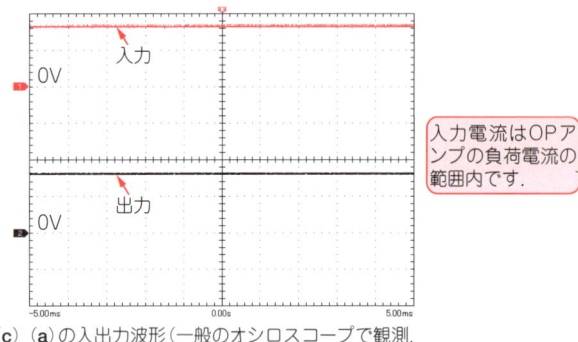

(c) (a)の入出力波形（一般のオシロスコープで観測．入力：10mA/div., 出力：100mV/div., 1ms/div.）

入力電流はOPアンプの負荷電流の範囲内です．

図2 フォト・ダイオードの光電流測定回路

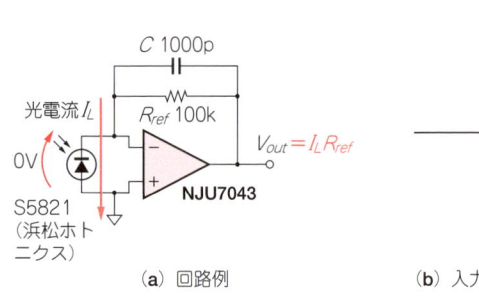

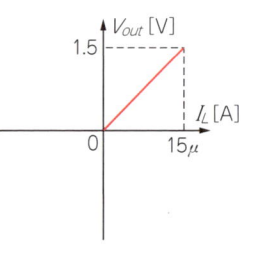

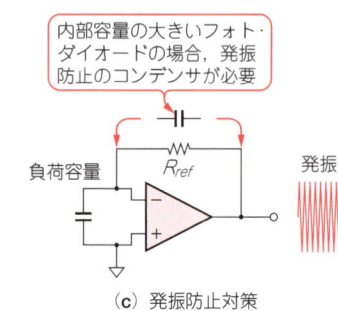

(a) 回路例

(b) 入力電流-出力電圧特性

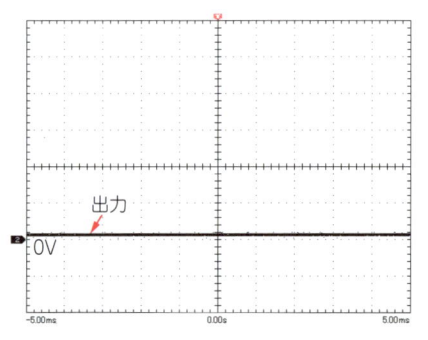

(c) 発振防止対策

内部容量の大きいフォト・ダイオードの場合，発振防止のコンデンサが必要

(d) (a)の出力波形（一般のオシロスコープで観測．出力：100mV/div., 1ms/div.）

フォト・ダイオードを0Vにバイアスするので光電流の直線性が良好です．

40 mAの負荷電流を流せます．一般のOPアンプICの負荷電流は，±1 mA程度から±50 mA程度のものが多いようです．

それ以上の大きな入力電流を扱いたい場合は，次に紹介する大電流用のI-V変換回路を用います．

● 大電流を扱えるI-V変換回路

前述のI-V変換回路は高精度の電流測定に適していますが，扱える入力電流の大きさはOPアンプの負荷電流範囲に制限され，通常は数mAからせいぜい数十mAです．

しかし，I-V変換の用途によっては数百mA，数Aといった大電流を扱いたい場合もあります．

▶ 0〜150 mAを0〜1.5 Vに変換する

図3のように基準抵抗R_{ref}に直接入力電流I_{in}を流し，R_{ref}に生じた電圧を高入力インピーダンスの電圧フォロワや非反転増幅回路を用いて取り出すと，OPアンプの負荷電流範囲を越える大電流も扱うことができます．

電圧フォロワを用いた場合，出力電圧V_{out}は，

$$V_{out} = I_{in} R_{ref} \cdots\cdots\cdots (2)$$

となります．図3の回路例では，$R_{ref} = 10\,\Omega$を用いて，0〜150 mAの入力電流を0〜1.5 Vの出力電圧に変換しています．電流レベルが大きいので入力バイアス電流は無視できます．

この回路は，I_{in}の向きが流れ込みなら$V_{out}>0$であり，そのまま単電源にしても動作できます．

● 回路に流れる電流を測れるI-V変換回路

信号源(電流源)から流れ出す電流や信号源(電流源)に流れ込む電流は，前述したI-V変換回路で電圧に変換できます．

それに対して，電源ラインやGNDラインなどのライン上を流れている電流を測定するには，図4のようにラインに直列に基準抵抗R_{ref}を挿入する必要があります．

▶ 0〜15 mAを0〜1.5 Vに変換する

R_{ref}に生じた電圧降下$\Delta V = I_{in} R_{ref}$は，差動増幅回路を用いて取り出します．図4の回路例では，$R_{ref} = 1\,\Omega$と増幅率100倍の差動増幅回路($R_1 = R_2 = 1\,k\Omega$，$R_3 = R_4 = 100\,k\Omega$)を用いて，0〜15 mAの入力電流を0〜1.5 Vの出力電圧に変換しています．

入出力フルスイングのOPアンプを使えば，電源電流の検出も，GND電流の検出もどちらも可能です．

ただし，OPアンプの電源よりも上流側(電源装置側)の電流検出はできません．

図4 通過電流の検出回路

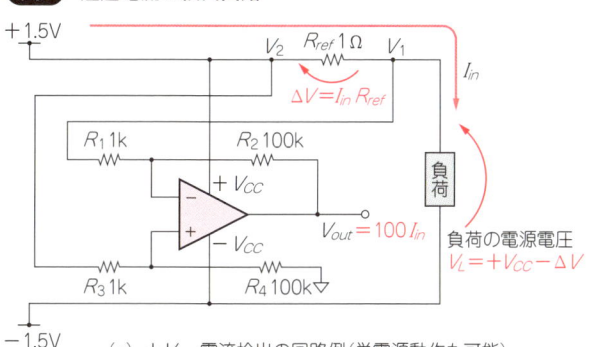

(a) +V_{CC}電流検出の回路例(単電源動作も可能)

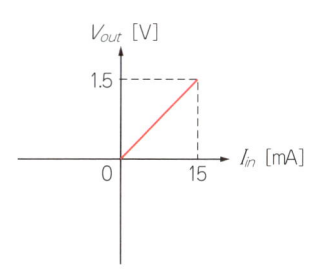

(b) (a)の入力電流-出力電圧特性

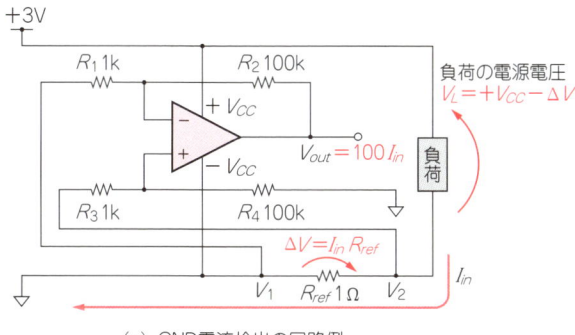

(c) GND電流検出の回路例

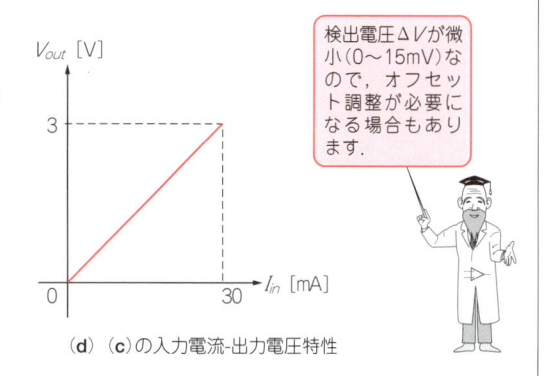

(d) (c)の入力電流-出力電圧特性

検出電圧ΔVが微小(0〜15mV)なので，オフセット調整が必要になる場合もあります．

7-1 電流を電圧に変換する

7-2 電圧を電流に変換する
電圧信号から電流出力を作る

図5のように基準抵抗R_{ref}に入力電圧V_{in}を加えれば，それに比例した電流$I_{in} = V_{in}/R_{ref}$が流れます．ただし，この電流I_{in}はGNDに流れ込んでしまう（その後は，GNDラインを通って電源装置に戻ってしまう）ので，出力電流として取り出せません．

V-I変換を実現するには，もう少し回り道する必要があります．

● 差動増幅回路と電圧フォロワ，基準抵抗を組み合わせる

代表的なV-I変換回路を**図6**に示します．この回路は増幅率1倍の差動増幅回路（$R_1 = R_2 = R_3 = R_4$）と電圧フォロワ，基準抵抗R_{ref}を組み合わせて構成されています．

バイポーラ入力OPアンプでもCMOS OPアンプでも同様に作れますが，NJU7043は入力バイアス電流が小さい点や負荷電流が大きく取れる点で有利です．

● 出力電流はOPアンプの負荷電流範囲に制限される

差動増幅回路の出力を電流源として利用し，出力電流I_{out}を取り出します．その出力ラインに**図4**と同様に直列の基準抵抗R_{ref}を挿入し，I_{out}を検出します．

I_{out}に誤差を与えずに電圧降下ΔVを検出するため，回路の出力点に電圧フォロワを挿入し，出力点の電圧V_1を取り出します．このV_1を差動増幅回路の非反転側入力にフィードバ

図5 この回路ではV-I変換はできない

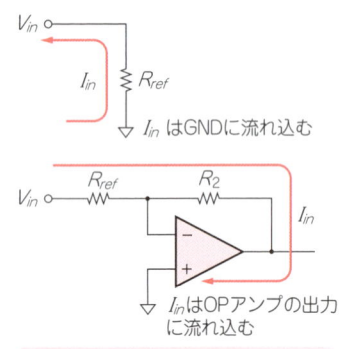

入力電圧V_{in}に比例した電流$I_{in} = V_{in}/R_{ref}$が流れる．
ただし，I_{in}を出力電流として取り出せない

図6 電圧を電流に変換する方法

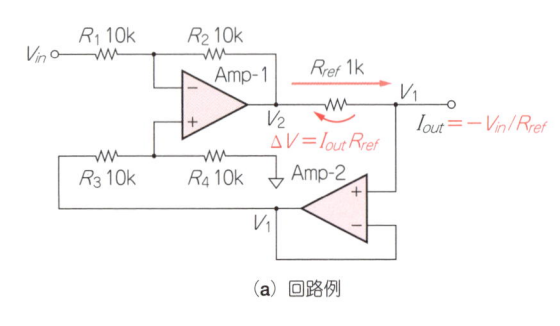

(a) 回路例

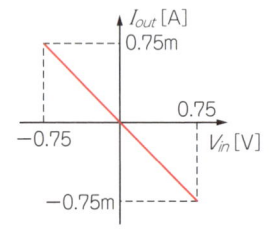

(b) 入力電圧-出力電流特性

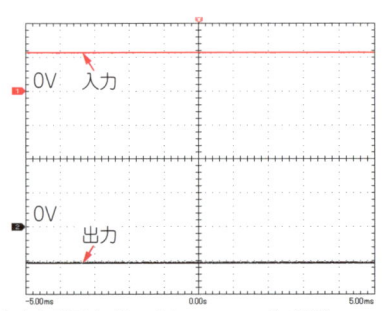

(c) (a)の入出力波形（一般のオシロスコープで観測．入力：500mV/div., 出力：500μA/div., 1ms/div., 負荷抵抗：1kΩ）

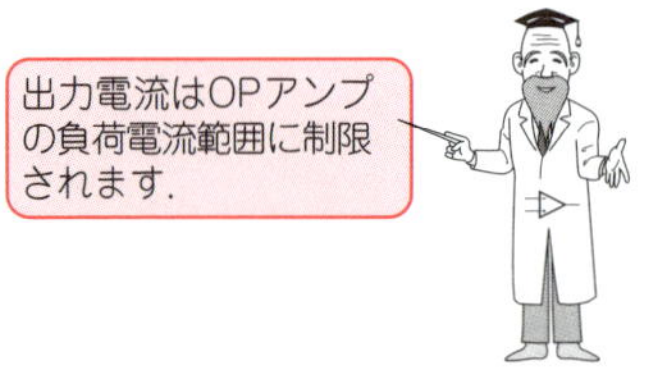

出力電流はOPアンプの負荷電流範囲に制限されます．

ックし，差動増幅回路の反転側入力には入力電圧 V_{in} を接続します．

これによって，差動増幅回路の出力電圧 V_2 は，

$$V_2 = V_1 - V_{in}$$

となり，R_{ref} の電圧降下 ΔV は，

$$\Delta V = V_2 - V_1$$
$$= I_{out} R_{ref}$$

となります．これらをまとめると，

$$I_{out} = \frac{V_2 - V_1}{R_{ref}}$$
$$= \frac{V_1 - V_{in} - V_1}{R_{ref}}$$
$$= -\frac{V_{in}}{R_{ref}} \quad \cdots\cdots (3)$$

となり，入力電圧 V_{in} に比例した出力電流 I_{out} が得られます．

なお，**図6** では I_{out} が流れ出す向きを正にしています．式(3)から，$V_{in} < 0$ のとき $I_{out} > 0$ なので，電流は吐き出し（ソース）となります．$V_{in} > 0$ のときは $I_{out} < 0$ なので，電流は吸い込み（シンク）となります．

この回路は，差動増幅回路を電流源に利用しているので，出力電流はOPアンプの負荷電流範囲に制限され，通常は数mAからせいぜい数十mAです．

電圧-電流変換と定電流源　　　column

ここで紹介した電圧-電流変換回路は，入力電圧が正なら出力電流は吐き出し，入力電圧が負なら出力電流は吸い込みというように，両方向の電流を出力できます．このため，バイラテラル（bilateral）回路とも呼ばれています．

それに対して，出力電流は吐き出しだけ，あるいは吸い込みだけというように，片方向だけしか使わない電圧-電流変換の用途も少なくありません．とくに，この回路は入力電圧として定電圧源を用いることによって，常に一定電流を出力する定電流源として使う場合がしばしばあります．

このような，吐き出し専用や吸い込み専用の片方向電圧-電流変換や，定電流源の用途には，OPアンプとトランジスタを組み合わせた **図A** のような回路も用いられます．

この回路は，出力電流 I_{out} と基準抵抗 R から電圧 $I_{out} \times R$ を生じ，仮想短絡によって $V_{in} = I_{out} \times R$，すなわち $I_{out} = V_{in}/R$ となります．ただし，実際にはトランジスタのベース電流 I_B も基準抵抗に流れてしまうので，そのぶんの誤差を生じます．この誤差を無視できるような用途なら，バイラテラル回路より簡単にできる利点があります．

また，大きな出力電流を作りたい用途でも，OPアンプの出力電流がそのまま回路の出力電流となるバイラテラル回路よりも，出力トランジスタを用いて大電流を出力できるこの回路は有利です．

さらに，出力トランジスタにFETを用いてベース電流 I_B による誤差を除去することも可能です．

図A の回路は吸い込み専用ですが，出力トランジスタをPNPに変え，全体の極性を逆にすれば，同様の方法で吐き出し専用の電圧-電流変換回路を作ることもできます．

ただし，最近のOPアンプはかなり安価になっていますし，汎用OPアンプでも比較的出力電流が大きい（たとえば ± 100 mA 程度）ものもあります．片方向でよい用途でも，そのままバイラテラル回路を使ってしまうことも多いようです．

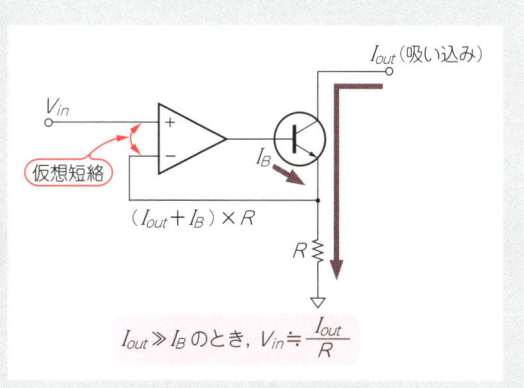

図A 吸い込み専用の電圧-電流変換回路

$I_{out} \gg I_B$ のとき，$V_{in} \fallingdotseq \dfrac{I_{out}}{R}$

7-3 抵抗を電圧に変換する
サーミスタや抵抗出力型センサに使える

● 定電流源を使う定石

抵抗と電圧の変換もオームの法則が基本となります．電流-電圧変換は基準抵抗に未知電流を流しますが，抵抗-電圧変換（R-V変換）はそれと逆に，未知抵抗に基準電流を流すことによって実現できます．

R-V変換はサーミスタなどの抵抗出力型センサの信号処理や，抵抗値測定などの用途に用いられます．

R-V変換の原理自体はシンプルですが，実際に作るには基準電流（定電流源）の作りかたが問題になります．

前述のV-I変換回路を利用した例を**図7**に示します．V-I変換の入力電圧を－0.75Vに固定し，基準抵抗 R_{ref} = 10kΩを用いて I_{ref} = 75μAの定電流源とします．

この I_{ref} をそのまま未知抵抗 R_X に流し，生じた電圧を高入力インピーダンスの電圧フォロワや非反転増幅回路で取り出します．

電圧フォロワを用いた場合，出力電圧 V_{out} は，

$$V_{out} = I_{ref} R_X \quad \cdots\cdots (4)$$

となります．

● 定電流源を使わない簡易型

定電流型のR-V変換回路は，抵抗値に比例した出力電圧が得られるのが利点です．しかし，変換回路自体より定電流源の回路規模が大きくなってしまうので，定電流源を省略した定電圧型のR-V変換回路がよく使われています．

高精度が必要なければ，基準電圧（定電圧源）の代わりに電源電圧を利用して，さらに簡単化できます．

図8に電源電圧を利用した簡単な定電圧型のR-V変換回路を示します．この回路例では，25℃における抵抗値が R_{25} = 1000Ω のサーミスタを未知抵抗 R_X とし，バイアス抵抗 R = 10kΩと R_X で電源電圧を抵抗分圧しています．分圧点の電圧は，電圧フォロワや非反転増幅回路で取り出します．

出力電圧 V_{out} は，

$$V_{out} = \frac{R_X}{R + R_X} \times (+V_{CC})$$
$$\cdots\cdots (5)$$

となります．

定電圧型のR-V変換回路は，

図7 抵抗を電圧に変換する定石テクニック

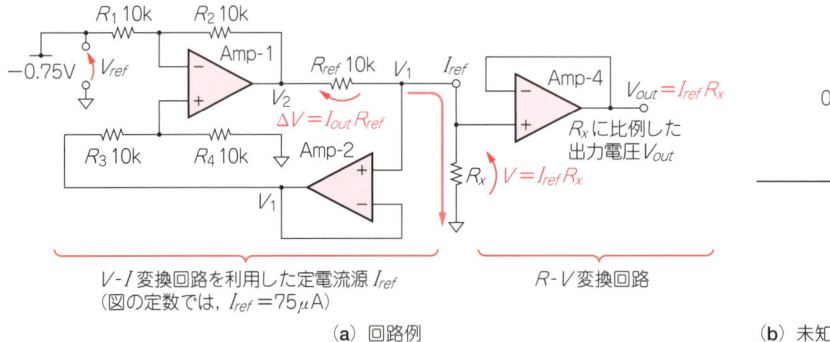

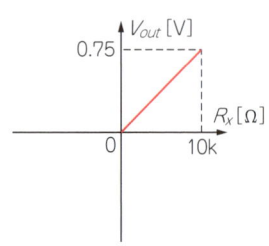

(a) 回路例

(b) 未知抵抗値-出力電圧特性

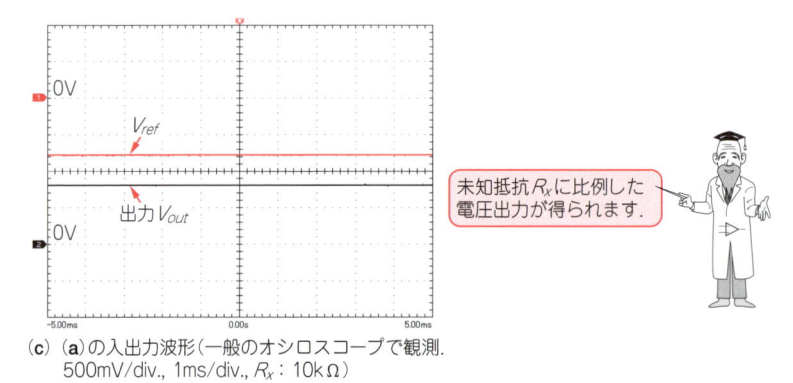

(c) (a)の入出力波形（一般のオシロスコープで観測．500mV/div., 1ms/div., R_x : 10kΩ）

未知抵抗 R_x に比例した電圧出力が得られます．

抵抗値と出力電圧は比例しません．しかし，変換の対象となる未知抵抗（例えばサーミスタなどの抵抗出力型センサ）には，指数関数のような非直線性をもつものがたくさんあります．その場合，センサ自体の非直線性を何らかの方法で補償しなければならないので，R-V変換の非直線性もまとめて補償できます．

● 抵抗値の変化を高感度に変換できるタイプ

R-V変換では，未知抵抗の抵抗値が0から変化することはあまりなく，ある一定の基準値から変化していくのが一般的です．この基準値付近での抵抗値変化を高感度に検出する方法として，図9の定電圧ブリッジ回路が用いられます．

この回路例では，25℃における抵抗値が$R_{25} = 1000\,\Omega$のサーミスタを未知抵抗R_Xとし，バイアス抵抗$R_1 = R_2 = 1\,\text{k}\Omega$，基準抵抗$R_{ref} = 2.5\,\text{k}\Omega$（2.2 kΩ固定抵抗 + 500 Ω可変抵抗で調整可）としています．

R_1とR_X，R_2とR_{ref}でそれぞれ電源電圧を抵抗分圧します．分圧点の電圧は，差動増幅回路やインスツルメンテーション・アンプで取り出します．

図8 定電流源を使わない簡易的な方法

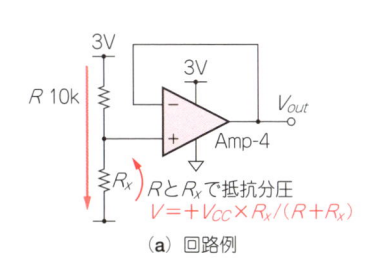

(a) 回路例

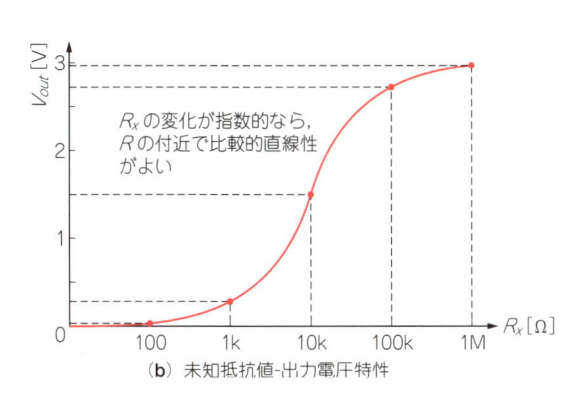

RとR_xで抵抗分圧
$V = +V_{CC} \times R_x / (R + R_x)$

未知抵抗R_xと出力電圧は比例しません．

(b) 未知抵抗値-出力電圧特性

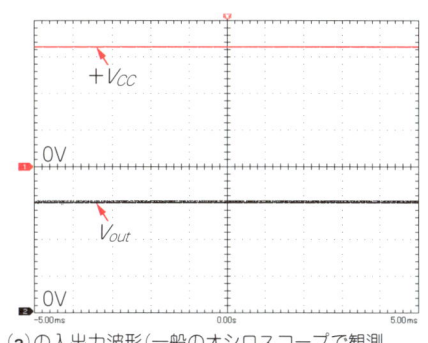

R_xの変化が指数的なら，Rの付近で比較的直線性がよい

(c) (a)の入出力波形（一般のオシロスコープで観測．$+V_{CC}$：1V/div., V_{out}：100mV/div., 1ms/div., R_x：1kΩ）

図9 抵抗値の変化を高感度に変換できる**R-V変換回路**（定電圧ブリッジ型）

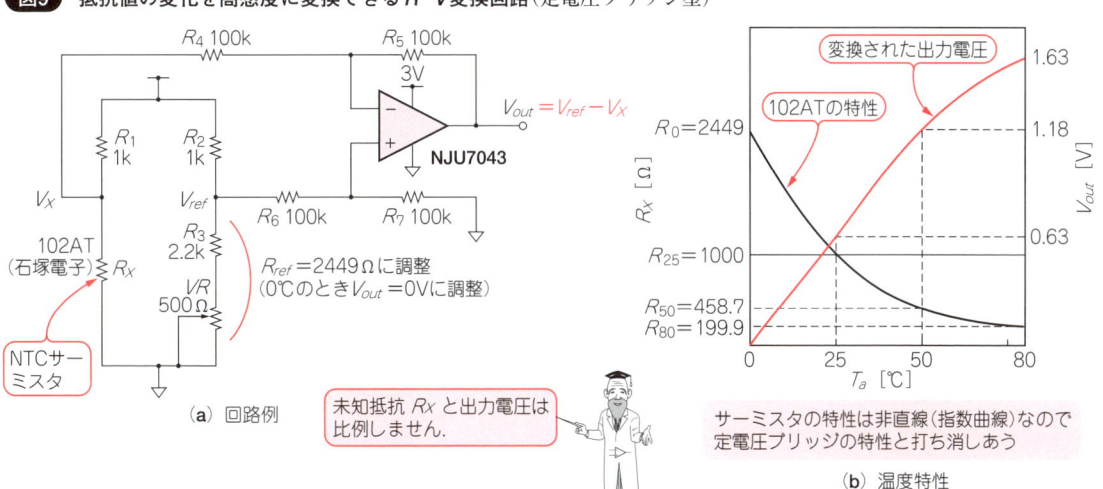

(a) 回路例

$R_{ref} = 2449\,\Omega$に調整
（0℃のとき$V_{out} = 0$Vに調整）

102AT（石塚電子）
NTCサーミスタ

$V_{out} = V_{ref} - V_X$

NJU7043

未知抵抗R_xと出力電圧は比例しません．

(b) 温度特性

変換された出力電圧
102ATの特性

$R_0 = 2449$
$R_{25} = 1000$
$R_{50} = 458.7$
$R_{80} = 199.9$

1.63
1.18
0.63

サーミスタの特性は非直線（指数曲線）なので定電圧ブリッジの特性と打ち消しあう

7-3 抵抗を電圧に変換する

整数の抵抗比を作る

column

　同じ値の複数の抵抗を直列，並列に接続すると，整数の抵抗比を簡単に作ることができます．

　たとえば，2本の100 kΩを直列接続すれば200 kΩ，並列接続すれば50 kΩというように，2本の抵抗を使って元の抵抗の2倍や1/2の抵抗値が作れます．これを元の抵抗と組み合わせれば，**図B**のように同じ値をもつ3本の抵抗で1：2の抵抗比が作れます．

　同様に，3本を使えば元の抵抗の3倍や1/3が作れます．直列接続と並列接続を組み合わせると，1.5倍や2/3も作れます．これを元の抵抗と組み合わせれば，同じ値の4本の抵抗で1：3，2：3の抵抗比が作れます．

　さらに，**図C**のように4本の抵抗を2本ずつに分けて，一方で2倍，他方で1/2を作って組み合わせれば，1：4の抵抗比も作れます．

　抵抗の数が増えると，接続のしかたを工夫すればさらにいろいろな抵抗比を作れるようになります．

　4本を使えば元の抵抗の4倍，2.5倍，1.66倍，1.33倍，3/4，3/5，2/5，1/4が作れます．これを元の抵抗と組み合わせれば，同じ値の5本の抵抗で1：4，2：5，3：5，3：4の抵抗比が作れます．

　このように同じ値の抵抗をたくさん使うときは，複数の抵抗をまとめて1パッケージに収めた集合抵抗（抵抗アレイともいう）を使うとたいへん便利です．集合抵抗は便利だけでなく，同じパッケージ内の抵抗は相対的に特性のばらつきが小さいことが期待できます．

　抵抗分圧やOPアンプ回路の外付け抵抗のように，抵抗比だけを問題にする回路では，抵抗値のばらつきが小さければ，抵抗値そのものの誤差は大きくても全体の精度には影響しません．したがって，同じ値の抵抗は個別の抵抗を集めるより，集合抵抗を使うほうが精度的にも有利です．

　なお，集合抵抗のなかには，**図D**のように内部で抵抗が接続されているタイプのものもあります．見かけは同じでも内部接続がまったく違うものもありますから注意が必要です．目的に応じて使い分けましょう．

図B 同じ値の3本の抵抗で作る抵抗比

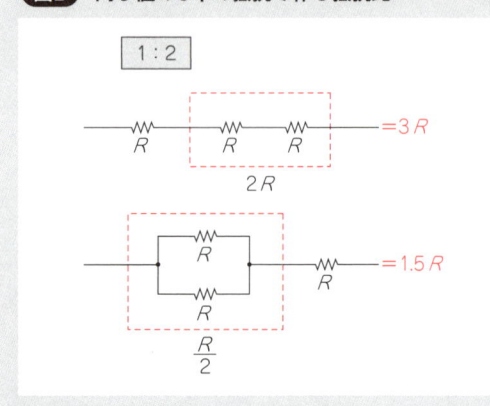

図C 同じ値の4本の抵抗で作る抵抗比

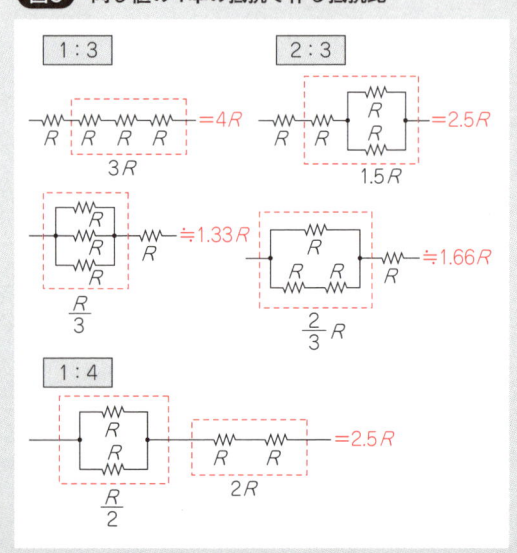

図D 集合抵抗の内部接続の例

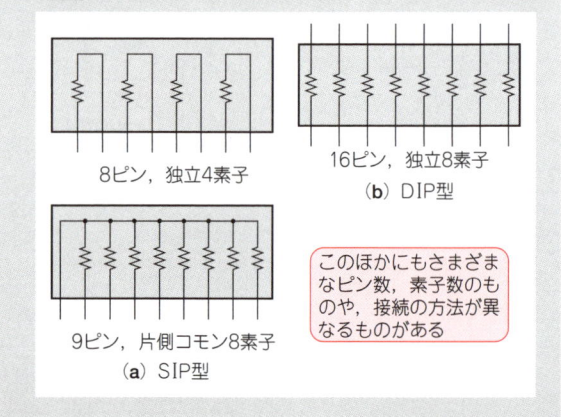

（a）SIP型 — 8ピン，独立4素子 / 9ピン，片側コモン8素子

（b）DIP型 — 16ピン，独立8素子

このほかにもさまざまなピン数，素子数のものや，接続の方法が異なるものがある

7-4 電圧を周波数に変換する

A-Dコンバータとしても利用できる

● V-F変換とは

交流信号の周波数 f と，直流電圧 V を相互に変換する回路もよく用いられます．ただし，回路規模が比較的大きくなり，変換精度を得るのが難しいので，専用の V-F/F-V コンバータICを利用するのが一般的です．ここでは，変換の原理とOPアンプによる回路例を紹介しましょう．

直流電圧 V を周波数 f に変換する回路（V-F変換）は，電圧によって発振周波数を制御できる発振器（VCO）の一種と考えられます．また，電圧 V の変化に従って周波数 f を変化させるFM（周波数変調）回路とも考えられます．

周波数自体は連続的に変化するアナログ量ですが，カウンタで数えることによって容易にディジタル値が得られます．そのため，A-Dコンバータの一種としてV-Fコンバータを利用することもあります（図10）．

● 電圧で発振周波数が変えられる方形波/三角波発振回路

代表的な V-F 変換回路は，図11のように，積分回路とヒステリシス付きコンパレータを組み合わせて，方形波/三角波発振回路として構成できます．2個のOPアンプで作れます．

ほかに，外付け部品としてトランジスタ（2SC1815 など小信号用の一般的なものでOK），コンデンサと若干の抵抗が必要です．

OPアンプを用いる基本的な積分回路については，第8章を参照してください．図11 の積分回路はその応用ですが，入力電圧 V_{in} に比例して充放電の傾斜を変化させるためにちょっと工夫をしています．

ヒステリシス付きコンパレータは第3章で説明したものとほぼ同じですが，正帰還の部分

図10 電圧を周波数に変換すると何ができる？

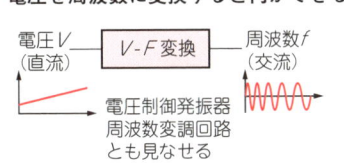

入力電圧 V に比例した周波数 f を出力する（出力は方形波，正弦波など）

V-Fコンバータは，周波数カウンタと組み合わせて，一種のA-Dコンバータとしても利用される

図11 電圧を周波数に変換するテクニック

$R_1 = 20$kΩ は，10kΩの直列接続で作れる

(a) 回路例

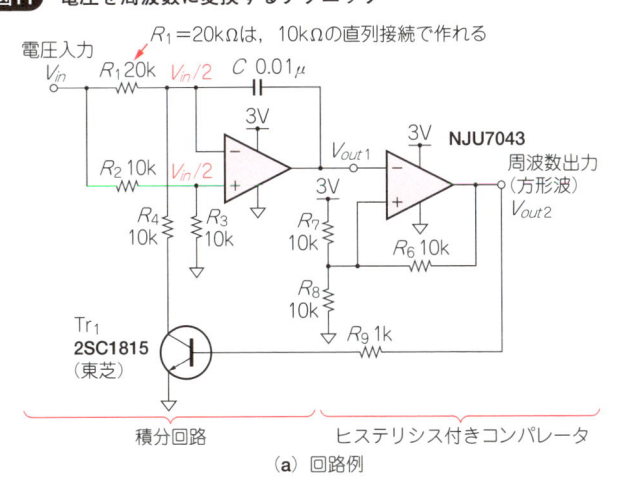

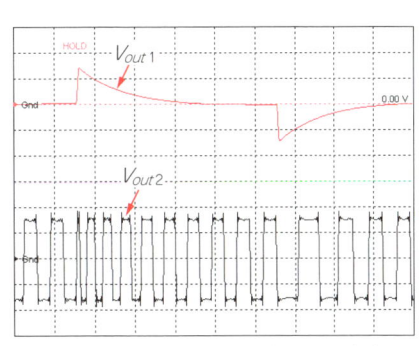

(b) (a)の入出力波形（1V/div., 1ms/div.）

積分回路とヒステリシス付きコンパレータの組み合わせです．

を$+V_{CC}/2$にバイアスしており，単電源で動作可能になっています．この回路全体は正の範囲で動作するので，そのまま単電源動作にできます．

● 積分回路の動作

まず，積分回路の動作を見ていきます（**図12**）．ここでは，抵抗$R_2 = R_3 = R$で入力電圧V_{in}を抵抗分圧して，バイアス電圧$V_{in}/2$を生成しています．OPアンプの非反転入力は$V_{in+} = V_{in}/2$にバイアスされ，仮想短絡によって反転入力も$V_{in-} = V_{in}/2$となります．

コンパレータ出力が$V_{out2} = 0$Vのとき，Tr_1はOFFになり，抵抗$R_4 = R$はGNDから切り離されます．このとき，抵抗$R_1 = 2R$に注目すると，R_1の左側にV_{in}が加わり，右側は$V_{in-} = V_{in}/2$なので，R_1の両端電圧は$V_{in}/2$であり，R_1には左から右に向かって電流$I_1 = (V_{in}/2)/R_1 = V_{in}/4R$が流れます．この電流でコンデンサ$C$が充電され，積分出力$V_{out1}$は下降していきます．

コンパレータ出力が$V_{out2} = +V_{CC}$のとき，Tr_1はONになり，抵抗$R_4 = R$はGNDに接続されます．R_4に加わる電圧は$V_{in-} = V_{in}/2$なので，R_4には電流$I_2 = (V_{in}/2)/R_4 = V_{in}/2R$が流れます．

一方，R_1には電流$I_1 = V_{in}/4R$が流れますが，これがすべてR_4のほうに流れ込んでも，$I_3 = I_2 - I_1 = V_{in}/4R$の電流が不足します．この不足ぶんは，コンデンサ$C$から放電され，積分回路の出力$V_{out1}$は上昇していきます．

これによって，積分回路の出力V_{out1}は上昇と下降を繰り返す三角波となり，その傾斜はV_{in}に比例します．

● ヒステリシス付きコンパレ

図12 積分回路の動作

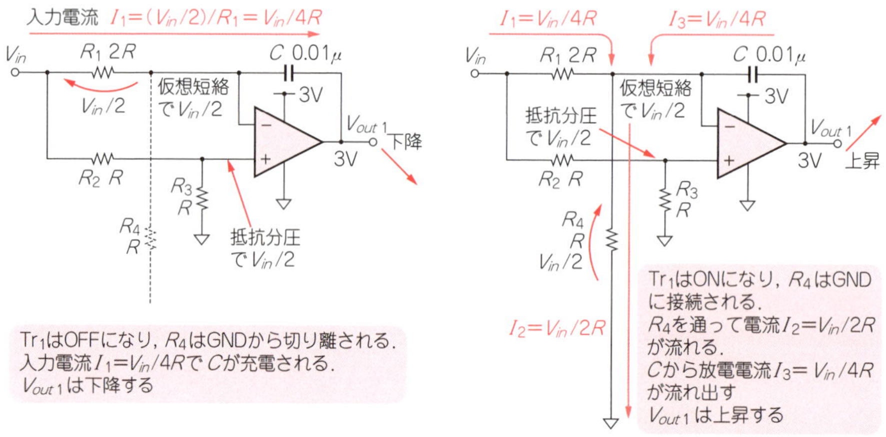

(a) $V_{out2} = 0$Vのとき

Tr_1はOFFになり，R_4はGNDから切り離される．入力電流$I_1 = V_{in}/4R$でCが充電される．V_{out1}は下降する

(b) $V_{out2} = +V_{CC}$のとき

Tr_1はONになり，R_4はGNDに接続される．R_4を通って電流$I_2 = V_{in}/2R$が流れる．Cから放電電流$I_3 = V_{in}/4R$が流れ出す．V_{out1}は上昇する

図13 ヒステリシス付きコンパレータの動作

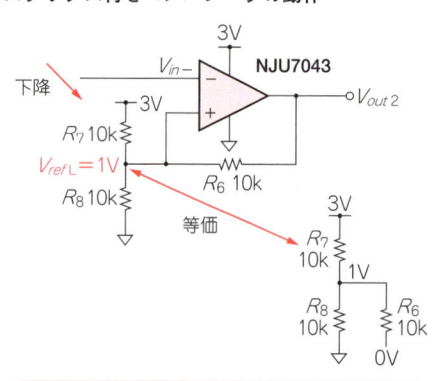

(a) $V_{out2} = 0$Vのとき

R_6の右側をGNDに接続したのと等価で，$V_{refL} = 1$V．V_{in-}が1Vまで下降したら，出力V_{out2}が反転する

(b) $V_{out2} = +V_{CC}$のとき

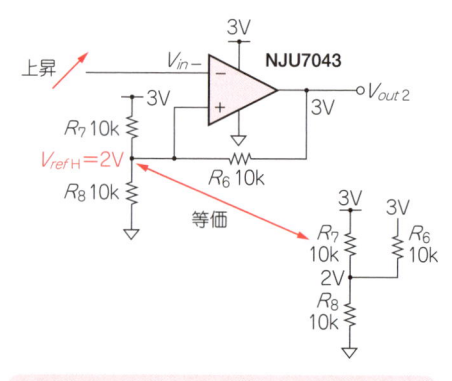

R_6の右側を$+V_{CC}$に接続したのと等価で，$V_{refH} = 2$V．V_{in-}が2Vまで上昇したら，出力V_{out2}が反転する

ータの動作

次に，ヒステリシス付きコンパレータの動作を見ていきます（図13）．

ここでは，反転入力 V_{in-} に積分出力 V_{out1} が接続されており，$V_{in-} = V_{out1}$ が上昇して V_{refH} に達すれば出力 V_{out2} は反転して 0 V になり，$V_{in-} = V_{out1}$ が下降して V_{refL} に達すれば出力 V_{out2} は反転して $+V_{CC}$ になります．

閾値 V_{refH}，V_{refL} は次のように決まります．

非反転入力 V_{in+} は，抵抗 $R_7 = R_8 = R_A$ でバイアスされるとともに，$R_6 = R$ を介してコンパレータ出力 V_{out2} が正帰還されています．

$V_{out2} = +V_{CC}$ のときは，$R_6 // R_7 = R_A/2$ と $R_8 = R_A$ の抵抗分圧となり，$+V_{CC}$ の 2/3 が閾値 V_{refH} となります．

$V_{out2} = 0$ V のときは，$R_7 = R_A$ と $R_6 // R_8 = R_A/2$ の抵抗分圧となり，$+V_{CC}$ の 1/3 が閾値 V_{refL} となります．

● 回路全体の動作

回路全体の動作をまとめると，$V_{out2} = 0$ V のとき，閾値は $V_{refL} = (1/3) \times (+V_{CC})$ で，充電電流は $I_1 = V_{in}/4R$ です．積分出力 V_{out1} は V_{refL} に向かって下降し，V_{refL} に達すればコンパレータは反転して，$V_{out2} = +V_{CC}$ となります．

$V_{out2} = +V_{CC}$ のとき，閾値は $V_{refH} = (2/3) \times (+V_{CC})$ で，放電電流は $I_3 = V_{in}/4R$ です．積分出力 V_{out1} は V_{refH} に向かって上昇し，V_{refH} に達すればコンパレータは反転して，$V_{out2} = 0$ V となります．

これを繰り返して，継続的に方形波（V_{out2}）と三角波（V_{out1}）を発生します．

積分出力 V_{out1} が V_{refH} から V_{refL} まで下降するとき，電圧変化は $V_{refH} - V_{refL} = +V_{CC}/3$ であり，これに対応する充電量 Q は，

$$Q = C \frac{+V_{CC}}{3}$$

です．また，この間の時間を t とすれば，

$$Q = I_{in} t = (V_{in}/4R) t$$

です．発振周期は $T = 2t$，発振周波数は $f = 1/T$ なので，これらをまとめると，

$$f = \frac{1}{2t} = \frac{V_{in}}{2 \times 4R \times Q} = \frac{3V_{in}}{8CR \times (+V_{CC})} \quad \cdots (6)$$

となります．

図11 の回路例では，$C = 0.01\,\mu\text{F}$，$R = 10\,\text{k}\Omega$，$+V_{CC} = 3$ V によって，

$$f = \frac{3V_{in}}{8 \times 0.01\,\mu \times 10\,\text{k} \times 3} = 1.25 V_{in}\,[\text{kHz}]$$

に設定されています．

〈宮崎 仁〉

ミニ用語解説⑥　column

● 負荷

回路の出力にモータや電球などをつなぐと，電流が流れて電力（power）を消費します．単なる抵抗をつないでも同じです．このように，出力からエネルギーを引き出すものを一般に負荷（load）と呼びます．

出力側では，負荷をつなぐことによって出力電圧が変化したり，交流の場合には波形が変化したりします．これは，回路の出力インピーダンスによるもので，出力インピーダンスが低いほど負荷による影響を受けにくくなります．

測定器などでは，測定対象の状態（出力電圧や波形など）をなるべく変化させないようにするために，入力部が高インピーダンスになるように作られています．

回路と回路を接続する場合も，同様の注意が必要です．

● 変調

変調（modulation）は，交流信号を用いて直流信号のもつ量（情報）を表現する技術として発達しました．音声信号を伝送する電話線や，電波を用いた無線伝送では，直流信号を伝送することができないので，交流信号への変調が必要でした．

交流信号は，一つの信号が振幅，周波数，位相という3次元の量をもちます．振幅と周波数の2次元だけを考えることもあります．

信号を載せるための，周波数が一定の交流信号を搬送波（キャリア；carrier）と呼びます．

変調を行う方式として主なものは，この搬送波の振幅の変化で情報を表す振幅変調（Amplitude Modulation；AM），周波数の変化で情報を表す周波数変調（Frequency Modulation；FM），位相の変化で情報を表す位相変調（Phase Modulation；PM）などがあります．

抵抗分圧回路の解析

図E に示す回路は「抵抗分圧回路」のなかで最も単純な例で，出力電圧 V_{out} は図中の計算式で簡単に求められます．

● 直列接続の両端にそれぞれ電圧をかけた場合

図F のように，2本の抵抗 R_1，R_2 を直列に接続して，R_1 側の端に電圧 V_{in1}，R_2 側の端に電圧 V_{in2} をかけます．

このときの分圧点（R_1 と R_2 の接続点）の電圧 V_{out} を考えてみましょう．

まず，直列接続の両端の電圧は $V_{in2} - V_{in1}$ ですから，2本の抵抗を流れる電流 I は，

$$I = \frac{V_{in2} - V_{in1}}{R_1 + R_2}$$

です．$V_{in1} > V_{in2}$ だと電流 I の向きが図の矢印と逆になりますが，このときは I の値が負になるだけで，同じ式で考えることができます．

抵抗 R_1 に生じる電圧 V_1，R_2 に生じる電圧 V_2 はそれぞれ，

$$V_1 = IR_1 = \frac{R_1}{R_1 + R_2}(V_{in2} - V_{in1})$$

$$V_2 = IR_2 = \frac{R_2}{R_1 + R_2}(V_{in2} - V_{in1})$$

となります．

分圧点の電圧 V_{out} は，$V_{in1} + V_1$ あるいは $V_{in2} - V_2$ で求められます．したがって，

$$V_{out} = V_{in1} + V_1 = V_{in1} \frac{R_1}{R_1 + R_2}(V_{in2} - V_{in1})$$

$$= \frac{R_2 V_{in1} + R_1 V_{in2}}{R_1 + R_2}$$

あるいは，

$$V_{out} = V_{in2} - V_2$$
$$= V_{in2} - \frac{R_2}{R_1 + R_2}(V_{in2} - V_{in1})$$
$$= \frac{R_2 V_{in1} + R_1 V_{in2}}{R_1 + R_2}$$

と，どちらでも，

$$V_{out} = \frac{R_2 V_{in1} + R_1 V_{in2}}{R_1 + R_2} \quad \cdots\cdots (A)$$

が得られます．

分子の計算が，R_2 と V_{in1}，R_1 と V_{in2} というようにたすきがけになっていることに注意すれば，覚えやすい式でしょう．

図E の例は，この回路で $V_{in1} = 0$，$V_{in2} = V_{in}$ とした場合です．式(A)の V_{in1}，V_{in2} にそれぞれ 0，V_{in} を代入すれば，図中の式と一致することがわかります．

● 抵抗が3本の場合

次に，**図F** の回路を抵抗3本に拡張した例を考えてみます．

図G のように，3本の抵抗 R_1，R_2，R_3 を1点で接続して，各端点にそれぞれ電圧 V_{in1}，V_{in2}，V_{in3} をかけます．このときの接続点の電圧 V_{out} を考え

図E 最も単純な抵抗分圧回路

図F 電圧源が二つある抵抗分圧回路
2本の抵抗を直列接続した両端にそれぞれ電圧をかける

column

図G 電圧源が三つある抵抗分圧回路
3本の抵抗回路に3種の電圧をかける

$$I_2 = \frac{V_{in2}-V_{out}}{R_2}$$

$$I_1 = \frac{V_{in1}-V_{out}}{R_1} \quad I_3 = \frac{V_{in3}-V_{out}}{R_3}$$

電流保存則(キルヒホッフの法則)より
$$I_1 + I_2 + I_3 = 0$$
したがって
$$\frac{V_{in1}-V_{out}}{R_1} + \frac{V_{in2}-V_{out}}{R_2} + \frac{V_{in3}-V_{out}}{R_3} = 0$$

$$V_{out} = \frac{\frac{V_{in1}}{R_1} + \frac{V_{in2}}{R_2} + \frac{V_{in3}}{R_3}}{\frac{1}{R_1} + \frac{1}{R_2} + \frac{1}{R_3}}$$

$$= \frac{R_2 R_3 V_{in1} + R_3 R_1 V_{in2} + R_1 R_2 V_{in3}}{R_2 R_3 + R_3 R_1 + R_1 R_2}$$

てみましょう.

　この例では抵抗R_1, R_2, R_3にはそれぞれ異なる電流が流れます.そのため,式もやや複雑になりますが,整理しながら順序よく解いていくことができます.

　まず,各抵抗ごとに,電圧と電流の関係を調べます.抵抗R_1にかかる電圧は$V_{in1} - V_{out}$であり,流れる電流は$I_1 = (V_{in1} - V_{out})/R_1$です.同様に,抵抗$R_2$にかかる電圧は$V_{in2} - V_{out}$であり,流れる電流は$I_2 = (V_{in2} - V_{out})/R_2$です.抵抗$R_3$にかかる電圧は$V_{in3} - V_{out}$であり,流れる電流は$I_3 = (V_{in3} - V_{out})/R_3$です.

　いずれの場合も,電流の向きは**図G**の矢印と逆になることがありますが,そのときは電流の値が負になります.

　さて,電子回路では,1本の導線を流れる電流は途中で増えたり減ったりしません.導線をどこで切っても,断面を通過する電流値は同じです(電流保存則).**図G**のように途中で枝分かれしている場合,接続点に流れ込む電流の総和と流れ出す電流の総和が一致します.すなわち,$I_1 + I_2 + I_3 = 0$が成り立ちます.**図G**ではI_1, I_2, I_3の矢印をすべて内向き(接続点向き)に書きましたが,実際にはそのうち一つか二つは逆向き(電流の値が負)になります.

　したがって,

$$I_1 + I_2 + I_3$$
$$= \frac{V_{in1}-V_{out}}{R_1} + \frac{V_{in2}-V_{out}}{R_2} + \frac{V_{in3}-V_{out}}{R_3} = 0$$

が成り立ちます.

　これをV_{out}について解くために変形して,

$$\frac{V_{in1}}{R_1} + \frac{V_{in2}}{R_2} + \frac{V_{in3}}{R_3} = \left(\frac{1}{R_1} + \frac{1}{R_2} + \frac{1}{R_3}\right) V_{out}$$

したがって,

$$V_{out} = \frac{R_2 R_3 V_{in1} + R_3 R_1 V_{in2} + R_1 R_2 V_{in3}}{R_2 R_3 + R_3 R_1 + R_1 R_2}$$
　　　　　　　　　　　　　　　　　…………(B)

となります.

　図Fの例は,この回路からR_3を切り離したものとなっています.すなわち,$R_3 = \infty$とした場合です($R_3 = 0$とすると逆にV_{out}とV_{in3}を短絡してしまうことに注意!).

　式(B)ではわかりにくいのですが,その1段階前の式において$R_3 = \infty$とすれば,$1/R_3 = 0$となりますから,R_3を含む項はなくなります.すなわち,

$$\frac{V_{in1}}{R_1} + \frac{V_{in2}}{R_2} = \left(\frac{1}{R_1} + \frac{1}{R_2}\right) V_{out}$$

です.これが式(A)と同じであることは容易にわかるでしょう.

　同様に,抵抗4本の合成,抵抗5本の合成,…なども考えることができます.

徹底図解★OPアンプIC活用ノート

第8章
三角波を方形波に換えたり，波形のエッジを検出したり

OPアンプで加減算と微積分

8-1　加減算を行う回路
複数の信号の加算と減算ができる

● 加算項と減算項の数を任意に決められるタイプ

減算回路は第3章で紹介しました．ここでは，それとは別の実現方法を紹介します．

減算は，負数の加算と等価であることに注目すれば，図1のように反転増幅回路と反転加算回路を組み合わせることで実現できます．

さらに，図2のように反転増幅回路の入力を拡張して，2個の反転加算回路の組み合わせにすれば，複数の加算と減算を行う加減算回路になります．

このとき，反転の反転は元に戻る（非反転）ことから，1段目の反転加算回路の入力 V_2，V_{21}，V_{22}…は加算項となり，1段目を通さない2段目の反転加算回路の入力 V_1，V_{11}，V_{12}…は減算項となります．すなわち，出力電圧は，

$$V_{out} = (V_2 + V_{21} + V_{22} + \cdots) - (V_1 + V_{11} + V_{12} + \cdots) \quad (1)$$

となります．加算項，減算項の個数はそれぞれ任意に増やせま

図1 反転と加算で構成した減算回路

減算は負数の加算と等価であることに注目すれば，このように減算回路ができます．

$V_{out} = -(-V_2 + V_1) = V_2 - V_1$

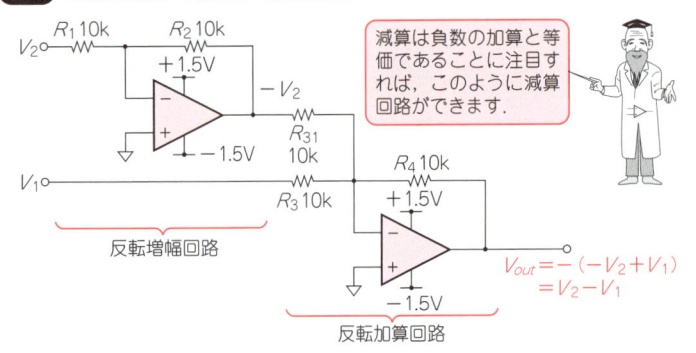

図2 OPアンプ2個の加減算回路

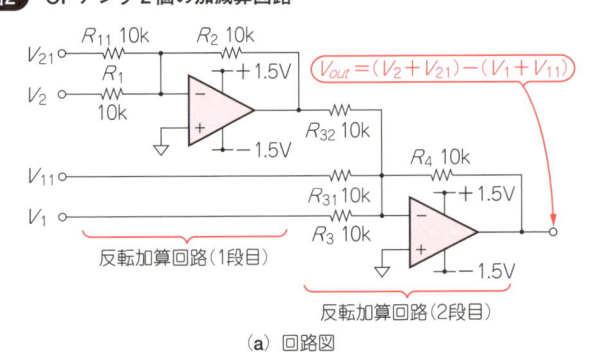

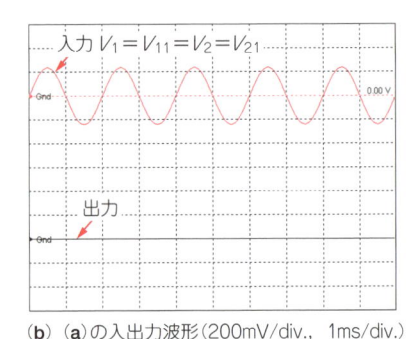

$V_{out} = (V_2 + V_{21}) - (V_1 + V_{11})$

(a) 回路図

(b) (a)の入出力波形（200mV/div., 1ms/div.）

入力 $V_1 = V_{11} = V_2 = V_{21}$

出力

加算項，減算項は自由に増やすことができます．

図3 OPアンプ1個の加減算回路

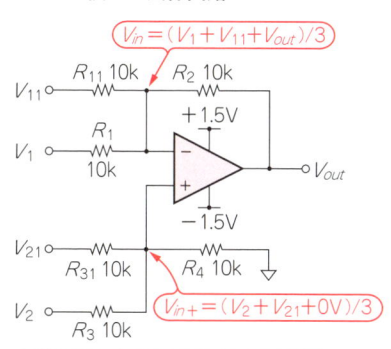

$V_{in-} = (V_1 + V_{11} + V_{out})/3$

$V_{in+} = (V_2 + V_{21} + 0\text{V})/3$

仮想短絡により，$V_{in-} = V_{in+}$なので，
$(V_2 + V_{21} + 0\text{V})/3 = (V_1 + V_{11} + V_{out})/3$
したがって，$V_{out} = V_2 + V_{21} - (V_1 + V_{11})$

(a) 回路図

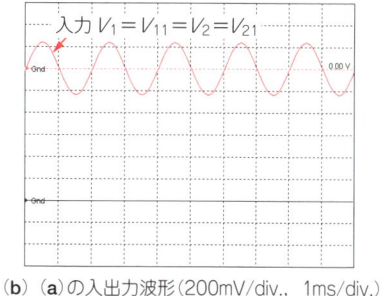

入力 $V_1 = V_{11} = V_2 = V_{21}$

(b) (a)の入出力波形（200mV/div., 1ms/div.）

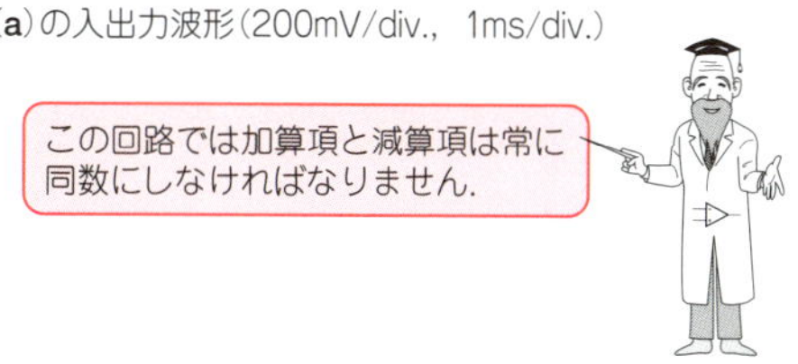

この回路では加算項と減算項は常に同数にしなければなりません．

す．

ここでは，抵抗値はすべて同じ値として単純な加算，減算を行う回路にしましたが，抵抗値を変えれば重み付きの加減算回路にもできます．

● 加算項と減算項は同数でなければならないがOPアンプ1個ですむタイプ

第3章の減算回路を拡張して，複数の加算項，減算項をもつ加減算回路を1個のOPアンプで作ることができます．

図3のように，減算回路の加算側（OPアンプの非反転入力側）と減算側（OPアンプの反転入力側）に，それぞれ抵抗を1個ずつ増設し，加算項V_{21}と減算項V_{11}を拡張します．

これによって，OPアンプの非反転入力は3本の抵抗$R_3 = R_{31} = R_4 = R$による抵抗分圧となり，$V_{in+} = (V_2 + V_{21} + 0\text{V})/3$となります．反転入力も3本の抵抗$R_1 = R_{11} = R_2 = R$による抵抗分圧となり，$V_{in-} = (V_1 + V_{11} + V_{out})/3$となります．

仮想短絡によってこれらは一致するので，

$V_2 + V_{21} + 0\text{V}$
$= V_1 + V_{11} + V_{out}$

となり，したがって回路の出力電圧は，

$V_{out} = V_2 + V_{21} - (V_1 + V_{11})$
………………(2)

となります．

さらに，抵抗をもう1本ずつ増設し，加算項V_{22}と減算項V_{12}を拡張すれば，OPアンプの非反転入力は4本の抵抗$R_3 = R_{31} = R_{32} = R_4 = R$による抵抗分圧となり，$V_{in+} = (V_2 + V_{21} + V_{22} + 0\text{V})/4$となります．反転入力も4本の抵抗$R_1 = R_{11} = R_{12} = R_2 = R$による抵抗分圧となり，$V_{in-} = (V_1 + V_{11} + V_{12} + V_{out})/4$となります．仮想短絡によってこれらは一致するので，

$V_2 + V_{21} + V_{22} + 0\text{V}$
$= V_1 + V_{11} + V_{12} + V_{out}$

となり，したがって回路の出力電圧は，

$V_{out} = V_2 + V_{21} + V_{22} - (V_1 + V_{11} + V_{12})$
………………(3)

となります．

同様にして，加算項と減算項をさらに拡張できます．ただし，加算項と減算項は常に同数にしなければなりません．

ミニ用語解説 ⑦   column

● 振幅（しんぷく）

交流信号では電圧は上がったり下がったりを繰り返しますが，このとき上から下までの幅のことを振幅（amplitude）と呼びます．

振幅は，上のピークから下のピークまでの，いわゆるピーク・ツー・ピーク電圧を指すことが多く，単位もV_{p-p}と表されます．

また，0を中心に振れている場合は，$\pm x$ Vという表現もします．

一方，交流電圧といった場合は，実効値（RMS）を指すのが普通です．たとえば，商用電源がAC 100 Vというのは実効値であり，$100\,V_{RMS}$と書けば混同しません．商用電源の場合，振幅は約±141 V，すなわち約282 V_{p-p}です．

8-2 波形変換やフィルタに使える 積分を行う回路

1 直流も積分できるタイプ…完全積分回路

第4章で説明したように，コンデンサは原理的に微積分の概念をもつ素子であり，その性質をCR積分回路に利用しています．

ただし，CR積分回路は高い周波数の信号に対しては積分回路として働きますが，低い周波数では働かなくなります．しかし，OPアンプとコンデンサを組み合わせれば，すべての周波数で積分動作を行う完全積分回路を作れます．

● 入力電圧と出力電圧の関係式

コンデンサの端子電圧 V と充電電流 I の関係は，

$$V = \frac{1}{C}\int I\,dt \quad \cdots\cdots (4)$$

$$\frac{dV}{dt} = \frac{I}{C} \quad \cdots\cdots (5)$$

です．式(4)は電流の積分結果が電圧になることを示しています．入力電圧 V_{in} に比例した電流 I_{in} を作り，その I_{in} でコンデンサ C を充電し続ければ，V_{in} の積分結果に比例した出力電圧が得られます．

図4 完全積分回路

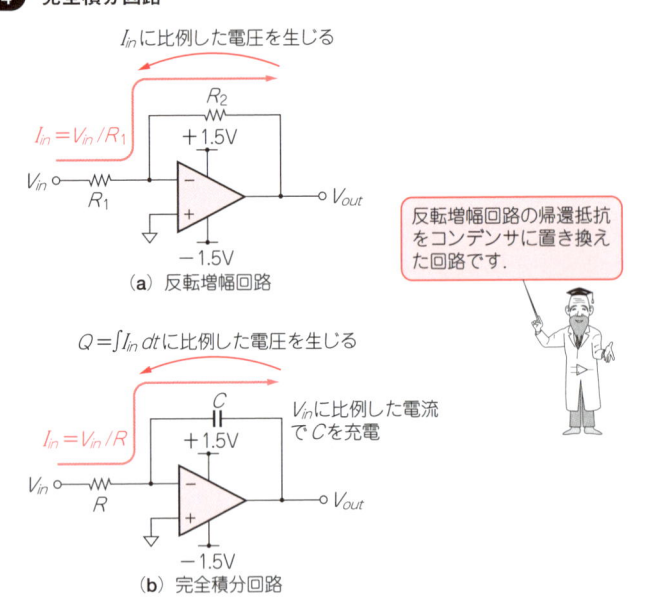

I_{in} に比例した電圧を生じる
$I_{in} = V_{in}/R_1$
(a) 反転増幅回路

反転増幅回路の帰還抵抗をコンデンサに置き換えた回路です．

$Q = \int I_{in} dt$ に比例した電圧を生じる
$I_{in} = V_{in}/R$
V_{in} に比例した電流で C を充電
(b) 完全積分回路

図5 積分による波形変換

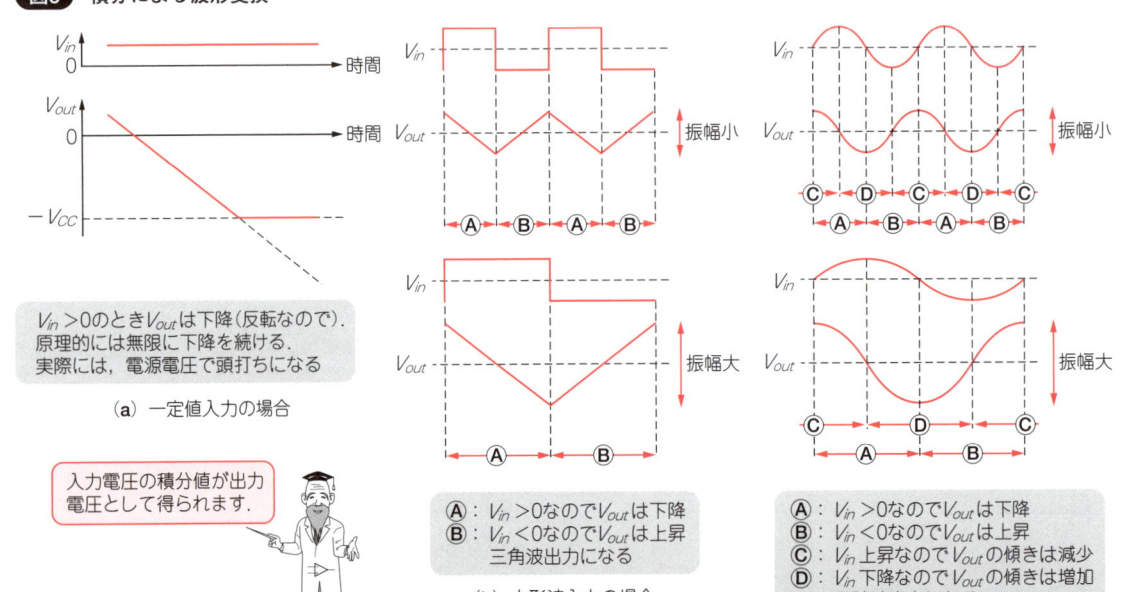

入力電圧の積分値が出力電圧として得られます．

(a) 一定値入力の場合
$V_{in} > 0$ のとき V_{out} は下降（反転なので）．原理的には無限に下降を続ける．実際には，電源電圧で頭打ちになる

(b) 方形波入力の場合
Ⓐ：$V_{in} > 0$ なので V_{out} は下降
Ⓑ：$V_{in} < 0$ なので V_{out} は上昇
三角波出力になる

(c) 正弦波入力の場合
Ⓐ：$V_{in} > 0$ なので V_{out} は下降
Ⓑ：$V_{in} < 0$ なので V_{out} は上昇
Ⓒ：V_{in} 上昇なので V_{out} の傾きは減少
Ⓓ：V_{in} 下降なので V_{out} の傾きは増加
正弦波出力になる

そこで，**図4**のように反転増幅回路を変更して，帰還抵抗R_2をコンデンサCに置き換えてみます．

仮想接地によりOPアンプの反転入力V_{in-}は常に0Vであり，抵抗Rに入力電圧V_{in}が加わるので，入力電流I_{in}は，

$$I_{in} = \frac{V_{in}}{R}$$

となります．このI_{in}でコンデンサCが充電され，I_{in}の積分に比例した（すなわちV_{in}の積分に比例した）端子電圧V_Cを生じます．すなわち，

$$V_C = \frac{1}{C}\int I_{in}dt$$
$$= \frac{1}{C}\int \frac{V_{in}}{R}dt$$
$$= \frac{1}{CR}\int V_{in}dt$$

であり，出力電圧V_{out}は，

$$V_{out} = 0 - V_C$$
$$= -\frac{1}{CR}\int V_{in}dt \cdots (6)$$

となります．

このように，完全積分回路では，V_{in}の積分値がV_{out}として得られます（ただし，極性が反転することに注意）．その動作は**図5**のようになるはずです．

● **一定値を入力すると一定の傾きで出力が上昇/下降する**

一定値を積分した結果は，単純にV_{in}と時間tの積になり，$V_{out} = -V_{in}t$です．すなわち，V_{out}は時間に比例して上昇または下降します．

ただし，その状態が続けばV_{out}は電源電圧に到達して頭打ちになります．V_{out}が頭打ちになった状態では，仮想短絡（仮想接地）は働きません．

図6 正弦波を入力すると積分されて位相が90°遅れる

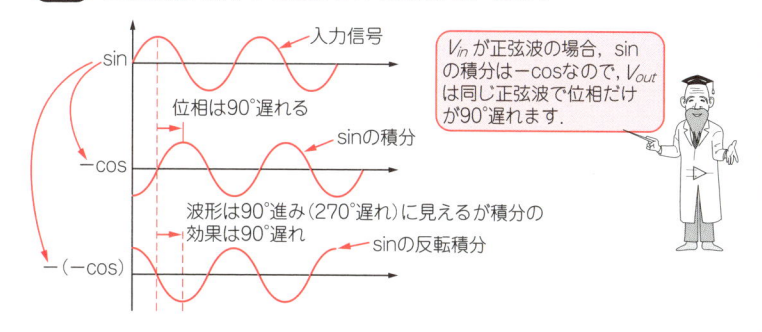

> V_{in}が正弦波の場合，sinの積分は$-\cos$なので，V_{out}は同じ正弦波で位相だけが90°遅れます．

なお，この回路は反転型のため，$V_{in}>0$のときV_{out}は下降，$V_{in}<0$のときV_{out}は上昇するので注意が必要です．

● **方形波を入力すると三角波になる**

V_{in}が正負対称の方形波の場合には，V_{out}は上昇と下降を繰り返す三角波となります．すなわち，**方形波-三角波変換**の機能をもちます．CR積分回路ではV_{out}は指数関数のカーブになりますが，この完全積分回路では上昇も下降も直線になります．入力方形波の周波数が低いほど，積分値が上昇または下降を続ける時間が長くなり，出力三角波の振幅が大きくなります．

V_{in}の振幅が正側や負側に偏っていたり，デューティ比（"H"と"L"の時間幅の比）が50％でなかったりして，V_{in}が正負対称でない場合は，出力三角波は少しずつ上昇または下降していき，やがて電源電圧に到達して頭打ちとなります．

● **正弦波を入力すると位相が90°遅れる**

V_{in}が正弦波の場合，sinの積分は$-\cos$なので，V_{out}は同じ正弦波で位相だけが90°遅れます（**図6**）．この回路は反転型のため，$-\cos$をさらに反転した出力になるのでちょっとややこしいのですが，次のような波形になります．

入力正弦波V_{in}の正の半サイクル（0°～180°）では積分値が上昇し，それを反転したV_{out}は下降します．$V_{in}=0$(180°)でV_{out}は負のピークとなります．V_{in}の負の半サイクル（180°～360°）では積分値が下降し，それを反転したV_{out}は上昇します．$V_{in}=0$(360°)でV_{out}は正のピークとなります．

したがって，V_{in}の正の半サイクルに90°遅れてV_{out}の負の半サイクルが，V_{in}の負の半サイクルに90°遅れてV_{out}の正の半サイクルが現れます．入力正弦波の周波数が低いほど，積分値が上昇または下降を続ける時間が長くなり，出力正弦波の振幅が大きくなります．

正弦波の場合も，V_{in}の振幅が正側や負側に偏っていたりして，V_{in}が正負対称でない場合は，出力正弦波は少しずつ上昇または下降していき，やがて電源電圧に到達して頭打ちとなります．

● **そのままでは使えない**

▶ 出力電圧は必ず電源電圧に張り付く

この回路の動作を実験する場合，**図4**の回路のままでは**図5**のような波形は観測で

きません．完全に正負対称の入力信号は作れませんし，入力オフセット電圧などOPアンプ自体がもつ偏りもあります．

そのため，図5 のような波形はごく短時間で終わり，その後は電源電圧に張り付いてしまいます．

実験する場合は，後述するように，Cと並列に抵抗R_2を挿入した不完全積分回路で行います．

▶ 電源電圧に張り付かないような回路を追加する

実際に完全積分回路を使うときは，必ずほかの回路と組み合わせて，出力が電源電圧に張り付かないようにして使います．

その代表的な例は，第8章で実験したV-F変換回路です．V-F変換回路では，積分回路とヒステリシス付きコンパレータを組み合わせて，積分出力が上昇して上側の閾値V_{refH}に達したら動作が反転し，出力を下降させます．積分出力が下降して下側の閾値V_{refL}に達したら動作が反転し，出力を上昇させます．

完全積分回路は直流に対して$-\infty$の増幅率をもちます．出力が電源電圧に張り付いてしまうのは，入力のわずかなオフセット（直流成分）を$-\infty$倍に増幅した結果と考えることもできます．

すなわち，完全積分回路は，単体のOPアンプと同様に外部で負帰還をかけて使うべきと言えます．

2 増幅機能をもち出力インピーダンスが低いタイプ…不完全積分回路

完全積分回路のコンデンサCと並列に抵抗R_2を入れた回路です．反転増幅回路と完全積分回路を融合したような回路であり，双方の特徴を兼ね備えています．

この回路の周波数特性はCR積分回路と同じですが，増幅機能をもつことや，信号源インピーダンスが低く出力バッファが不要という利点があります．

● カットオフ周波数を境に動作が変わる

図7 に回路例と実験波形を示します．比較のために，同じ周波数特性のCR積分回路（C_1，R_1）も合わせて実験してみましょう．

▶ f_C以下では増幅回路

不完全積分回路のカットオフ周波数f_CはCとR_2で決まり，$f_C = 1/(2\pi CR_2)$です．

このカットオフ周波数より低域側（$f \ll f_C$）ではCが高インピーダンスになるので，CとR_2の並列合成ではR_2が支配的になります．そして，回路の動作は増幅率$A = -R_2/R_1$の反転増幅回路に近づきます（非積分領域）．

▶ f_C以上では積分回路

一方，カットオフ周波数より高域側（$f \gg f_C$）ではCが低インピーダンスになるので，CとR_2の並列合成ではCが支配的になります．そして，回路の動作は$A = -|Z_C|/R_1$の完全積分回路に近づきます（積分領域）．周波数特性のグラフは 図8 になります．

図7 の回路例では，$C = 0.01\mu F$，$R_1 = R_2 = 10k\Omega$によって，$f_C = 1/(2\pi \times 0.01\mu \times 10k) \fallingdotseq 1.6kHz$に設定しています（CR積分回路のほうも，$C_1 = 0.01\mu F$，$R_1 = 10k\Omega$によって$f_{C1} \fallingdotseq 1.6kHz$に設定）．

波形を見ると，CR積分回路は非反転，不完全積分回路は反転という違いがありますが，それ以外の特徴はほぼ同じです．不完全積分回路，CR積分回路のどちらも，$f = 160Hz$（f_Cの約10分の1，非積分領域）では入力信号に近い波形が出力され，$f = 1.6kHz$（ほぼf_C）では振幅がやや小さくなるとともに位相が約45°遅れます．方形波は三角波にやや近づいています(注)．

不完全積分回路が動作するのはOPアンプが十分な増幅機能をもっている帯域に限られます．高周波の信号を扱いたい場合や高周波のノイズを除去したい場合は，CR積分回路のほうが適しています．

● 応用回路例

代表的な用途としては，積分演算（波形変換）とフィルタ（帯域制限）があります．これらの大きな違いは，積分演算は変換したい信号が積分領域（$f \gg f_C$）に入るように使うのに対して，フィルタは通過させたい信号が非積分領域（$f \gg f_C$）に入るように使います．なお，フィルタについては第9章で詳しく紹介します．

▶ 方形波を三角波に変換して増幅

1.6kHzの方形波信号を積分演算（三角波変換）したい場合には，1.6kHzが積分領域に入るように，カットオフ周波数f_Cはそれより十分に低い周波数を選びます．f_Cが信号周波数から離れるほど完全な積分に近づきま

図7 不完全積分回路

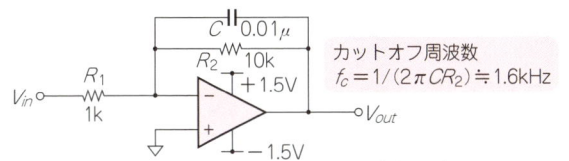

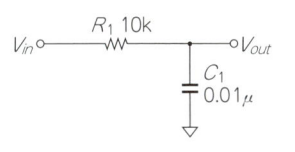

カットオフ周波数
$f_c = 1/(2\pi CR_2) \fallingdotseq 1.6\text{kHz}$

（a）回路図

$f = 1.6\text{kHz}$では振幅がやや小さくなるとともに位相が約45°遅れます．

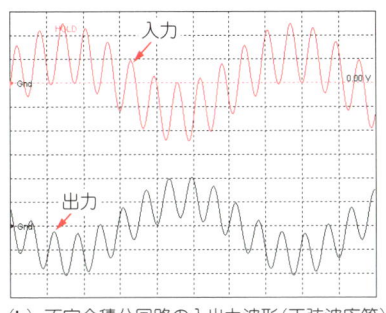

（b）不完全積分回路の入出力波形（正弦波応答）（200mV/div., 1ms/div.）

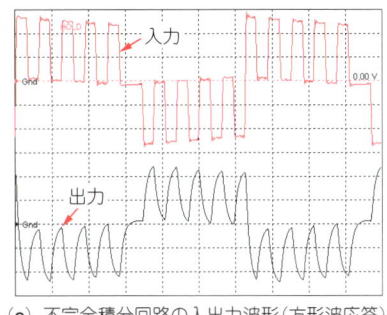

（c）不完全積分回路の入出力波形（方形波応答）（200mV/div., 1ms/div.）

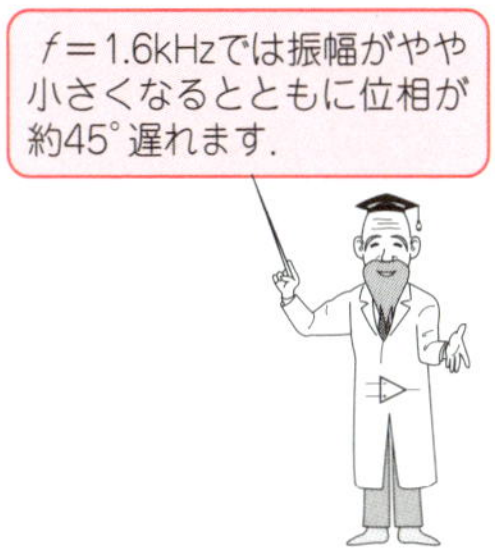

図9 方形波を入力すると三角波になる

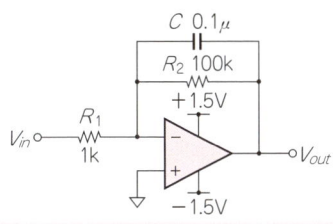

カットオフ周波数 $f_c = 1/(2\pi CR_2) \fallingdotseq 16\text{Hz}$
増幅率 $A = -R_2/R_1 = -100$

（a）回路図

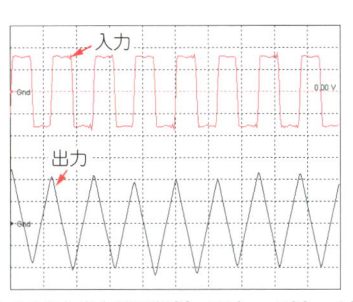

（b）（a）の入出力波形（500mV/div., 500μs/div.）

増幅によって大きな出力振幅が得られますが，出力のオフセット誤差が大きくなるので注意が必要です．

すが，出力三角波の振幅は小さくなっていきます．

CR積分回路には増幅機能はありませんが，不完全積分回路では回路に増幅率をもたせることによって，出力三角波の振幅を入力とほぼ同じにできます．

図9に，方形波-三角波変換回路の回路例を示します．さらに完全な積分に近づきますが，増幅によって大きな出力振幅が得られます．

ただし，このように増幅率をもたせると，直流から低周波に

図8 不完全積分回路の周波数特性

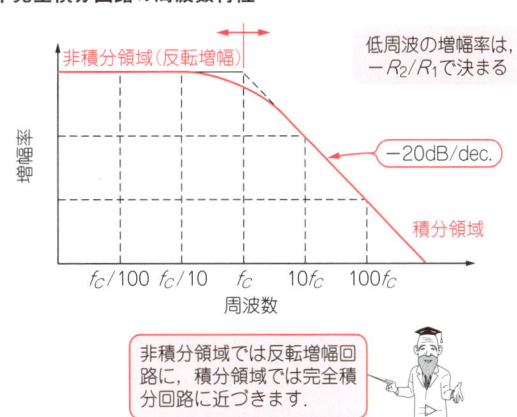

低周波の増幅率は，$-R_2/R_1$で決まる

-20dB/dec.

非積分領域では反転増幅回路に，積分領域では完全積分回路に近づきます．

注：通常の信号発生器とオシロスコープを使えば，$f = 16\text{kHz}$（f_cの10倍）や$f = 160\text{kHz}$（f_cの100倍）まで **図7** の設定で実験できる．パソコンのオーディオ端子を利用したソフト・ジェネレータやソフト・オシロスコープでは，帯域幅が狭いため，16kHzで波形を観測するのは困難．

8-2 積分を行う回路

かけての増幅率が大きくなり，出力のオフセット誤差やハム（AC電源の50/60 Hz成分の誘導ノイズ）が大きくなるので注意が必要です．

● 方形波に混じっている雑音の除去に活用

160 Hzの方形波信号をそのまま通過させ，高域の雑音だけを除去したい場合には，160 Hzが非積分領域に入るように，カットオフ周波数f_Cはそれより十分に高い周波数に設定します．f_Cが信号周波数から離れるほど通過する信号のひずみは小さくなりますが，信号に近い帯域の雑音は除去できなくなります．

図10 に，帯域制限回路の回路例を示します．回路の形は 図7 と同じですが，回路定数を，$C = 1000$ pF，$R_1 = R_2 = 10$ kΩ として，$A ≒ -10\text{k}/10\text{k} = -1$，$f_C = 1/(2\pi \times 1000\text{p} \times 10\text{k}) ≒ 16$ kHz に設定しています．160 Hzはf_Cの100分の1になるので，図7 よりさらに入力信号に近い波形が出力されます．

図10 帯域制限回路の例

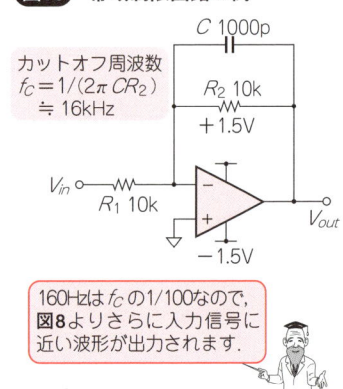

カットオフ周波数
$f_C = 1/(2\pi CR_2)$
≒ 16kHz

160Hzはf_Cの1/100なので，図8よりさらに入力信号に近い波形が出力されます．

これも積分回路？ column

この章では，8-2節で積分回路を，8-3節で微分回路を紹介しています．

完全積分回路と完全微分回路は，低周波から高周波まですべての帯域で積分/微分の働きをします．それに対して，CR積分回路は高周波($f > f_C$)では積分($V_{out} ≒ \int V_{in}dt$)ですが，低周波($f < f_C$)では何もしない($V_{out} ≒ V_{in}$)回路です．また，CR微分回路は低周波($f < f_C$)では微分($V_{out} ≒ dV_{in}/dt$)ですが，高周波($f > f_C$)では何もしない($V_{out} ≒ V_{in}$)回路です．

さて，完全積分回路は反転増幅回路と同様に入力抵抗の左端に信号電圧V_{in}を入力し，OPアンプの非反転入力ピンはGNDに接続されています．これを入れ換えたら，どんな動作になるでしょうか．

図A の回路は，出力電圧V_{out}をCR微分して，OPアンプの反転入力ピンに負帰還していると考えられます．それが，仮想短絡で入力電圧V_{in}と一致するので，低周波($f < f_C$)では$V_{in} ≒ dV_{out}/dt$，高周波($f > f_C$)では$V_{in} ≒ V_{out}$です．すなわち，

$V_{out} ≒ \int V_{in}dt$ ($f < f_C$)
$V_{out} ≒ V_{in}$ ($f > f_C$)

という一種の積分回路になります．一般的な名前はありませんが，ここでは低域積分回路と呼ぶことにします．

この回路は，完全積分回路と同様に直流で無限大の増幅率をもち，出力は電源電圧に張り付いてしまいます．そのままでは使えない回路ですが，非反転型や差動型の完全積分回路を作る元になります．

図A 低域だけで積分動作する回路

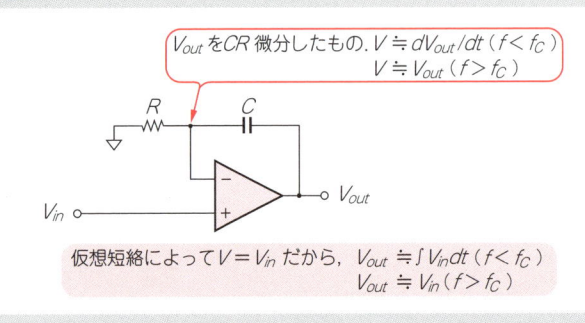

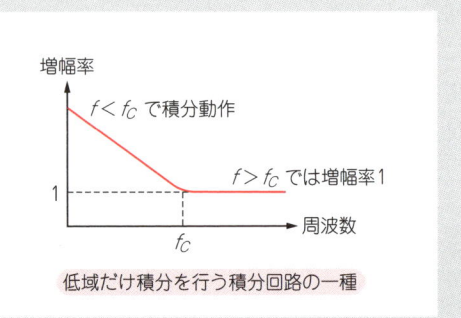

V_{out}をCR微分したもの．$V ≒ dV_{out}/dt$ ($f < f_C$)
$V ≒ V_{out}$ ($f > f_C$)

仮想短絡によって$V = V_{in}$だから，$V_{out} ≒ \int V_{in}dt$ ($f < f_C$)
$V_{out} ≒ V_{in}$ ($f > f_C$)

$f < f_C$ で積分動作
$f > f_C$ では増幅率1

低域だけ積分を行う積分回路の一種

8-3 微分を行う回路

エッジ抽出やフィルタに使える

1 反転増幅回路の入力抵抗をコンデンサに置き換えるだけ…完全微分回路

完全積分回路と対称な特性をもつのが**完全微分回路**です．図11のように反転増幅回路を変更して，入力抵抗 R_1 をコンデンサCに置き換えてみます．

● 入力電圧と出力電圧の関係式

仮想接地によりOPアンプの反転入力 V_{in-} は常に0Vであり，コンデンサCに入力電圧 V_{in} が加わるので，入力電流 I_{in} が流れてCを充電します．コンデンサの端子電圧 V と充電電流 I の間には，

$$\frac{dV}{dt} = \frac{I}{C}$$

の関係があるので，I_{in} は V_{in} を微分したものとなります．さらに，この I_{in} はすべて帰還抵抗 R_2 を流れるので，出力電圧 V_{out} は，

$$V_{out} = 0 - I_{in}R_2$$
$$= -CR_2\frac{dV_{in}}{dt} \quad \cdots(7)$$

となります．

このように，完全微分回路では，V_{in} の微分値が V_{out} として

図11 完全微分回路

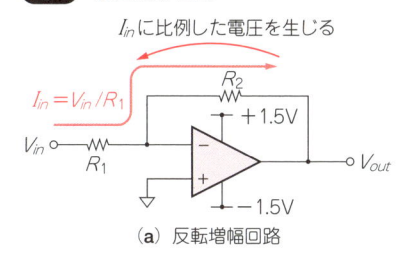

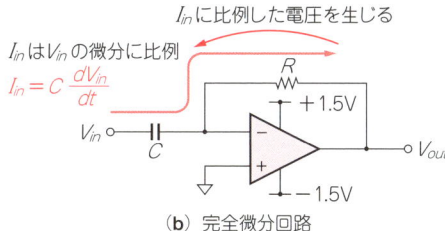

(a) 反転増幅回路
I_{in} に比例した電圧を生じる
$I_{in} = V_{in}/R_1$

(b) 完全微分回路
I_{in} は V_{in} の微分に比例
$I_{in} = C\frac{dV_{in}}{dt}$

完全積分回路と対称な特性をもつ回路です．

図12 微分による波形変換

(a) 一定値入力の場合
V_{out} が一定なら $V_{out} = 0$

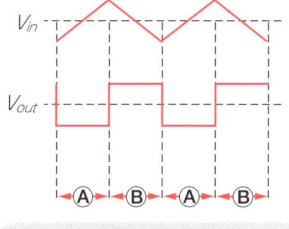

(b) 三角波入力の場合
Ⓐ：V_{in} 上昇なので $V_{out} < 0$
Ⓑ：V_{in} 下降なので $V_{out} > 0$
V_{in} の傾きが一定なら，$V_{out} =$ 一定
方形波出力になる

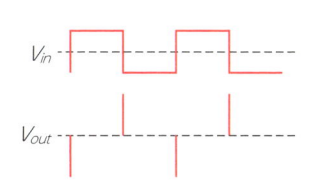

(c) 方形波入力の場合
V_{in} の立ち上がりで V_{out} は負のパルス
V_{in} の立ち下がりで V_{out} は正のパルス
エッジ検出出力になる

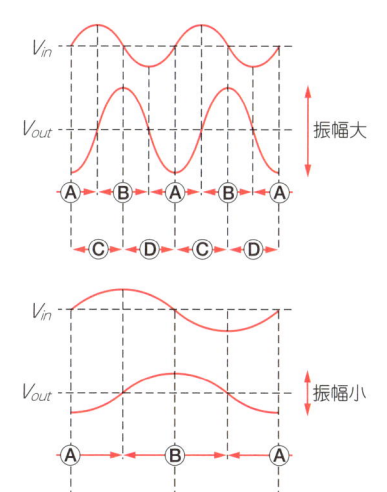

(d) 正弦波入力の場合
Ⓐ：V_{in} 上昇なので $V_{out} < 0$
Ⓑ：V_{in} 下降なので $V_{out} > 0$
Ⓒ：V_{in} の傾き減少なので V_{out} は上昇
Ⓓ：V_{in} の傾き増加なので V_{out} は下降
正弦波出力になる

入力電圧の微分値が出力電圧として得られます．

得られます(ただし，極性が反転することに注意).

その動作は図12のようになるはずです．

● 一定値を入力すると0Vが出力される

一定値を微分した結果は0です．すなわち，V_{in}が変化しなければV_{out}は常に0Vとなります．完全微分回路は，完全積分回路とは違って，オフセット誤差の影響を受けません．入力波形も正負対称である必要はありません．

● 三角波を入力すると方形波になる

一定の傾斜(変化率)で変化する値を微分した結果は一定値になります．したがって，V_{in}が三角波の場合には，V_{out}はその傾斜に比例した振幅の方形波となります(三角波-方形波変換)．この回路は反転型のため，V_{in}が上昇のとき$V_{out}<0$，V_{in}が下降のとき$V_{out}>0$となります．

なお，傾斜が大きければ，V_{out}は電源電圧で頭打ちになります．

● 方形波を入力すると立ち上がり/立ち下がりのタイミングでパルス信号を出す

V_{in}が方形波の場合には，$V_{in}=$"H"および$V_{in}=$"L"の期間はV_{out}は0Vとなります．V_{in}が"L"→"H"および"H"→"L"に変化するとき，これは短時間で起きるきわめて大きな傾斜なので，V_{out}にパルス状の出力が現れます．すなわち，方形波のエッジ検出の働きがあります．

● 正弦波を入力すると位相が90°進む

V_{in}が正弦波の場合，sinの微分はcosなので，V_{out}は同じ正弦波で位相だけが90°進みます(図13)．この回路は反転型のため，cosをさらに反転した出力になるのでちょっとややこしいのですが，次のような波形になります．

入力正弦波V_{in}が上昇する期間(−90°～90°)では微分値は正であり，それを反転したV_{out}は負の半サイクルとなります．V_{in}の上昇が止まる90°で$V_{out}=0$となります．

V_{in}が下降する期間(90°～270°)では微分値は負であり，それを反転したV_{out}は正の半サイクルとなります．V_{in}の下降が止まる270°で$V_{out}=0$となります．

したがって，V_{in}の正の半サイクルに90°先行してV_{out}の負の半サイクルが，V_{in}の負の半サイクルに90°先行してV_{out}の正の半サイクルが現れます．入力正弦波の振幅が同じでも，周波数が高いほど傾斜は大きくなるので，出力正弦波の振幅が大きくなります．

● 高域の微小ノイズを大きく増幅する欠点をもつ

完全微分回路は，完全積分回路とは違って出力が電源電圧に張り付いてしまうことはありません．図11の回路をそのまま動作させることは可能ですが，高域のわずかなノイズを大きく増幅してしまうので，使いにくい面があります．

そこで，実用的回路としては，次に紹介するように，Cと直列に抵抗R_1を挿入した不完全微分回路を用います．

図13 正弦波を入力すると微分されて位相が90°進む

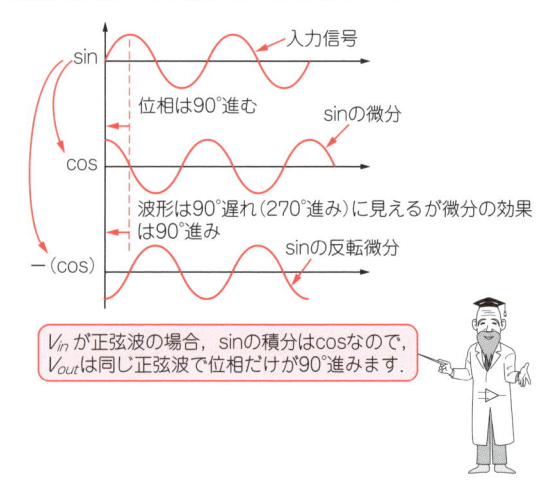

V_{in}が正弦波の場合，sinの積分はcosなので，V_{out}は同じ正弦波で位相だけが90°進みます．

2 増幅機能をもち出力インピーダンスが低いタイプ…不完全微分回路

完全微分回路のコンデンサCと直列に抵抗R_1を入れた回路です．反転増幅回路と完全微分回路を融合したような回路であり，双方の特徴を兼ね備えています．また，この回路の周波数特性はCR微分回路と同じですが，増幅機能をもつことや，信号源インピーダンスが低く出力バッファが不要という利点があります．

図14 不完全微分回路

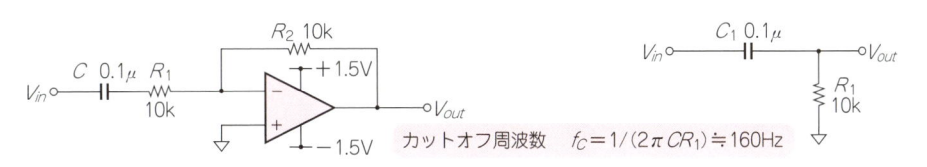

(a) 回路図

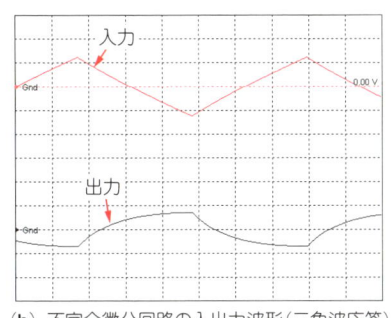

カットオフ周波数　$f_C = 1/(2\pi CR_1) \fallingdotseq 160\text{Hz}$

$f_C = 160\text{Hz}$では振幅がやや小さくなるとともに位相が約45°進みます．

(b) 不完全微分回路の入出力波形（三角波応答）（200mV/div.，1ms/div.）

● カットオフ周波数を境に動作が変わる

図14 に回路例と実験波形を示します．比較のために，同じ周波数特性のCR微分回路（C_1，R_1）も合わせて実験してみましょう．

▶ f_C以上では増幅回路

不完全微分回路のカットオフ周波数f_CはCとR_1で決まり，$f_C = 1/(2\pi CR_1)$です．

このカットオフ周波数より低域側（$f \ll f_C$）ではCが高インピーダンスになるので，CとR_2の直列合成ではCが支配的になります．そして，回路の動作は増幅率$A = -|Z_C|/R_1$の完全微分回路に近づきます（微分領域）．

▶ f_C以下では微分回路

一方，カットオフ周波数より高域側（$f \gg f_C$）ではCが低インピーダンスになるので，CとR_1の直列合成ではR_1が支配的になります．そして，回路の動作は$A = -R_2/R_1$の反転増幅回路に近づきます（非微分領域）．

図15 不完全微分回路の周波数特性

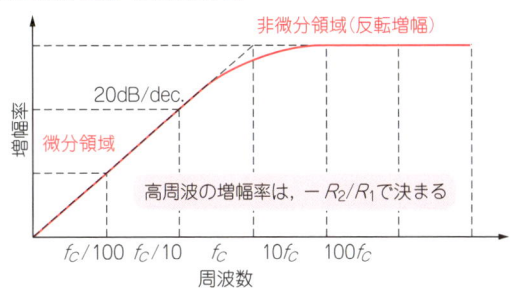

非微分領域（反転増幅）
20dB/dec.
微分領域
高周波の増幅率は，$-R_2/R_1$で決まる
$f_C/100$　$f_C/10$　f_C　$10f_C$　$100f_C$
周波数

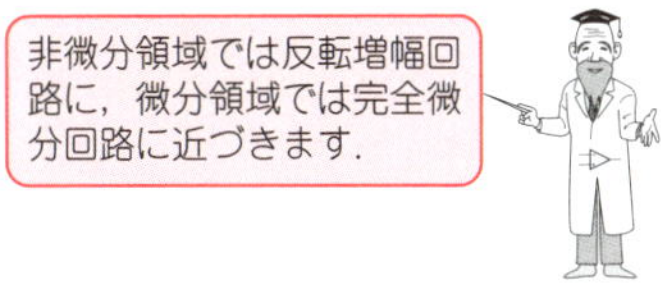

非微分領域では反転増幅回路に，微分領域では完全微分回路に近づきます．

周波数特性のグラフは 図15 になります．

● OPアンプを使う方法は増幅機能が魅力だが，高周波ではCRタイプがおすすめ

図14 の回路例では，$C = 0.1\mu\text{F}$，$R_1 = R_2 = 10\text{k}\Omega$によって，$f_C = 1/(2\pi \times 0.1\mu \times 10\text{k}) \fallingdotseq 160\text{Hz}$に設定しています（CR微分回路のほうも，$C_1 = 0.1\mu\text{F}$，$R_1 = 10\text{k}\Omega$によって$f_{C1} \fallingdotseq 160\text{Hz}$に設定）．

波形を見ると，CR微分回路は非反転，不完全微分回路は反転という違いがありますが，それ以外の特徴はほぼ同じです．不完全微分回路，CR微分回路のどちらも，$f = 1.6\text{kHz}$（f_Cの約10倍，非微分領域）では入力信号に近い波形が出力され，$f = 160\text{Hz}$（ほぼf_C）では振幅がやや小さくなるとともに位相が約45°進みます．三角波は方形波にやや近づいています．

ただし，不完全微分回路が動作するのはOPアンプが十分な増幅機能をもっている帯域に限られます．高周波の信号を扱い

たい場合や高速のエッジを検出したい場合は，CR微分回路のほうが適しています．

● 用途

▶ エッジ抽出と交流結合

不完全微分回路の代表的な用途は，微分演算（エッジ抽出）やフィルタ（交流結合）です．微分演算は信号が微分領域（$f \ll f_C$）に入るように使うのに対して，フィルタは信号が非微分領域（$f \gg f_C$）に入るように使います．

交流結合については，第7章 7-2節の交流増幅回路で説明しました．

フィルタについては第9章で詳しく紹介します．

〈宮崎 仁〉

非反転積分回路と差動積分回路 column

8-2節のコラムで紹介した低域積分回路とCR積分回路を組み合わせると，非反転の完全積分回路ができます．

図Bのように，入力信号V_{in}をまずCR積分して，その結果を低域積分回路に入力します．そうすると，低周波（$f < f_C$）ではCR積分は何もしませんが，低域積分回路が信号を積分して$V_{out} \fallingdotseq \int V_{in}dt$となります．高周波（$f > f_C$）では低域積分回路は何もしませんが，CR積分が信号を積分して$V_{out} \fallingdotseq \int V_{in}dt$となります．

これによって，低周波から高周波まですべての帯域で積分の働きをもつ完全積分回路ができます．ただし，カットオフ周波数f_Cが一致するように，低域積分回路の時定数CRと，CR回路の時定数CRは同じ値に選びます．

この回路は，非反転増幅回路をベースとした非反転型の完全積分回路です．直流で無限大の増幅率をもつので，そのままでは使えません．他の回路と組み合わせて，フィルタや発振回路の中で使われています．

さて，**図B**の非反転の完全積分回路では，反転入力側の抵抗Rの左端が接地されています．これを**図C**のようにもう一つの信号入力V_{in}'として用いれば，差動型の完全積分回路になります．あるいは，反転増幅回路の帰還抵抗をコンデンサに変えて完全積分回路ができるのと同様に，差動増幅回路の2個の抵抗をコンデンサに変えて差動積分回路になったと考えてもよいでしょう．

この差動積分回路も，直流で無限大の増幅率をもつ完全積分回路なので，そのままでは出力が電源電圧に張り付いてしまいます．やはり，他の回路と組み合わせて使うことが必要です．

図C 差動型の完全積分回路

$V_{out} = \int (V_{in} - V_{in}')dt$

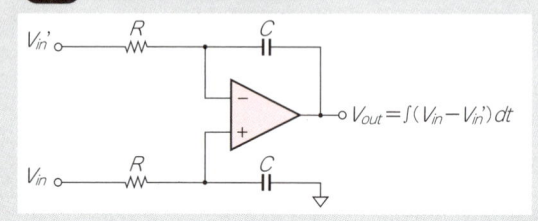

図B 非反転の完全積分回路

$V_{out} \fallingdotseq \int V_{cr}dt \fallingdotseq \int V_{in}dt \, (f < f_C)$
$V_{out} \fallingdotseq V_{cr} \fallingdotseq \int V_{in}dt \, (f > f_C)$

$V_{out} = \int V_{in}dt$

$V_{cr} \fallingdotseq V_{in} \, (f < f_C)$
$V_{cr} \fallingdotseq \int V_{in}dt \, (f > f_C)$

増幅率
$f < f_C$ では低域積分が働く
$f > f_C$ ではCR積分が働く
周波数

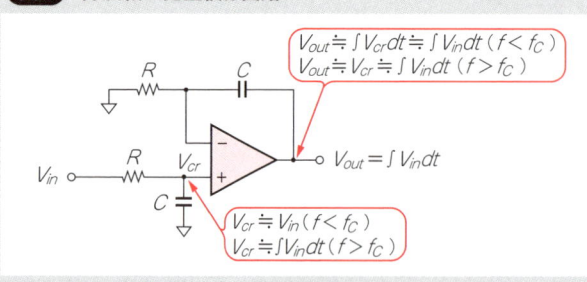

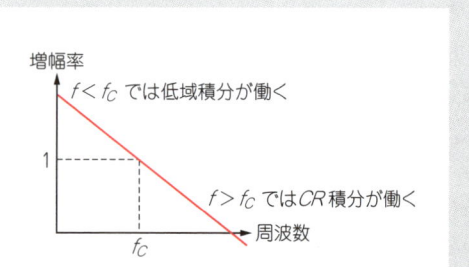

徹底図解★OPアンプIC活用ノート

第9章
回路のフィルタでふるいにかける

必要な周波数成分を抽出する

9-1 周波数の違いで信号を分離する回路　フィルタの基礎知識

　多くの信号から必要な周波数成分だけを通過させ，不要な周波数成分を阻止する回路を総称して**フィルタ**（filter）と呼びます．

　フィルタの実現方法は，
① 受動素子（コイルL，コンデンサC，抵抗R）だけで構成される**パッシブ・フィルタ**
② 能動素子（OPアンプ）と受動素子（コンデンサC，抵抗R）を組み合わせて実現する**アクティブ・フィルタ**
③ アナログ素子ではなくディジタル演算で実現されるディジタル・フィルタ

の三つに大別されます．

　ここでは，各種のアクティブ・フィルタ回路を紹介します．
　第4章で解説したCR積分回路や第8章で解説した不完全積分回路は，**カットオフ周波数**f_Cより低い周波数ではほぼ一定の増幅率をもち，f_Cより高い周波数では周波数が高くなるとともに，増幅率は0倍に向かって小さくなっていきます．
　これらは，低い周波数成分だけを通過させ，高い周波数成分を阻止する**ロー・パス・フィルタ**（**LPF**，低域通過フィルタ）としての性質をもっています．

　一方，第6章で解説した交流結合回路（CR微分回路）や第8章で解説した不完全微分回路は，カットオフ周波数f_Cより高い周波数ではほぼ一定の増幅率をもち，f_Cより低い周波数では周波数が低くなるとともに増幅率は0倍に向かって小さくなっていきます．これらは，高い周波数成分だけを通過させ，低い周波数成分を阻止する**ハイ・パス・フィルタ**（HPF，高域通過フィルタ）としての性質をもっています．

　このように，周波数の違いで信号を分離する回路を総称

図1 理想的なフィルタの周波数特性

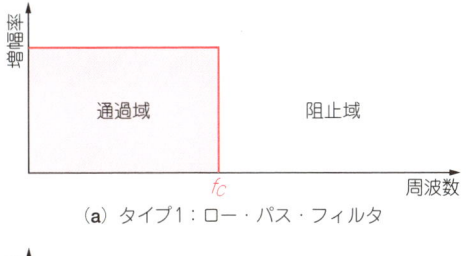

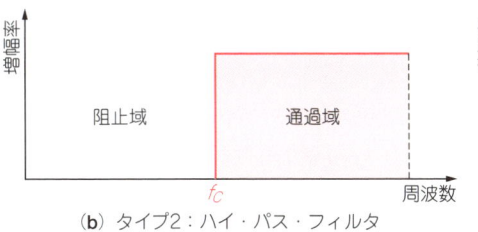

(a) タイプ1：ロー・パス・フィルタ
(b) タイプ2：ハイ・パス・フィルタ
(c) タイプ3：バンド・パス・フィルタ
(d) タイプ4：ノッチ・フィルタ

> バンド・エリミネート・フィルタはノッチ・フィルタとも呼ばれています．

図2 現実のフィルタの周波数特性

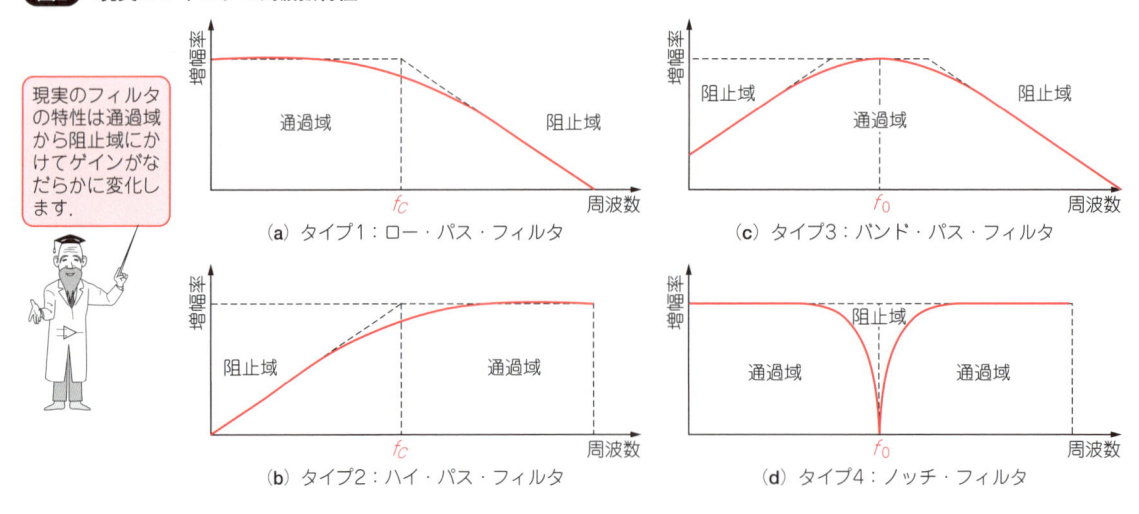

(a) タイプ1：ロー・パス・フィルタ
(b) タイプ2：ハイ・パス・フィルタ
(c) タイプ3：バンド・パス・フィルタ
(d) タイプ4：ノッチ・フィルタ

現実のフィルタの特性は通過域から阻止域にかけてゲインがなだらかに変化します.

してフィルタと呼びます.

● 周波数特性で分けると4タイプある

図1のように，ロー・パスとハイ・パスのほかに，バンド・パス・フィルタ（BPF，帯域通過フィルタ）とバンド・エリミネート・フィルタ（BEF，帯域阻止フィルタ）があります.

バンド・パス・フィルタは特定の帯域だけを通過させ，それ以外の周波数成分を阻止します.逆に，特定の帯域だけを阻止し，それ以外の周波数成分を通過させるのがバンド・エリミネート・フィルタです.バンド・エリミネートだけちょっと名前が長いので，一般にはノッチ・フィルタ（ノッチは「切り込み」の意味）とも呼ばれています.

● フィルタの特性を表すためのキー・ワード

▶ 阻止域と通過域

いずれのフィルタも，信号を通過させる帯域を通過域，阻止する帯域を阻止域または減衰域，通過域と阻止域の境界をカットオフ周波数（遮断周波数）と呼びます.

図1のように，カットオフ周波数をはさんで通過域では増幅率1倍，阻止域では増幅率0倍というのが理想ですが，現実にはそのようなフィルタは作れません.

現実のフィルタの特性は，図2のように通過域から阻止域にかけて連続的に変化します.通過域でも増幅率は徐々に下がり，阻止域では一定の傾斜で増幅率が減衰します.

▶ 阻止域のゲイン傾斜特性を表す「次数」

フィルタの阻止域のゲイン傾斜は，急にすることもなだらかにすることもできます.

傾斜が周波数変化に比例するものを1次フィルタ，周波数変化の2乗に比例するものを2次フィルタ，周波数変化の3乗に比例するものを3次フィルタというように，フィルタの次数が定義されます.

次数が高いほど，カットオフ周波数から阻止域側での減衰が急激になり，不要な信号を阻止する能力が高くなります.ただし，次数が高くなるほど回路は複雑になり，素子にも高精度が要求されるので実現が難しくなります.

OPアンプとコンデンサC，抵抗Rを組み合わせることによって，1～2次のアクティブ・フィルタを作れます.また，3次以上のアクティブ・フィルタは，1～2次のアクティブ・フィルタの直列接続によって作れます.

OPアンプを用いないパッシブ・フィルタでは，直列接続すると相互に干渉して特性が変わってしまうので，この方法は使えません.

基本的には，コンデンサ1個（またはコイル1個）が1次の傾斜を作り出します.0.5次とか半端な傾斜は作れません.バンド・パス・フィルタは通過域の両側，ノッチ・フィルタは阻止域の両側に傾斜ができますから，少なくとも2次フィルタになります.

9-2 実際のフィルタ回路
バターワース特性の2次フィルタ

● 回路構成がシンプルな1次のフィルタ

1次ロー・パス・フィルタは**図3**のように，CR積分回路または不完全積分回路で実現できます．増幅率は直流ではほぼ1倍で，ゆるやかに低下してカットオフ周波数f_Cで−3 dB（$1/\sqrt{2}$倍）となり，高周波ではほぼ−20 dB/dec.（周波数10倍ごとに増幅率は10分の1）となります．動作例を**図4**に示します．

1次ハイ・パス・フィルタは**図5**のように，CR微分回路または不完全微分回路で実現できます．増幅率は，低周波ではほぼ20 dB/dec.（周波数10倍ごとに増幅率は10倍）で上昇し，カットオフ周波数f_Cで−3 dB（$1/\sqrt{2}$倍）となります．さらにゆるやかに上昇して高周波ではほぼ1倍となります．動作例を**図6**に示します．

OPアンプを使った不完全積分回路，不完全微分回路は，出力インピーダンスが低いので，直列接続によって高次のフィル

図3 1次ロー・パス・フィルタ

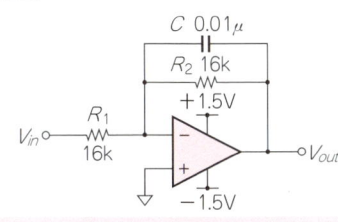

カットオフ周波数　$f_C = 1/(2\pi CR_2) \fallingdotseq 1\text{kHz}$

（a）回路図　（b）周波数特性

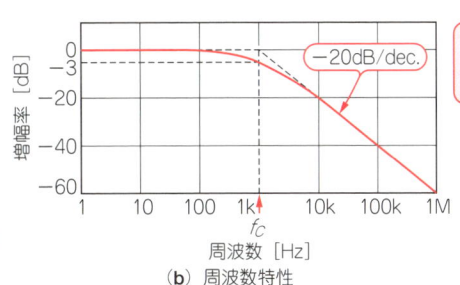

> 1次ロー・パス・フィルタはCR積分回路または不完全積分回路で実現できます．

図4 1次ロー・パス・フィルタに信号を通すと…
入力信号に含まれている高周波成分が小さくなる（低周波成分が抽出される）

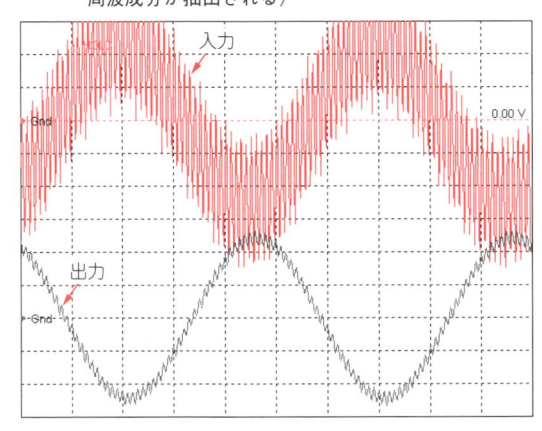

図6 1次ハイ・パス・フィルタに信号を通すと…
入力信号に含まれている低周波成分が小さくなる（高周波成分が抽出される）

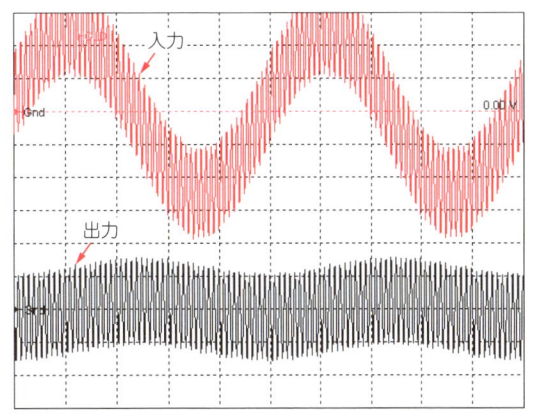

図5 1次ハイ・パス・フィルタ

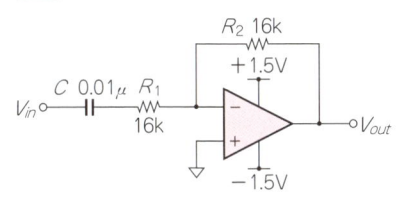

カットオフ周波数　$f_C = 1/(2\pi CR_1) \fallingdotseq 1\text{kHz}$

（a）回路図　（b）周波数特性

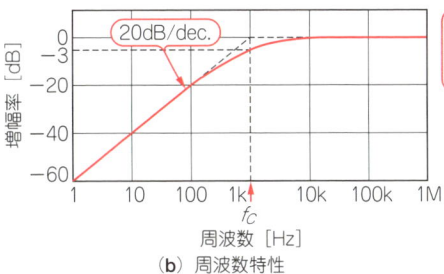

> 1次ハイ・パス・フィルタはCR微分回路または不完全微分回路で実現できます．

タを作れます．

OPアンプを使わないCRフィルタは，低コストで，かつ高周波まで周波数特性が良好という利点があります．

● 2次以上ならカットオフ周辺の特性を選べる

1次フィルタは，どんな方法で作ったとしても基本的な特性は1種類しかありません．ロー・パスとハイ・パスも，周波数を裏返してみれば実は同じ特性です．それに対して，2次以上のフィルタは**図7**のようにさまざまな特性が作れます．

例えば，1次フィルタと同様に増幅率は直流ではほぼ1倍で，ゆるやかに低下してカットオフ周波数f_Cで-3 dB（$1/\sqrt{2}$倍）となり，高周波ではほぼ-40 dB/dec.（周波数10倍ごとに増幅率は100分の1）となるような特性があります（バターワース特性と呼ばれる）．

直流と高周波ではほぼ同じ特性で，途中の傾斜がゆるやかで肩の丸い特性にもできます．逆に，途中の増幅率が1倍より大きく，肩のとがった特性にもできます．

● 1次と2次を組み合わせるときは…

2次フィルタを単独で使うときはバターワース特性が最も一般的ですが，1次と2次フィルタを組み合わせて高次のフィルタを作りたいときは，肩の丸い特性やとがった特性を組み合わせて使います（**図8**）．

ただし，高次フィルタの定数の計算はめんどうなので，ここではバターワース特性の2次フィルタを紹介します．

● OPアンプを使えばコイルなしでLCフィルタならではの特性が出せる

2次のバターワース特性や，

図8 高次ロー・パス・フィルタの構成方法

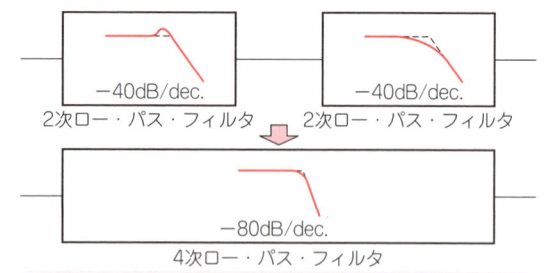

-40dB/dec. 2次ロー・パス・フィルタ
-40dB/dec. 2次ロー・パス・フィルタ
↓
-80dB/dec. 4次ロー・パス・フィルタ

2次フィルタを直列接続すれば，4次，6次など偶数次のフィルタが作れる．
1次フィルタを加えれば，3次，5次など奇数次フィルタが作れる．
肩のとがったフィルタと肩の丸いフィルタを組み合わせて，さまざまな特性が得られる

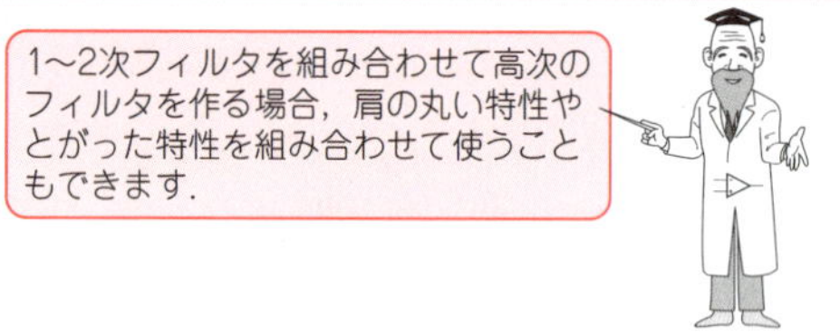

1～2次フィルタを組み合わせて高次のフィルタを作る場合，肩の丸い特性やとがった特性を組み合わせて使うこともできます．

図7 2次以上のフィルタならさまざまな周波数特性を実現できる

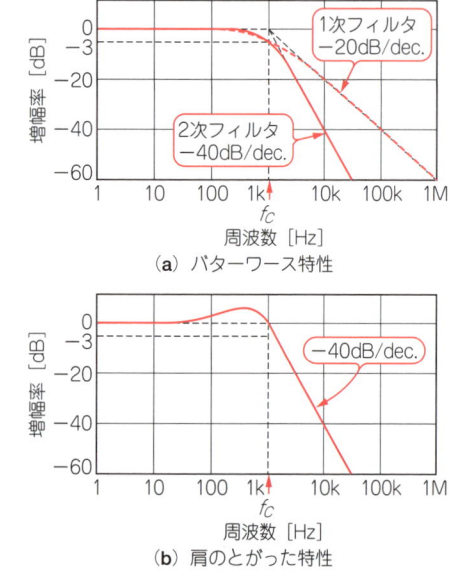

(a) バターワース特性
1次フィルタ -20dB/dec.
2次フィルタ -40dB/dec.

2次以上のフィルタは1次と異なりカットオフ周波数周辺のゲインや位相の変化ぐあいを調整できます．

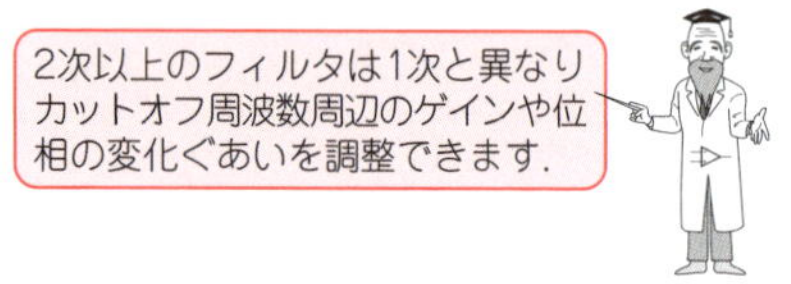

バターワース特性は，1次フィルタと同じくカットオフ周波数で-3dBとなる．$f > f_C$では-40dB/dec.で減衰し，1次フィルタより阻止能力が高い．
2次フィルタでは，バターワース特性以外の特性も作れる

(b) 肩のとがった特性
-40dB/dec.

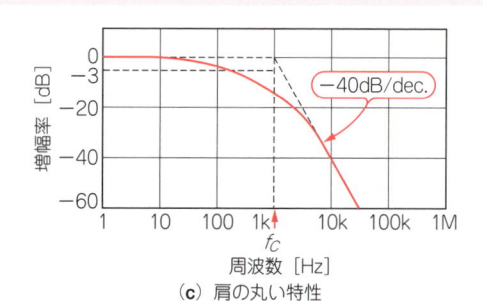

(c) 肩の丸い特性
-40dB/dec.

図9 2次のアクティブ・フィルタの定石「多重帰還型」

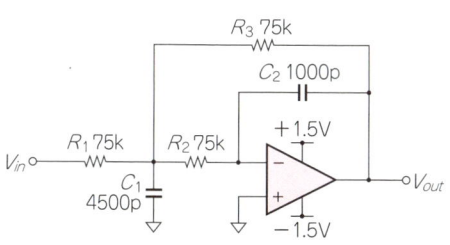

R_3 75k, C_2 1000p, R_1 75k, R_2 75k, C_1 4500p

バターワース特性にするには，
$R_1=R_2=R_3$，$C_1/C_2=9/2$ とする
カットオフ周波数 $f_C=1/(2\pi\sqrt{C_1 C_2}R_1) \fallingdotseq 1\text{kHz}$

(a) 回路図

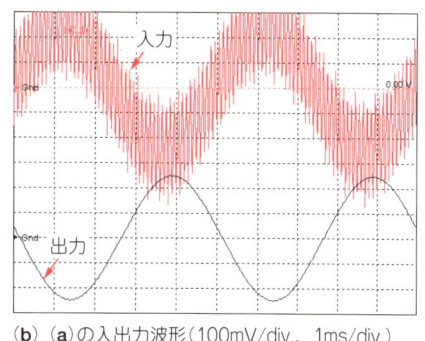

CR積分回路と不完全積分回路を組み合わせたような回路です．

(b) (a)の入出力波形(100mV/div., 1ms/div.)
入力信号は200Hz($f_C/5$)と10kHz($10f_C$)の合成．10kHzは1次よりも減衰している

図10 1次ハイ・パス/1次ロー・パスを組み合わせたバンド・パス・フィルタ
特定の周波数成分が抽出される

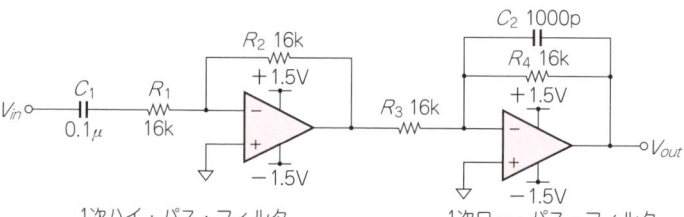

C_1 0.1μ, R_1 16k, R_2 16k, R_3 16k, R_4 16k, C_2 1000p

1次ハイ・パス・フィルタ
カットオフ周波数 $f_C=1/(2\pi C_1 R_1) \fallingdotseq 100\text{Hz}$

1次ロー・パス・フィルタ
カットオフ周波数 $f_C=1/(2\pi C_2 R_4) \fallingdotseq 10\text{kHz}$

1個のOPアンプに不完全微分と不完全積分の性質をもたせても同じです．

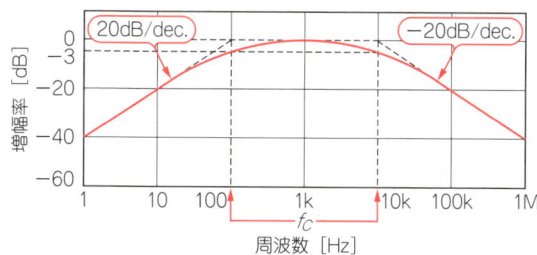

(a) 回路図

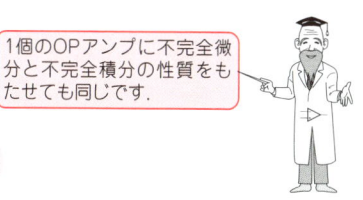

(b) 周波数特性

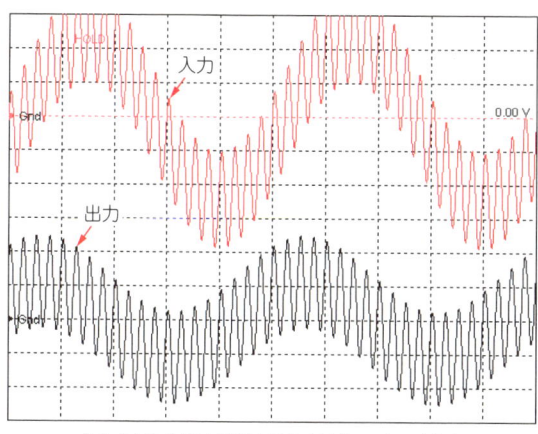

(c) (a)の入出力波形(100mV/div., 4ms/div.)
入力信号は50Hz($f_C/20$)と1kHz(f_C)の合成．50Hzは多少減衰している

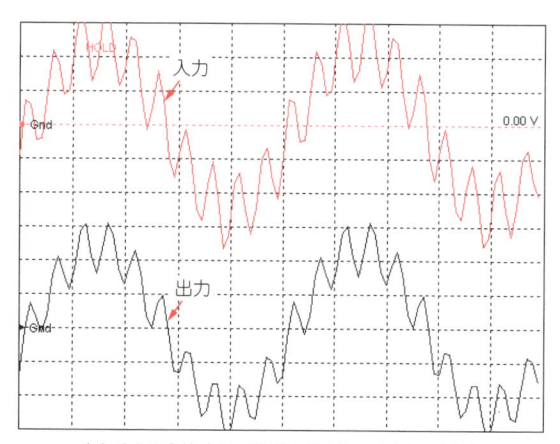

(d) (a)の入出力波形(100mV/div., 200μs/div.)
入力信号は1kHz(f_C)と10kHz($10f_C$)の合成．10kHzはわずかに減衰している

9-2 実際のフィルタ回路

それより肩のとがった特性を作る場合，受動素子だけならコイル L とコンデンサ C を組み合わせますが，OPアンプを使ったアクティブ・フィルタなら，コイルなしでさまざまな特性を実現できます．

● オーソドックスな2次フィルタ「多重帰還型」

OPアンプを用いる2次アクティブ・フィルタには，さまざまな回路構成のものがあります．

図9に，多重帰還型2次ロー・パス・フィルタの回路例と動作例を示します．2個の C と3個の R を用いており，CR 積分回路と不完全積分回路を組み合わせたような反転型フィルタです．ただし，負帰還のかけかたが不完全積分回路とは違って，C と R の並列負帰還ではありません．完全積分回路のような C だけの負帰還ループと，その外側の R による負帰還ループを組み合わせていることから，**多重帰還型**と呼ばれています．

図9の C と R を入れ替えると，2次ハイ・パス・フィルタができます．このとき，C が3個になりますが，3次フィルタになるわけではありません．

● ロー・パスとハイ・パスを組み合わせるとバンド・パスになる

バンド・パス・フィルタは，図10のように1次ハイ・パス・フィルタと1次ロー・パス・フィルタの直列接続によって作ることができます．2個のフィルタの直列接続の代わりに，1個のOPアンプに不完全微分と不完全積分の性質をもたせても同じです．

ハイ・パス・フィルタのカットオフ周波数 f_{C1} とロー・パス・フィルタのカットオフ周波数 f_{C2} を，$f_{C1} < f_{C2}$ となるように選べば，$f_{C1} < f < f_{C2}$ を通過域とするバンド・パス・フィルタができます．

2次バンド・パス・フィルタの場合，通過域の両側の傾斜はそれぞれ 20 dB/dec.，－20 dB/dec. となって1次フィルタ相当なので，**1次対フィルタ**と呼ぶ場合もあります．

● VCVS型2次ロー・パス・フィルタ

VCVS(Voltage Controlled Voltage Source)型フィルタは，2個の CR 1次フィルタと電圧フォロワを組み合わせた非反転型フィルタです．電圧フォロワが2段目の CR フィルタの出力電圧で制御され，初段の CR フィルタに電圧を供給する電圧源として働くことから，VCVS型と呼ばれています．また，発明者の名前から，サレン・キー型とも呼ばれます．

図11にVCVS型2次ロー・パス・フィルタの回路例と動作例を示します．VCVS型は少ない部品点数でさまざまな特性の2次フィルタを実現できるので，実用的に最も広く用いられている回路です．ただし，フィルタ特性が素子定数によって急激に変化する(素子感度が高い)ことや，一般にOPアンプ回路ではOPアンプの開ループ・ゲインが低下してくる高域では出力誤差が増加しますが，とくにVCVS型ではロー・パスなのに高域で増幅率が上昇する場合があるなど，注意点もあります．

多重帰還型と同様に，C と R を入れ替えると2次ハイ・パス・フィルタになります．

〈宮崎 仁〉

図11 VCVS型2次ロー・パス・フィルタ

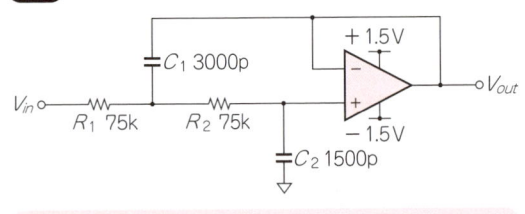

バターワース特性にするには，$R_1 = R_2$，$C_1/C_2 = 2$ とする
カットオフ周波数 $f_C = 1/2\pi\sqrt{C_1 C_2 R_1} \fallingdotseq 1$ kHz

C_1 3000p，R_1 75k，R_2 75k，C_2 1500p，＋1.5 V，－1.5 V

(a) 回路例

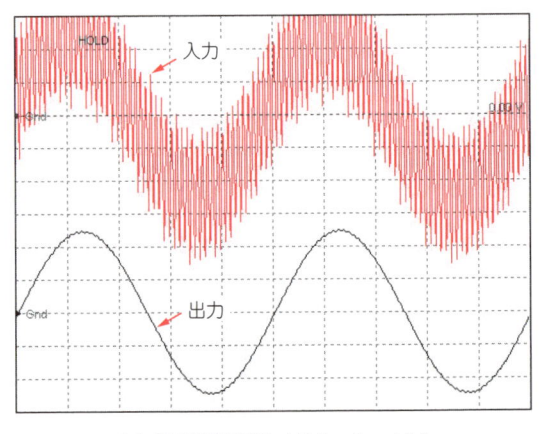

(b) 動作波形(100mV/div，1ms/div)

徹底図解★OPアンプIC活用ノート

第10章
サーミスタと白金測温抵抗体をA-Dコンバータにインターフェースする

温度センサ回路におけるOPアンプの応用

10-1 サーミスタ・インターフェース回路
抵抗ブリッジと差動アンプでリニアライズ

図1は，半導体レーザの温度モニタ用のサーミスタを，4.096 Vフルスケールの単電源動作のA-Dコンバータに接続するためのインターフェース回路です．

● 使用するOPアンプ

OPアンプは，発熱の多いレーザ・モジュール近辺で使用するため，温度ドリフトの少ないものが望ましいです．

ここでは，低電圧高精度CMOSレール・ツー・レールOPアンプTLV2472（テキサス・インスツルメンツ）を5V単一電源で使用しています．

TLV2472は2回路入りで，TLV2471は1回路入りのものです．

TLV2472のオフセット電圧は最大で2.2 mVと並ですが，温度ドリフトは0.4 μV/℃（typ）と極めて少なく，OP27のような高精度OPアンプに匹敵します．

また，出力電圧範囲も5V単一電源で使用したときに0.5～4.6 V（I_{out} = 10 mA）程度と広く，このような用途に適しています．

● サーミスタ

温度モニタ用サーミスタはR_0 = 10 kΩ@25℃，B定数が3900のものが使われています．

温度T[K]におけるサーミスタの抵抗値R_Tは，次の式で近似されます．

$$R_T = R_0 \exp\left\{B\left(\frac{1}{T} - \frac{1}{T_0}\right)\right\}$$

R_T：TKでの抵抗値[Ω]
R_0：抵抗値（10 kΩ@25℃）
B：B定数（3900）
T：測定温度[K]
T_0：298.5 K（25℃）

この抵抗値の変化は**図2**のように非線形なので，ブリッジ回路TH_1，R_1，R_2，R_3を用い

図1 サーミスタとA-Dコンバータをインターフェースする回路

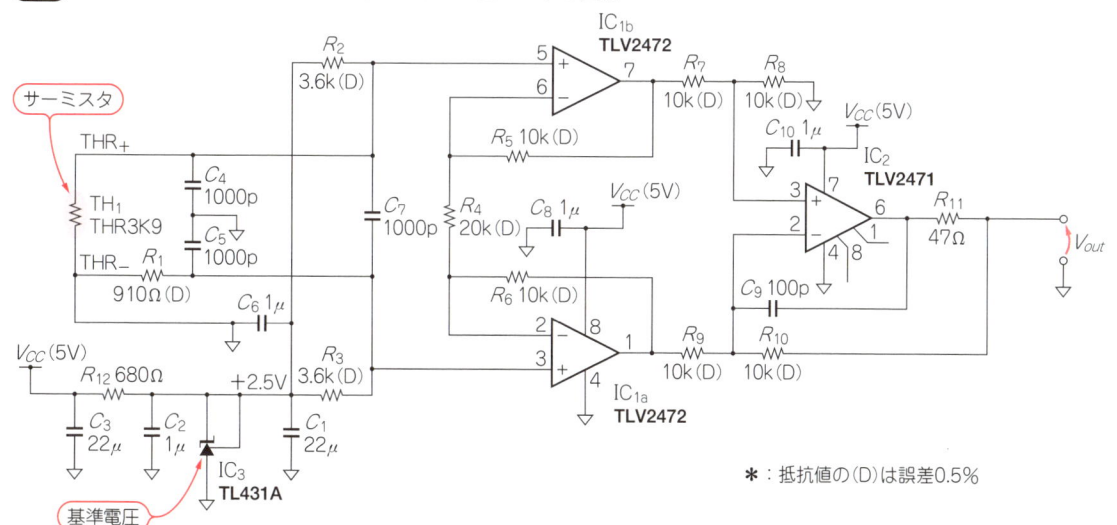

＊：抵抗値の(D)は誤差0.5%

10-1 サーミスタ・インターフェース回路

てリニアライズを行っています．

後処理でディジタル的に補正が可能なため，ブリッジ抵抗の絶対値はあまり問題になりませんが，温度特性の点でおもな抵抗にはD級(0.5%)のものを使用しています．D級の抵抗の温度特性は±10〜25 ppm/℃が一般的です（進工業RGシリーズなど）．

部品の定数は，測定温度の上限の75℃においても出力電圧が出力電圧範囲内に収まるように設定しています．

後処理用の直線近似の式は，モニタ温度域の+15〜65℃において誤差が少なくなるように，次の係数による近似式を使用しています．

$$L_R = 0.754 - 0.00901T$$

図3 に，出力電圧と測定温度の関係を示します．測定範囲の出力電圧（2〜1V）で，誤差は±5 mV程度に収まっています．

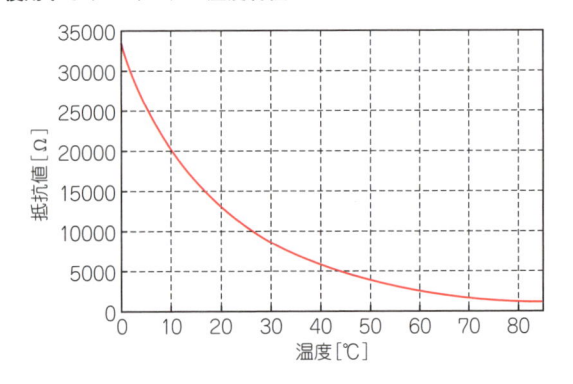

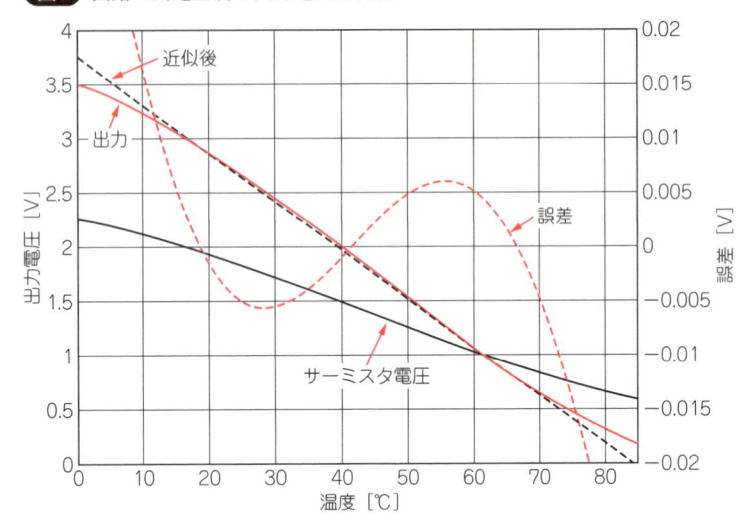

● 回路のポイント

IC_1とR_4，R_5，R_6で2倍の電圧増幅を，IC_2とR_7，R_8，R_9，R_{10}で差動増幅を行って計装増幅器を構成しています．

それほど遠くにあるセンサを扱うわけではないのですが，同相電圧除去比はR_5，R_6，R_7，R_8，R_9，R_{10}の精度で決まるので，性能を不用意に悪くしないためにもD級の抵抗を使用しています．

ICの出力についているR_{11}とC_9は，安定動作のための位相補償用です．

回路図には示されていませんが，出力に接続される予定のA-Dコンバータは，特性改善のために入力に1000 pF程度のコンデンサが付加されています．IC_2から見ると割と大きめの容量性負荷になるので，位相余裕が減少します．

TLV2471のデータシートを参照すると，出力直列抵抗が0Ωの場合，負荷容量が1000 pFにおいて位相余裕は15°ほどしかありません．しかし，50Ωの直列抵抗を付加すると40°程度に改善されるので，R_{11}とC_9の位相補償は必須です．

基準電圧には一般的なバンド・ギャップ基準電圧ICのTL431A（テキサス・インスツルメンツ）を用いています．TL431Aは負荷容量により不安定領域があり，特に全帰還の2.5 Vで使用したときには不安定領域が広がるので，安定動作のためには7 μF以上のコンデンサ容量が必要です．

回路図中ではC_1が，この安定化のためのコンデンサですが，高誘電率系の大容量の積層セラミック・コンデンサは電圧や温度により容量が減少するため，余裕を見て22 μFの容量のものを使っています．

また，R_{12}，C_1，C_2で，電源からの雑音を防ぐフィルタを構成しています．C_8，C_{10}はOPアンプの電源の，C_3はこの辺りの回路全体の電源のデカップリング用です．

10-2 白金測温抵抗体のインターフェース回路

Pt100を3線接続して200倍に電圧増幅する

機械の制御装置などでは，制御や監視のために温度を測定することがよくあります．信頼性が高く，広い温度範囲（例：−200〜0，0〜+350℃）で使える温度センサの代表に白金測温抵抗があります．

白金測温抵抗体は，JIS C 1604-1997に規定があります．

● 3線式インターフェース回路

図4 は，10m程度離れた箇所の温度を測定するために，一般的なPt100（3線式）のセンサ・ユニットをA-Dコンバータにインターフェースする回路です．

白金測温抵抗体の特性は，非線形性が少なく再現性も高く使いやすいものですが，抵抗値が100Ωと小さいために，センサの接続ケーブルの抵抗が誤差要因として無視できません．そのため多くの場合で，4線式ケルビン接続，またはやや簡易な3線式の接続が必要です．

配線抵抗の影響を実用上で十分にキャンセルできる3線式接続は，比較的安価なうえ，ブリッジ測定に適しているためよく使われています（図5）．

● 白金測温抵抗体

Pt100白金測温抵抗体の基準抵抗値 R_t は，次の式で近似されます．図6 に温度と抵抗値の特性を示します．

$-200 \leq T [℃] < 0$ のとき
$R_t = R_0(1 + AT + BT^2 + C(t-100)T^3)$

$0 \leq T [℃] < 850$ のとき
$R_t = R_0(1 + AT + BT^2)$

R_0：抵抗値（100Ω＠0℃）
$A = 3.9083 \times 10^{-3}$
$B = -5.775 \times 10^{-7}$
$C = -4.183 \times 10^{-12}$

純アナログ回路ではアンプに正帰還をかけて，上式の2次の項の補正を行う例もありますが，現在ではA-D変換後にディジタル的に補正するのが一般的です．

後処理用の直線近似の計算は，モニタ温度域の+15〜65℃において誤差が少なくなるように，次の係数の近似式を使用しています．

$L_R(T) = 1.565 + 0.019.9\,T$

図7 に，測定温度と出力電圧の特性を示します．

● 回路のポイント

白金測温抵抗は一般的に，抵

図4 白金測温抵抗体とA-Dコンバータをインターフェースする回路

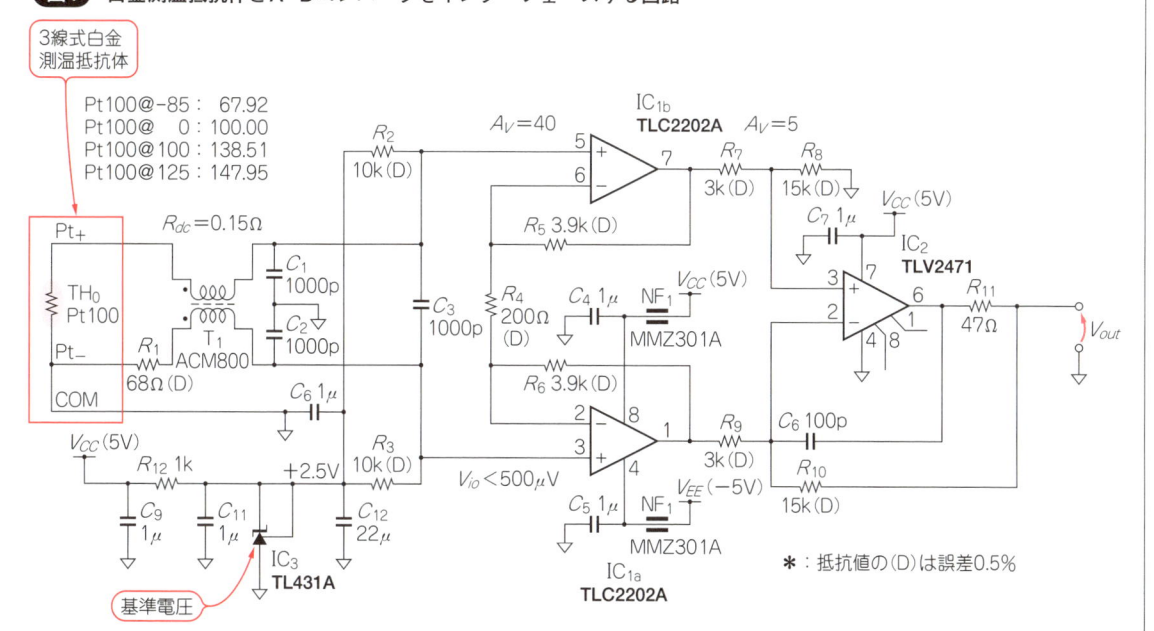

図5 3線式センサの接続図

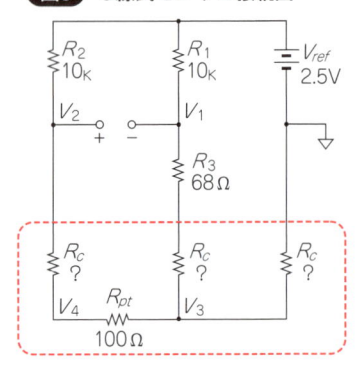

図6 白金測温抵抗対の温度特性(Pt100)

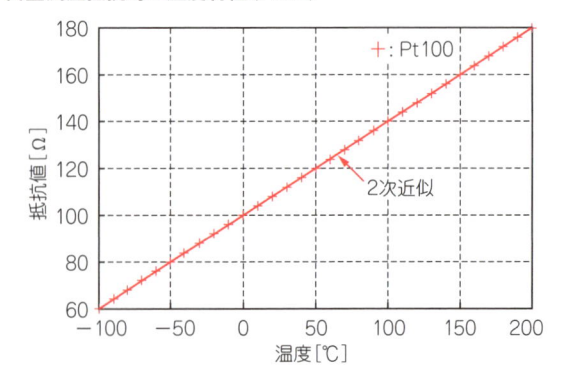

図7 回路の測定温度と出力電圧の特性

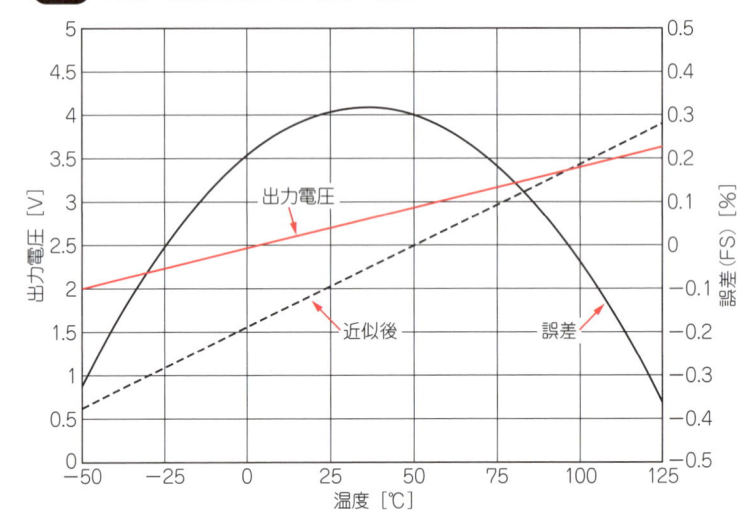

抗値が低いうえに流せる電流が1mAと少なく，サーミスタに比べて抵抗値の変化が少ないため，その程度の測定電流では数100μV/℃程度の比較的小さな電圧になります．そのため，初段のOPアンプには低入力バイアス電流，低入力オフセット電圧の高精度OPアンプが必要です．

ここでは，低雑音高精度CMOS OPアンプTLC2202A（テキサス・インスツルメンツ）を使用しています．"A"サフィックスは，入力オフセット電圧の規格値が500μV(max)のものです．これは入力換算で数℃の誤差に相当しますが，後処理での補正を前提としているので問題になりません．

入力バイアス電流は100pA(max)，オフセット電圧ドリフトも0.5μV/℃(typ)と，いずれもごく小さいため問題になりません．

全温度範囲が，接続されるA-Dコンバータのダイナミック・レンジ(0～4.096V)に収まるように，初段のIC_1, R_4, R_5, R_6で40倍，次段のIC_2, R_7, R_8, R_9, R_{10}で5倍，オーバーオールで200倍の電圧増幅度に設定しています．

次段のOPアンプはA-Dコンバータをドライブするため，レール・ツー・レール入出力の低電圧高精度OPアンプTLC2741（テキサス・インスツルメンツ）を使用しています．

● ノイズ対策

前述のサーミスタ・インターフェースに比べて，初段のOPアンプが扱う信号レベルが低くてデリケートなので，初段のOPアンプの電源にもデカップリング用のコンデンサと合わせてEMIフィルタにチップ・タイプのコモン・モード・フィルタを入れてあります．

また，白金測温抵抗はケーブルで回路基板の外部に接続されるので，入力のEMI対策にACMシリーズ（TDK）のコモン・モード・フィルタT_1とC_1, C_2, C_3で構成したノイズ・フィルタを入れてあります．

IC_2の位相補償や基準電圧IC TL431Aの安定動作に関しては，前述のサーミスタ・インターフェースの該当箇所を参照してください． 〈細田 隆之〉

徹底図解★OPアンプIC活用ノート

第11章
不要な信号を濾過して必要な信号だけを取り出す

フィルタ回路における OPアンプの応用

11-1 OPアンプ1個で作る3次ロー・パス・フィルタ
リンギングなどの波形の乱れが少ない特徴をもつ

コスト要求が厳しいときや実装スペースが少ないときなど，困ったときのためにOPアンプ1個でできる3次ロー・パス・フィルタ（Low-Pass Filter；LPF）を紹介します．

● ゲッフェ型の3次ロー・パス・フィルタ

回路を**図1**に示します．ゲッフェ（Geffe）型の3次ロー・パス・フィルタで，リニア・フェーズ・フィルタを元にして，SPICEを用いてコンデンサの値が入手しやすい値になるようにパラメータ・フィッティングを行ったものです．

バターワース特性に比べて振幅特性では劣りますが，群遅延特性が平坦なため，リンギングなど波形の乱れが少ない特徴があります．

特性のシミュレーション結果を**図2**に示します．

ゲッフェ型のフィルタはQの高いフィルタには適しませんが，入力直後の部分もOPアンプの非反転入力端子部分にも，それぞれR_1，C_1とR_3，C_3のパッシブ・フィルタがあるような構成になっているため，EMIを受けにくいというのも利点のひとつです．

● バターワース特性に変更できる

C_1，C_2の値を回路図中の括弧内の値に変更すると，特性をバターワース特性に変えることができます．このときの特性の

シミュレーション結果も**図2**に示してあります．

また，周波数特性を決める抵抗の値が同一であるため，抵抗値をスケーリングするだけで簡単にカットオフ周波数を変更することができます．

ただし，回路で使用しているOPアンプTLC2201（テキサス・インスツルメンツ）は高精度/低ドリフト用途のOPアンプです．ゲイン・バンド幅が1.9 MHz（typ）と広くないため，カットオフ周波数をあまり上げることはできません．

もし，数kHz～10 kHzあたりのカットオフ周波数で使いたい場合には，もう少しゲイン・バンド幅の広い（$GBW=10$ MHz）TLC072（テキサス・インスツルメンツ）のようなOPアンプが適しています．

ただし，**図1**に示した回路では，カットオフ周波数が1 kHzにおいてできるだけ小型のコンデンサを使用するために，$R_1 \sim R_3$が100 kΩとやや高インピーダンス設計になっています．そのため，$R_1 \sim R_3$の値を10 kΩ前後になるように変更します．

図1 ゲッフェ型3次ローパス・フィルタの回路
C_1，C_2を( )内の値に変更すると3次バターワース特性になる

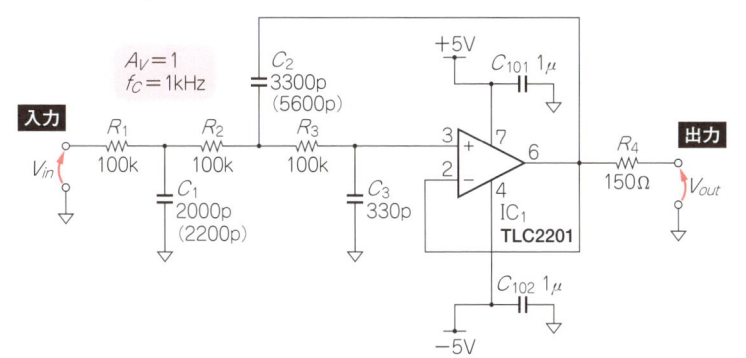

11-1 OPアンプ1個で作る3次ロー・パス・フィルタ　119

● ゲッフェ型ロー・パス・フィルタの伝達関数の係数の条件

図1のゲッフェ型の3次ロー・パス・フィルタで実現できる伝達関数には若干の制限があり，任意の伝達関数を実現できるわけではありません．正規化した伝達関数 $T(s)$ は，

$$a = C_1 C_2 C_3$$
$$\beta = 2C_3(C_1 + C_2)$$
$$\gamma = C_1 + 3C_3$$

として，

$$T(s) = \frac{1}{as^3 + \beta s^2 + \gamma s + 1} \quad \cdots\cdots(1)$$

と表されます．

実際の部品で実現するためには，各係数は正である必要があり，正の C_1, C_2, C_3 が存在するには，

$$\beta\gamma > 2a \quad \cdots\cdots(2)$$

である必要があります．

● 3次ベッセル型ロー・パス・フィルタの計算例

ところで，3次ベッセル特性のロー・パス・フィルタの伝達関数 $T(s)$ は，

$$T(s) = \frac{1}{s^3 + 6s^2 + 15s + 15} \quad \cdots\cdots(3)$$

ですから，(1), (3)式より，

$$\frac{1}{15} = C_1 C_2 C_3$$

$$\frac{2}{5} = 2C_3(C_1 + C_2)$$

$$1 = C_1 + 3C_3$$

となります．これを解くと，正の係数，

$C_1 \fallingdotseq 0.5646$
$C_2 \fallingdotseq 0.8136$
$C_3 \fallingdotseq 0.1451$

が得られ，実現可能なことがわかります．

図2 フィルタ特性のシミュレーション結果
群遅延特性が平坦なためリンギングなど波形の乱れが少ない

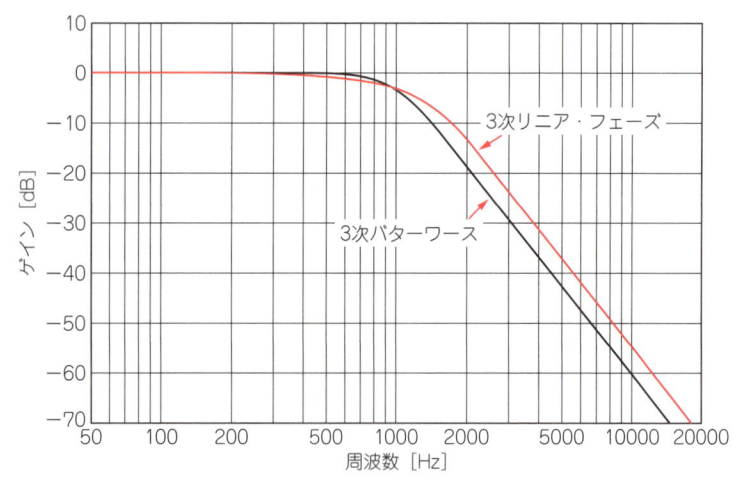

(a) ゲインの周波数特性

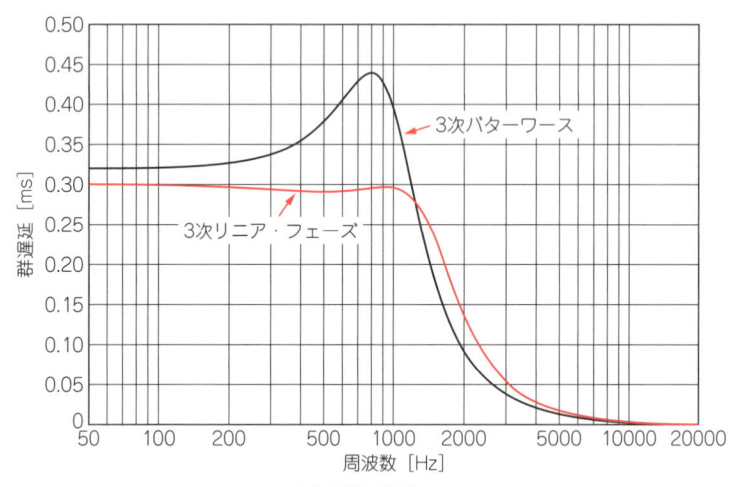

(b) 群遅延特性

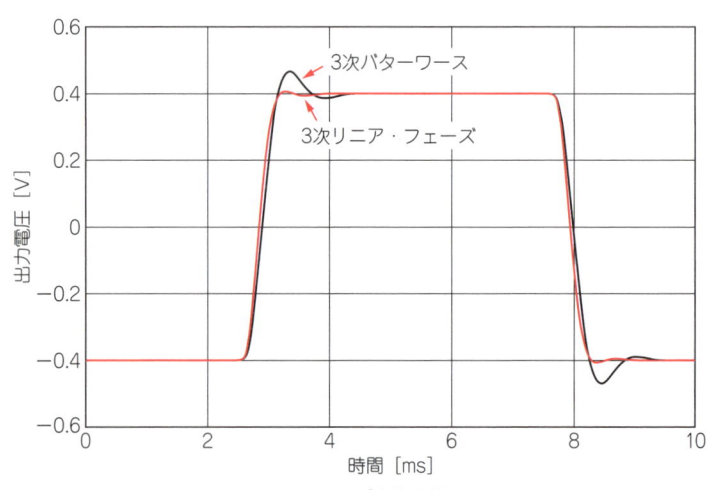

(c) ステップ応答特性

11-2 ロー・パス・フィルタの過渡特性を補正する
送信側と受信側での総合特性を利用する

● LPF内蔵のセンサIC

あるセンサIC(EpsonToyocom XV-3500など)では,その出力に2次のスイッチト・キャパシタ型のローパス・フィルタが内蔵されています.電池動作のスタンドアロンで使う用途にはロー・パス・フィルタの部品点数も減らせ,位相遅れも少なく使いやすいものとなっています.これを一般的なセンサとして適用できるか試したときの話です.

● 受信側にもフィルタが必要

センサからのアナログ信号を受信するインターフェース部分には,電池動作の製品では気にならなくても,工場などの外来雑音が多い環境や計測用途に使用する場合では,EMIフィルタや,A-D変換のアンチエイリアス用にロー・パス・フィルタを追加したいことがよくあります.

また,外来電波や磁気誘導などの雑音のみならず,このセンサ自体からもクロックの漏れやスイッチト・キャパシタ・フィルタからのスイッチング雑音の発生が考えられるため,受信側にもロー・パス・フィルタが必要です.

● 内蔵フィルタの過渡特性

今回は単なるロー・パス・フィルタに留まらず,そのセンサの内蔵フィルタを生かしたものとなるように考えてみました.

内蔵フィルタの特性パラメータは,

$Q = 1.0$
$f_C = 200\,\text{Hz}$

に固定されていて変更することができません.

図3に,内蔵フィルタ($Q=1$の2次スイッチト・キャパシタ)の周波数特性およびステップ応答特性のシミュレーション結果を示します.図には,総合特性となる4次リニア・フェーズ特性と,後述する3次バターワース特性のシミュレーション結果も示してあります.

このままでは周波数特性と群遅延特性に大きなピークがあるため,ステップ応答では過渡特性に1.3倍のオーバーシュートが発生し,計測/制御用途などには不向きなことがあります.

ですが,ある意味ではプリエンファシスのようにも考えられ

図3 フィルタ特性のシミュレーション結果
4次リニア・フェーズが総合特性を示す

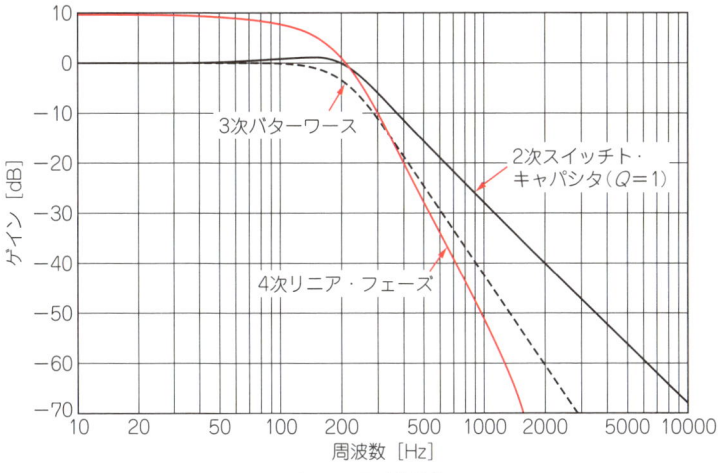

(a) ゲインの周波数特性

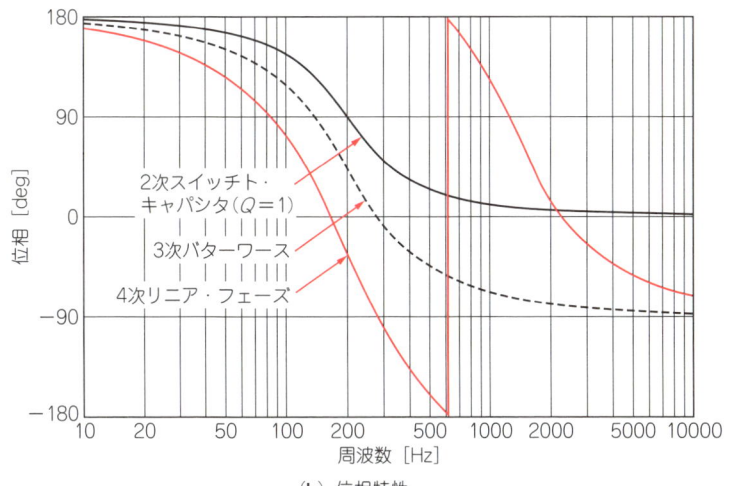

(b) 位相特性

るため雑音的には多少有利なので，受信側に入れるフィルタを工夫することにより，センサ内蔵のフィルタの$Q=1$の特性を活用できそうです．

● 過渡特性の補正

ディジタル無線などでは，送信側のフィルタと受信側のフィルタを合わせた総合特性が，ナイキスト・フィルタなど特定の特性になるようにフィルタを設計することがあります．

それと同じ考えで，内蔵フィルタの$Q=1$のステージと組み合わせて，群遅延特性を補正してオーバーシュートが少なくなるように，2次のロー・パス・フィルタを設計しました．

補正フィルタを含めた全体の構成を**図4**に示します．

受信側ステージの特性パラメータは，

$Q = 0.536$
$f_C = 147\,\text{Hz}$

です．

リニア・フェーズLPFを元に設計し，入手が容易な部品定数になるようにしてあります．

部品の誤差で特性は変わりますが，そもそもQが低いため，素子感度はそれほど高くありません．

● 実際の回路例

図5に示すセンサからの信号の受信回路例では，EMIフィルタの後，初段の差動アンプで6倍に増幅し，後段では出力に接続されるA-Dコンバータへのレベル・シフタを兼ねて，過渡特性の補正用2次LPFを構成しています．回路図では，コネクタや過電圧保護回路などは省略してあります．

OPアンプには，低ドリフト/低雑音のCMOS OPアンプTLC 2272A（テキサス・インスツルメンツ）を使用しています．

フィルタ用のコンデンサには，ゼロ温度係数の低誘電率積層セラミック・コンデンサが，電源やバイアスのデカップリングには，大容量積層セラミック・コンデンサが適しています．

● 総合特性

センサの内蔵フィルタのばらつきにもよりますが，内蔵フィルタと追加したフィルタを合わせたオーバーオールの特性では，オーバーシュートを数パーセント以下に低減できます．

図3 フィルタ特性のシミュレーション結果（つづき）
4次リニア・フェーズが総合特性を示す

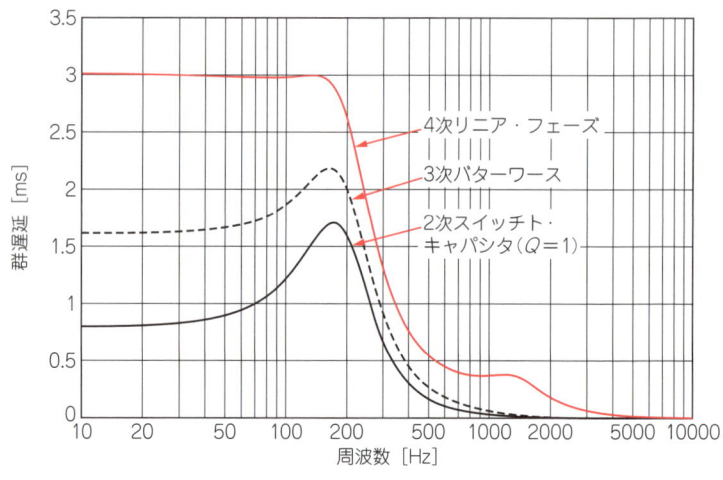

（c）群遅延特性

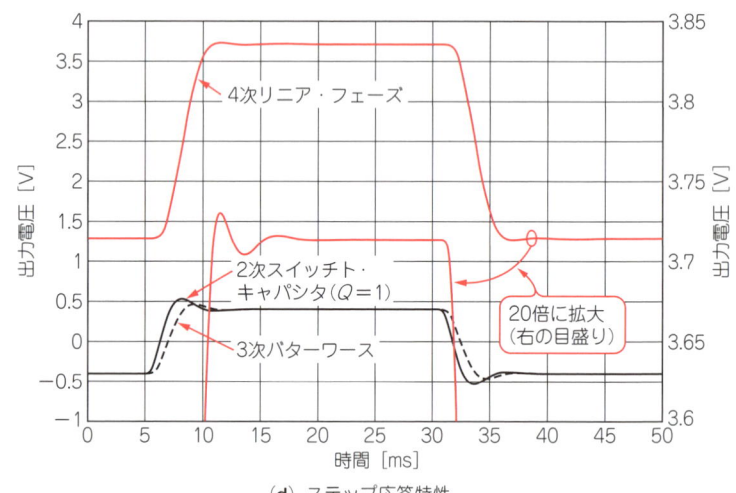

（d）ステップ応答特性

図4 補正フィルタを含めた全体のブロック構成

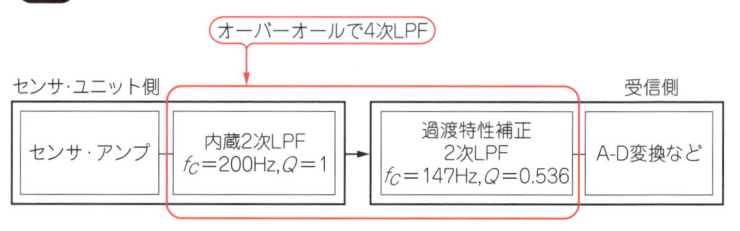

オーバーオールで4次LPF

センサ・ユニット側 → センサ・アンプ → 内蔵2次LPF $f_C=200\text{Hz}, Q=1$ → 過渡特性補正 2次LPF $f_C=147\text{Hz}, Q=0.536$ → 受信側 A-D変換など

図5 センサからの信号の受信回路例

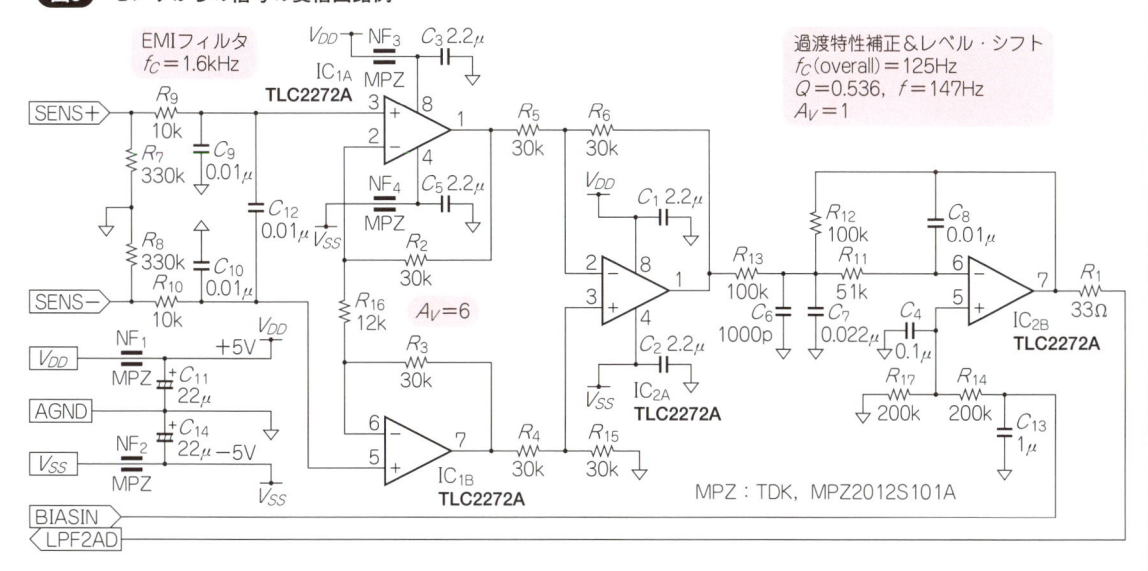

図6 総合で3次バターワース特性になるロー・パス・フィルタの回路例

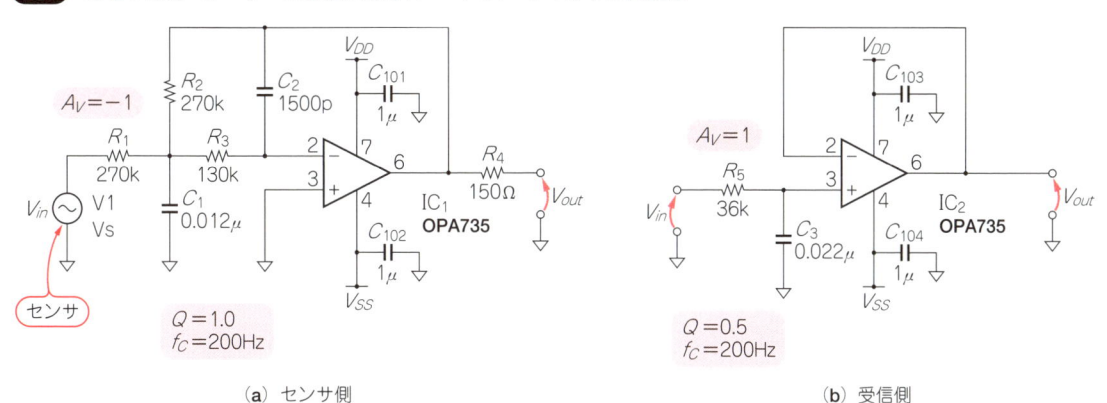

(a) センサ側　　　(b) 受信側

図3で,「4次リニア・フェーズ」としてある特性が, 総合特性のシミュレーション結果です.

－3 dB帯域は総合で約125 Hzになります. センサのクロック漏れなどの周波数に対しても, 十分な減衰を得ることができました.

● 簡易版…EMIフィルタを兼ねた簡易フィルタ

同じように, センサ側で$Q=1$の2次LPFをかけて出力し, 受信側では実装上の都合や費用上の問題でもっと簡単に1次のEMIフィルタだけにしたいこともあると思います.

その場合, 1次フィルタのカットオフ周波数をセンサ側のフィルタと同じ周波数にすると, オーバーオールで3次のバターワース特性のロー・パス・フィルタとすることができます.

回路例を**図6**に示します.

総合特性のシミュレーション結果は, **図3**の「3次バターワース」のグラフを参照してください.

オーバーシュートは半分ほどにしか改善されませんが, 総合周波数特性はフラットになります.

センサの内蔵フィルタがない場合などに, 送信側の2次LPFを多重帰還型のアクティブ・フィルタで構成して, $Q=1$, 増幅度hを1とすると, コンデンサの容量の比は次式より8:1となります. そのため, 都合よく0.012 μF, 1500 pFや0.024 μF, 3000 pFなどのE12系列の値が使えます.

$$\frac{C_1}{C_2} = 4(1+h)Q^2 = 8$$

11-3 800Hzバンド・パス・フィルタ
CWモニタ/デコーダとして使えるオーディオ・フィルタ

図7に示す回路は，以前アマチュア無線のCWモニタ/デコーダの実験用に作成したオーディオ・フィルタです．

回路は大きく分けて，3次対の800Hzのバンド・パス・フィルタとCMOSトーン・デコーダ回路で成り立っています．バンド・パス・フィルタのモニタ出力と，トーン・デコーダの出力をマイクロプロセッサにインターフェースするためのフォト・カプラ出力を備えています．

● 入力部

外部受信機のヘッドホン端子からJ_1を経て音響を入力します．

R_3は10Ωの負荷抵抗です．グラウンド・ループによるハム混入防止のため，ヘッドホン入力コネクタのグラウンドはC_2によって高周波的にフレーム・グラウンドに接地し，低周波的には分離しています．

R_{16}，C_3はRFI防止用のEMIフィルタ(f_C = 159 kHz)です．

● 800 Hzバンドパス・フィルタ部

3段のアクティブ・フィルタで増幅器を兼ねた3次対のバターワース特性のBPFを構成しています．

図8はSPICEによる特性シミュレーション結果です．

初段のバンド・パス・フィルタはR_3，R_{16}，C_3を含み，R_6，R_5，C_5，C_6，R_{20}，IC_{4A}で多重帰還型BPF(f_C = 800 Hz，Q = 8.3，A_V = 18 dB)を構成してい

図7 800 Hzバンド・パス・フィルタの回路
CWモニタ/デコーダの実験用に作成したオーディオ・フィルタ

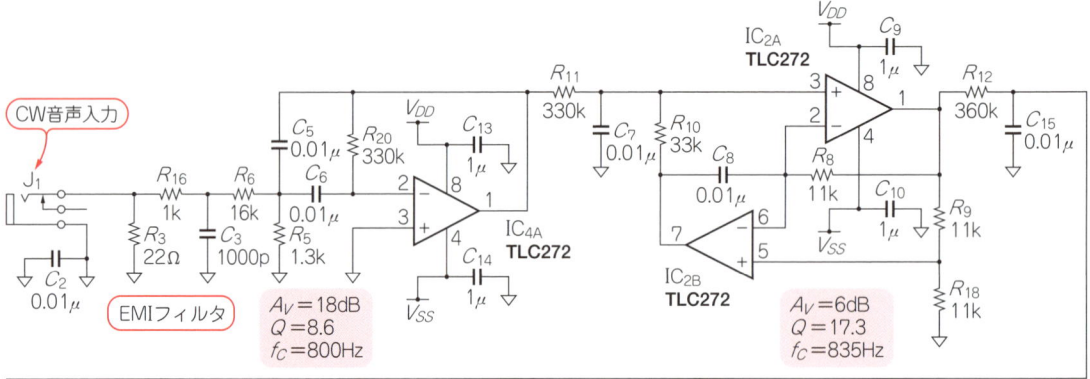

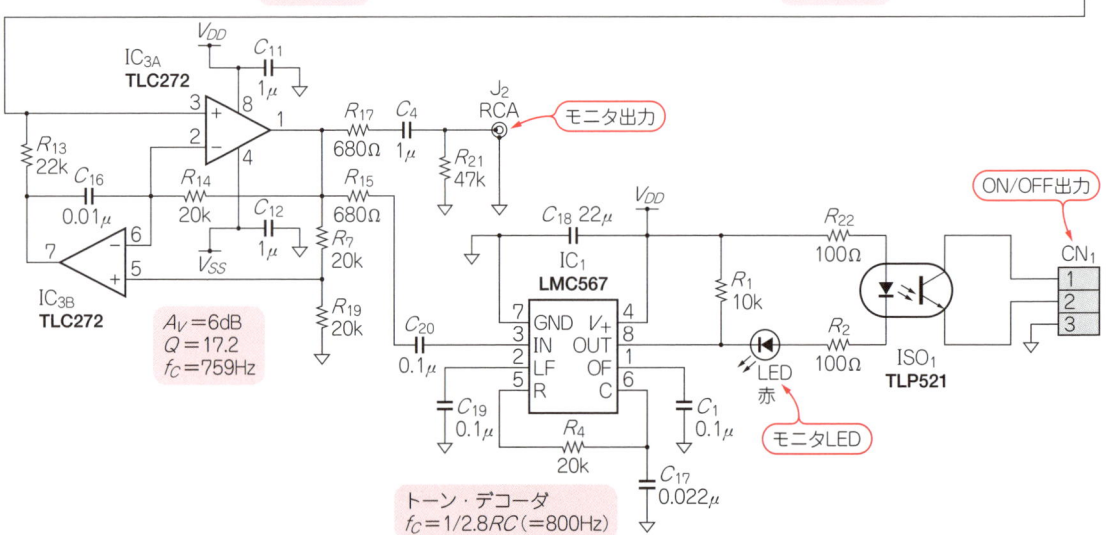

ます．

これくらいの Q までは多重帰還型 BPF が使えますが，2段目以降は Q が高くなり素子のばらつきの影響を受けやすいため，フリーゲ型 BPF としています．

2段目の BPF は R_{11}，C_7，R_{10}，C_8，R_8，R_9，R_{18}，IC_{2A}，IC_{2B} でフリーゲ型 BPF（f_C = 835 Hz，Q = 17.3，A_v = 6 dB）を構成しています．このステージの中心周波数 f_C は，0.01 μF のコンデンサに対して R_{10} と R_8 の相乗平均を 19.05 kΩ にすることで 835 Hz に設定しています．

3段目の BPF は R_{12}，C_{15}，R_{13}，C_{16}，R_{14}，R_7，R_{19}，IC_{3A}，IC_{3B} でフリーゲ型 BPF（f_C = 759 Hz，Q = 17.2，A_v = 6 dB）を構成しています．こちらも同様に，R_{13} と R_{14} の相乗平均を 20.98 kΩ にすることにより，f_C を 759 kHz に設定しています．

フリーゲ型 BPF では，周波数の決定に二つの抵抗の相乗平均を利用できるため，標準的な E24 系列の値を使っても微妙な設定がしやすくなっています．

● 音響出力部

バンド・パス・フィルタ出力から，出力保護抵抗 R_{17} と直流カットの C_4 を経て，J_2 のモニタ出力端子へ出力されます．

R_{21} は，C_4 の J_2 側電位をグラウンドにするための抵抗です．

● トーン・デコーダ部

IC_1 に使用している LMC567（ナショナル セミコンダクター）は，トーン・デコード用 PLL IC です．

バンド・パス・フィルタから R_{15}，C_{20} を経て入力される信号に，C_{17}，R_4 で決まる周波数と C_{19} で決まるロックイン・レンジの信号が検出された場合に，出力がアクティブになります．

C_{20} は直流カット用のコンデンサです．C_1 は出力フィルタ用で，C_{18} は電源のデカップリング・コンデンサです．R_1 は出力のプルアップ抵抗です．

● 出力インターフェース部

トーン・デコーダからの信号により，外部インターフェース用のフォト・カプラ ISO_1 とモニタ用の LED D_1 を ON/OFF します．R_{22}，R_2 は ISO_1 と D_1 の電流制限抵抗です．

CN_1 は外部インターフェース用コネクタです．CN_1 を経て外部のマイクロプロセッサの入力ポートにインターフェースすることができます．

● 使用感

図8 の総合特性に表される帯域幅のオーディオ信号は，人の耳にはかなり狭帯域に感じられます．少しの離調でもわりとよく分離でき，ひどい混信でもなければ，トーン・デコーダの出力も比較的誤検出の少ないものでした．

試しに，初段の Q = 8.6 のステージからの信号をトーン・デコーダに入力したときには，隣接信号の影響を受けやすく，誤動作だらけでしたので，これくらいの特性は必要そうです．

これ以上帯域を狭くした場合には，バンド・パス・フィルタの微調整が必要であったり，同調が難しくなったり，音響的にもリンギングが長くなったりするので，回路的にもこのあたりがトレードオフのポイントでした．

トーン・デコーダは検出する周波数の2倍の周波数で動作しています．ロックイン・レンジの設定やバンド・パス・フィルタの帯域を狭く設計し直したときなど，トーン・デコーダの発振周波数の正確さの確認が必要なときには，内部オシレータの出力を5番ピンで確認することができます．

図8 バンド・パス・フィルタの周波数特性のシミュレーション結果

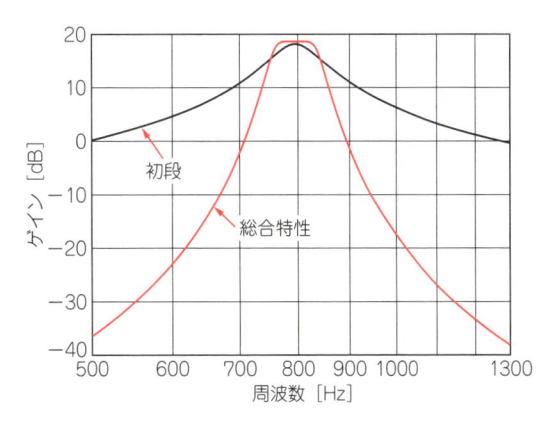

Appendix-A 実用上よく使うアクティブ・フィルタの詳細

回路構成と伝達関数

ここでは，アクティブ・フィルタでよく使うロー・パス・フィルタとバンド・パス・フィルタのビルディング・ブロックについて，伝達関数を含めて説明します．

数式はついつい読み飛ばしがちですが，伝達関数を導くところを一度やっておくと複雑な回路にも応用が利くので，時間のあるときにでもじっくり読んでいただけると幸いです．

1 ロー・パス・フィルタ（LPF）

アナログ回路で使われるアクティブ・フィルタの9割がたはロー・パス・フィルタと言ってよいでしょう．

A-D変換器やディジタルLSIが進歩した現在では，アクティブ・フィルタが単体で使われることは減ってきて，多くの場合はA-D変換前のアンチエイリアス・フィルタやD-A変換後のノイズ・フィルタの用途が主となってきています．

また，システムとしてフィルタの精度が必要な場合はディジタル信号処理によることが多く，サンプリング・レートやディジタル信号処理能力の上昇にともなって，高次のフィルタや連立チェビシェフ・フィルタやイコライザなどを苦労して作ることは少なくなってきました．

とはいえ，アナログとディジタルのインターフェース部分にはフィルタが欠かせないことも多く，2～6次程度のアクティブ・フィルタは出番も多いので，そのあたりに適したものをいくつかピックアップしました．

OPアンプの周波数特性や雑音やひずみ，バンド幅などの諸特性も改善されてきているため，実装に気をつければ1MHz程度までのLPFはアクティブ・フィルタで実現できるようになってきています．

● OPアンプ1個使いの方式が主流

次数が低め（Qが低め）の場合には素子感度の影響が少ないため，使用するOPアンプが一つで済む簡易な**図9**のサレン・キー型（VCVS型の一種）や**図10**の多重帰還型がポピュラーです．

扱う周波数が高めの場合にも，周波数特性や安定動作の点や実装面積も小さくできる点でも有利なため，これらの型のフィルタは広く使われています．

● サレン・キー型は簡単でも高めの周波数まで使える

サレン・キー型のほうは非反転型であるため，バッファ・アンプででもフィルタを実現可能で，最小の部品数でアクティ

図9 サレン・キー型LPFの回路構成

$$h = 1 + \frac{R_4}{R_3}$$

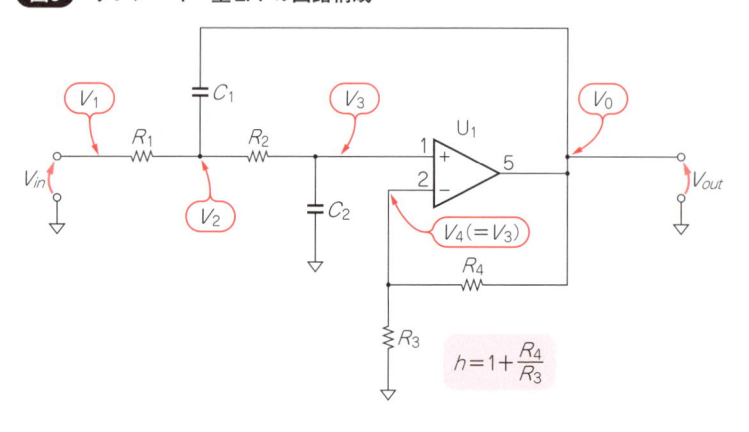

図10 多重帰還型LPFの回路構成

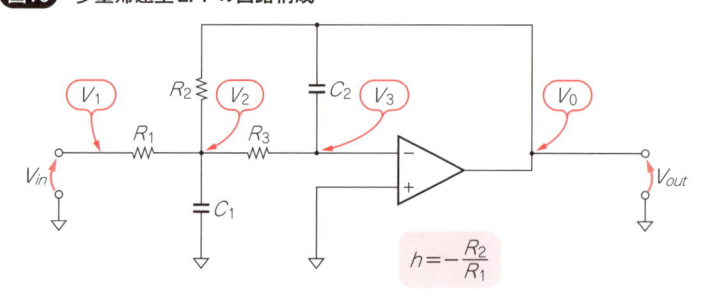

$$h = -\frac{R_2}{R_1}$$

表1 サレン・キー型LPFの伝達関数

回路中 V_2 の点についてキルヒホッフの法則により,

$$(V_1 - V_2)\frac{1}{R_1} = (V_2 - V_0)sC_1 + \left(V_2 - \frac{1}{K}V_0\right)\frac{1}{R_2} \quad \cdots (1)$$

$$\left(V_2 - \frac{1}{K}V_0\right)\frac{1}{R_2} = \frac{1}{K}V_0 sC \quad \cdots (2)$$

V_3, V_4 の点についてイマジナル・ショートが成立しているとして,

$$K = \frac{V_0}{V_3} = 1 + \frac{R_4}{R_3} \quad \cdots (3)$$

(1), (2), (3)式をまとめて伝達関数の形に整理すると伝達関数 $T(s)$ は,

$$T(s) = \frac{V_0}{V_1} = K \frac{\dfrac{1}{C_1 C_2 R_1 R_2}}{s^2 + s\left(\dfrac{1}{C_1 R_1} + \dfrac{1}{C_1 R_2} + \dfrac{1-K}{C_2 R_2}\right) + \dfrac{1}{C_1 C_2 R_1 R_2}} \quad \cdots (4)$$

と表される.

h:増幅度, ω_0:角周波数, Q:クオリティ・ファクタとして, 2次のLPFの伝達関数の一般形(5)から,

$$T(s) = h \frac{\omega_0^2}{s^2 + s\dfrac{\omega_0}{Q} + \omega_0^2} \quad \cdots (5)$$

$K = 1$ $\left(\text{i.e.}\dfrac{R_4}{R_3} \to 0\right)$, $R_1 = R_2 = R$ とすると h, ω_0, Q は, それぞれ,

$$h = K = 1 \quad \cdots (6)$$

$$\omega_0 = \frac{1}{\sqrt{C_1 C_2 R_1 R_2}} = \frac{1}{R\sqrt{C_1 C_2}} \quad \cdots (7)$$

$$Q = \sqrt{\frac{C_1}{C_2}}\left(\frac{R_1 + R_2}{R_1 R_2}\right) = \frac{1}{2}\sqrt{\frac{C_1}{C_2}} \quad \cdots (8)$$

となる.

$R_1 = R_2 = R$, $C_1 = C_2 = C$ とすると h, ω_0, Q は, それぞれ,

$$h = K = 1 + \frac{R_4}{R_3} \quad \cdots (9)$$

$$\omega_0 = \frac{R_4}{CR} \quad \cdots (10)$$

$$Q = \frac{1}{3 - K} \quad \cdots (11)$$

となる. $K = 2$, $R_1 C_1 = C_2 R_2 = CR$ とすると h, ω_0, Q は, それぞれ,

$$h = K = 2 \quad \cdots (12)$$

$$\omega_0 = \frac{1}{CR} \quad \cdots (13)$$

$$Q = \frac{R_2}{R_1} = \frac{C_1}{C_2} \quad \cdots (14)$$

となる.

ブ・フィルタを実現できるためコスト的にも有利ですし, 高めの周波数まで安定動作が期待できます.

● **多重帰還型は帯域外雑音に強く低ひずみだが発振に注意**

多重帰還型ではOPアンプの非反転入力端子を接地できるのが利点の一つです. OPアンプのコモン・モード電圧ひずみの影響が少ないため, 高精度/低ひずみでの用途に適しています.

また, OPアンプの帯域外の周波数においても少なくとも1次のパッシブ・フィルタが入っているような構成のため, 帯域外のフィード・スルーが少なくEMIやESDに対する耐性が良好です.

超高速OPアンプを使用する場合には, フィードバック部分の寄生インダクタンスと入出力

図11 寄生インダクタンスや浮遊容量によって構成されてしまうクラップ発振回路

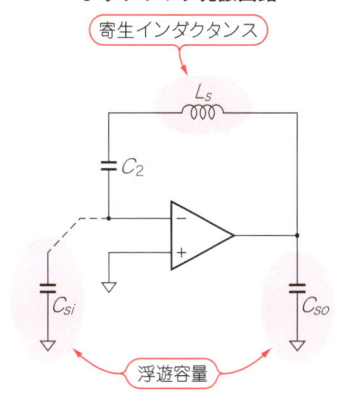

表2 多重帰還型LPFの伝達関数

まず回路中 V_3 の点についてイマジナル・ショートが成立し0電位であると仮定する.
V_2 の点についてキルヒホッフの法則により,

$$(V_1 - V_2)\frac{1}{R_1} = V_2 s C_1 + V_2 \frac{1}{R_3} + (V_2 - V_0)\frac{1}{R_2} \quad \cdots (1)$$

V_3 の点について同様に,

$$V_2 \frac{1}{R_3} = -V_0 s C_2 \quad \cdots (2)$$

(1),(2)式をまとめて伝達関数の形に整理すると伝達関数 $T(s)$ は,

$$T(s) = \frac{V_0}{V_1} = -\frac{R_2}{R_1} \frac{\frac{1}{C_1 C_2 R_2 R_3}}{s^2 + s\frac{1}{C_1}\left(\frac{1}{R_1} + \frac{1}{R_2} + \frac{1}{R_3}\right) + \frac{1}{C_1 C_2 R_2 R_3}} \quad \cdots (3)$$

と表される.
ところで,2次のLPFの伝達関数は一般に h:増幅度,ω_0:角周波数,Q:クオリティ・ファクタとして,

$$T(s) = h\frac{\omega_0^2}{s^2 + s\frac{\omega_0}{Q} + \omega_0^2} \quad \cdots (4)$$

と表されるので,h,ω_0,Q は,それぞれ,

$$h = -\frac{R_2}{R_1} \quad \cdots (5)$$

$$\omega_0 = \frac{1}{\sqrt{C_1 C_2 R_2 R_3}} \quad \cdots (6)$$

$$Q = \sqrt{\frac{C_1}{C_2}} \frac{1}{\left(\frac{1}{R_1} + \frac{1}{R_2} + \frac{1}{R_3}\right)\sqrt{R_2 R_3}} \quad \cdots (7)$$

となる.
(7)式より $\frac{C_1}{C_2}$ の比が最小になる条件を求めると R_3 が次のとき,

$$R_3 = \frac{R_1 R_2}{R_1 + R_2} \quad \cdots (8)$$

すなわち R_3 が R_1 と R_2 の並列合成抵抗に等しい時最小値をとり,$R_1 = R_2$ つまり $h = -1$ の場合には,

$$\frac{C_1}{C_2} = 8Q^2 \quad \cdots (9)$$

となる.

の浮遊容量で**図11**のように意図しないクラップ発振回路を形成してしまい,発振や不安定動作を起こすことがあるので,部品や実装には十分な注意が必要です.

● **サレン・キー型LPFの伝達関数と特徴**

サレン・キー型LPFの伝達関数を**表1**に示します.
サレン・キー型では増幅度による設計の自由度があり,バッファ・アンプのような増幅度 $K=1$ での設計もできます.
$K=1$ の場合は,主にコンデンサの容量比の平方根で Q を決定でき,アンプの利得の影響をあまり受けないので,Q が低め,かつ周波数が高めの場合に特に適しています.
$K=2$ の場合には,主にコンデンサの容量比で Q を決定でき,容量比と抵抗比が同一なので,条件が揃えば使いやすくなります.
また,コンデンサと抵抗の値をそれぞれ同一にした場合には K によって Q をプログラムできますが,Q が3を越えるあたりからは素子感度が比較的高くなり,使いにくくなります.

● **多重帰還型LPFの伝達関数と特徴**

多重帰還型LPFの伝達関数を**表2**に示します.
増幅度は−1で使うことが主ですが,OPアンプの利得に余裕がある場合には数倍の利得をもたせて使うこともできます.
Q は容量比の平方根に比例するので,あまり大きな Q には適しませんが,サレン・キー型に比べれば素子感度も低めで使いやすいものです.

2 バンド・パス・フィルタ（BPF）

バンド・パス・フィルタ（狭帯域のもの）が単体で使用されることはあまり多くなく，周波数変換やCW検出前の前置フィルタなどといった用途が主でしょう．

狭帯域が必要な場合には，周波数変換やアンダーサンプリングなどによって直流付近の信号として扱うのが圧倒的に楽だからです．

● 低い Q には多重帰還型がおすすめ

OPアンプ一つ使いで使用部品点数の少ない，図12の多重帰還型がよく使用されます．

しかしながらLPFと違い，BPFは比較的に高めの Q で使用されることが多いため，多重帰還型では不向きな Q が10以上の領域では，素子数は少し増えますが素子感度の低い図13の

図12 多重帰還型BPFの回路構成

$$h = -\frac{C_2}{C_1+C_2}\frac{R_3}{R_1}$$

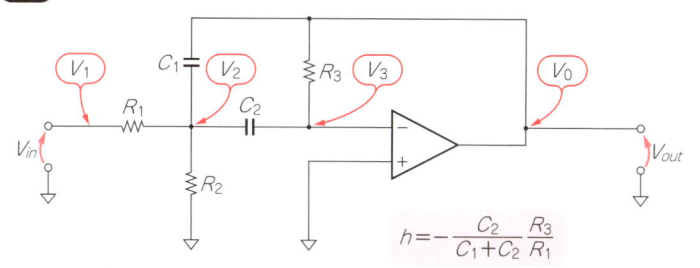

表3 多重帰還型BPFの伝達関数

まず回路中 V_3 の点についてイマジナル・ショートが成立して0電位であると仮定する．
V_2 の点についてキルヒホッフの法則により，

$$(V_1 - V_2)\frac{1}{R_1} = V_2 s C_1 + V_2 \frac{1}{R_3} + (V_2 - V_0) s C_1 \quad \cdots (1)$$

V_3 の点について同様に，

$$V_2 s C_2 = -V_0 \frac{1}{R_3} \quad \cdots (2)$$

(1)，(2)式をまとめて伝達関数の形に整理すると伝達関数 $T(s)$ は，

$$T(s) = \frac{V_0}{V_1} = -\frac{C_2}{C_1+C_2}\frac{R_3}{R_1}\frac{s\frac{C_1+C_2}{C_1 C_2 R_3}}{s^2 + s\frac{C_1+C_2}{C_1 C_2 R_3} + \frac{R_1+R_2}{C_1 C_2 R_1 R_2 R_3}} \quad \cdots (3)$$

と表される．
ところで，2次のBPFの伝達関数は一般に h：増幅度，ω_0：角周波数，Q：クオリティ・ファクタとして，

$$T(s) = h\frac{s\frac{\omega_0}{Q}}{s^2 + s\frac{\omega_0}{Q} + \omega_0^2} \quad \cdots (4)$$

と表されるので，h, ω_0, Q は，それぞれ，

$$h = -\frac{C_2}{C_1+C_2}\frac{R_3}{R_1} \quad \cdots (5)$$

$$\omega_0 = \sqrt{\frac{R_1+R_2}{C_1 C_2 R_1 R_2 R_3}} \quad \cdots (6)$$

$$Q = \sqrt{\frac{C_1 C_2}{C_1+C_2}}\sqrt{\frac{(R_1+R_2)R_3}{R_1 R_2}} \quad \cdots (7)$$

となる．
ここで，$C_1 = C_2 = C$，$\frac{R_1 R_2}{R_1 + R_2} = R_P$ とすると，

$$h = \frac{R_3}{2R_1} \quad (-h \leq 2Q^2) \quad \cdots (8)$$

$$\omega_0 = \frac{1}{C\sqrt{R_P R_3}} \quad \cdots (9)$$

$$Q = \frac{1}{2}\sqrt{\frac{R_3}{R_P}} \quad \cdots (10)$$

となる．

フリーゲ型や，バイクワッド型などが使用されます．

バイクワッド型は設計も調整も楽ですが，使用部品点数が多いため実装面積も多く，高めの周波数には不向きなため利用は限定的です．

● **多重帰還型BPFの伝達関数と特徴**

多重帰還型BPFの伝達関数を **表3** に示します．

図12 の R_2 を省略した場合には増幅度が Q の2乗に比例するため，増幅度が大きくなりすぎて困ることがあります．R_2 を追加して減衰器のように使うことにより，増幅度を $2Q^2$ 以下の範囲で変えることができます．

素子感度は低めですが，Q と中心周波数を独立に設定することはできないため，設計の自由度はあまりよくありません．

図13 フリーゲ型BPFの回路構成

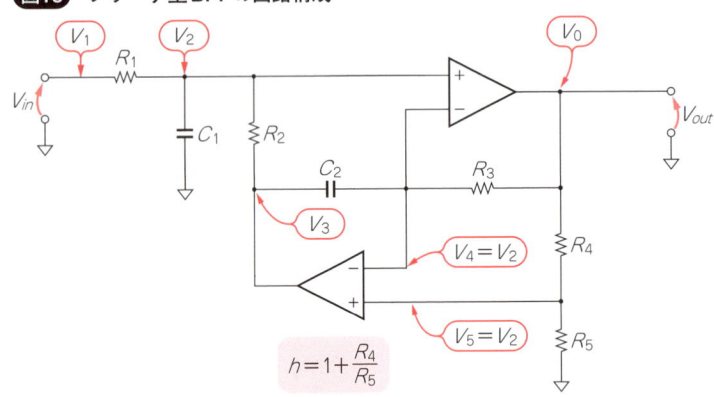

表4 フリーゲ型BPFの伝達関数

まず回路中 V_2，V_4 および V_5 の点についてイマジナル・ショートが成立して $V_4 = V_5 = V_2$ であると仮定する．
V_2 の点についてキルヒホッフの法則により，

$$(V_1 - V_2)\frac{1}{R_1} = V_2 s C_1 + (V_2 - V_3)\frac{1}{R_2} \quad \cdots (1)$$

V_4 の点について同様に，

$$(V_3 - V_2) s C_2 = (V_2 - V_0)\frac{1}{R_3} \quad \cdots (2)$$

V_5 の点について同様に，

$$(V_0 - V_2)\frac{1}{R_4} = V_2 \frac{1}{R_5} \quad \cdots (3)$$

(1)，(2)，および(3)式をまとめて伝達関数の形に整理すると伝達関数 $T(s)$ は，

$$T(s) = \frac{V_0}{V_1} = \left(1 + \frac{R_4}{R_5}\right) \frac{s \dfrac{1}{C_1 R_1}}{s^2 + s \dfrac{1}{C_1 R_1} + \dfrac{R_4}{C_1 C_2 R_2 R_3 R_5}} \quad \cdots (4)$$

と表される．
ところで，2次のBPFの伝達関数は一般に h：増幅度，ω_0：角周波数，Q：クオリティ・ファクタとして，

$$T(s) = h \frac{s \dfrac{\omega_0}{Q}}{s^2 + s \dfrac{\omega_0}{Q} + \omega_0^2} \quad \cdots (5)$$

と表されるので，h，ω_0，Q は，それぞれ，

$$h = 1 + \frac{R_4}{R_5} \quad \cdots (6)$$

$$\omega_0 = \sqrt{\frac{R_4}{C_1 C_2 R_2 R_3 R_5}} \quad \cdots (7)$$

$$Q = \sqrt{\frac{C_1}{C_2}} R_1 \sqrt{\frac{R_4}{R_2 R_3 R_5}} \quad \cdots (8)$$

となる．
ここで，$C_1 = C_2 = C$，$R_4 = R_5$，$\sqrt{R_2 R_3} = R_m$ とすると，

$$h = 2 \quad \cdots (9)$$

$$\omega_0 = \frac{1}{C R_m} \quad \cdots (10)$$

$$Q = \frac{R_1}{R_m} \quad \cdots (11)$$

となる．

● **フリーゲ型BPFの伝達関数と特徴**

フリーゲ型BPFの伝達関数を**表4**に示します．

増幅度は2で使うことが主で，中心周波数は二つのコンデンサの値を同一とすれば，二つの抵抗の相乗平均との積でプログラムできるため設計の自由度が高いです．

中心周波数が決まれば，そのQは抵抗1本の値に比例して独立に設定でき，また素子感度も低いため，設計上も調整上も便利です．

〈細田 隆之〉

ゲッフェ型3次LPFの誤差の少ない容量の組み合わせ

column

「11-1 OPアンプ1個で作る3次ロー・パス・フィルタ」や「12-2 40 kHz同期検波回路」で紹介した，1個のOPアンプで3次のロー・パス・フィルタが実現できるゲッフェ型のフィルタですが，2次のビルディング・ブロックと違って3次型のため三つのコンデンサが必要で，その素子値を決めるのが多少面倒です．

そこで簡便のために，本文で紹介したもの以外の特性の3次LPFに対して，E12系列など入手しやすい容量値の組み合わせで誤差が少ないセットになるものをいくつか紹介します．

▶3次バターワース，$f_C = 4.74$ kHz，$R = 10$ kΩ
$C_1 = 4.7$ nF，$C_2 = 1.2$ nF，$C_3 = 680$ pF

▶12 dBまでガウシアン，$f_C = 12.6$ kHz，$R = 10$ kΩ
$C_1 = 1500$ pF，$C_2 = 2.2$ μF，$C_3 = 270$ pF

▶0.05°直線位相，$f_C = 4.84$ kHz，$R = 10$ kΩ
$C_1 = 3900$ pF，$C_2 = 6200$ pF，$C_3 = 750$ pF

カットオフ周波数は抵抗値が10 kΩのときの周波数なので，抵抗値や容量値の桁などを適当にスケーリングすることで周波数を変更できます．

それぞれの特性をシミュレーションした結果を**図A**に示します．

図A 3次LPFの周波数特性

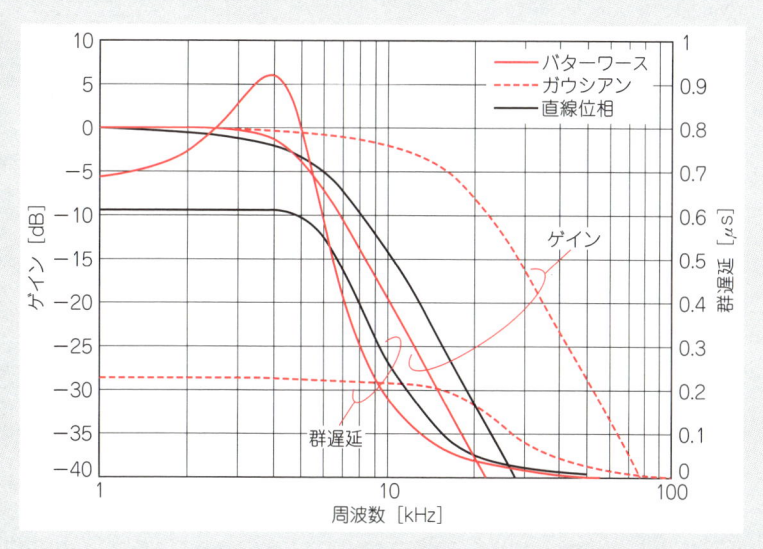

徹底図解★OPアンプIC活用ノート

第12章
さまざまなアナログ信号処理機能を実現する

スペシャル・ファンクション回路におけるOPアンプの応用

12-1 パワーOPアンプを使った半導体レーザ・ドライバ
100 mV～2.5 Vの電圧を－5 mA～－125 mAの電流に変換する

図1に示す回路は，半導体レーザのバイアス用レーザ・ドライバ回路です．

使用を想定しているレーザ・ダイオードは，アノードがケースに接続されているタイプなのでアノードがグラウンドになり，負電圧電源からドライブすることになります．

そのため，正の制御電圧によって電流をシンクするような電圧-電流変換回路が基本となります．

この回路は，100 mV～2.5 Vの電圧をレーザ・ダイオードの－5 mA～－125 mAの電流に変換するのが主目的です．

● 低電圧/大電流用パワーOPアンプ

回路で使用しているOPA569（テキサス・インスツルメンツ）

図1 半導体レーザのバイアス用レーザ・ドライバ回路

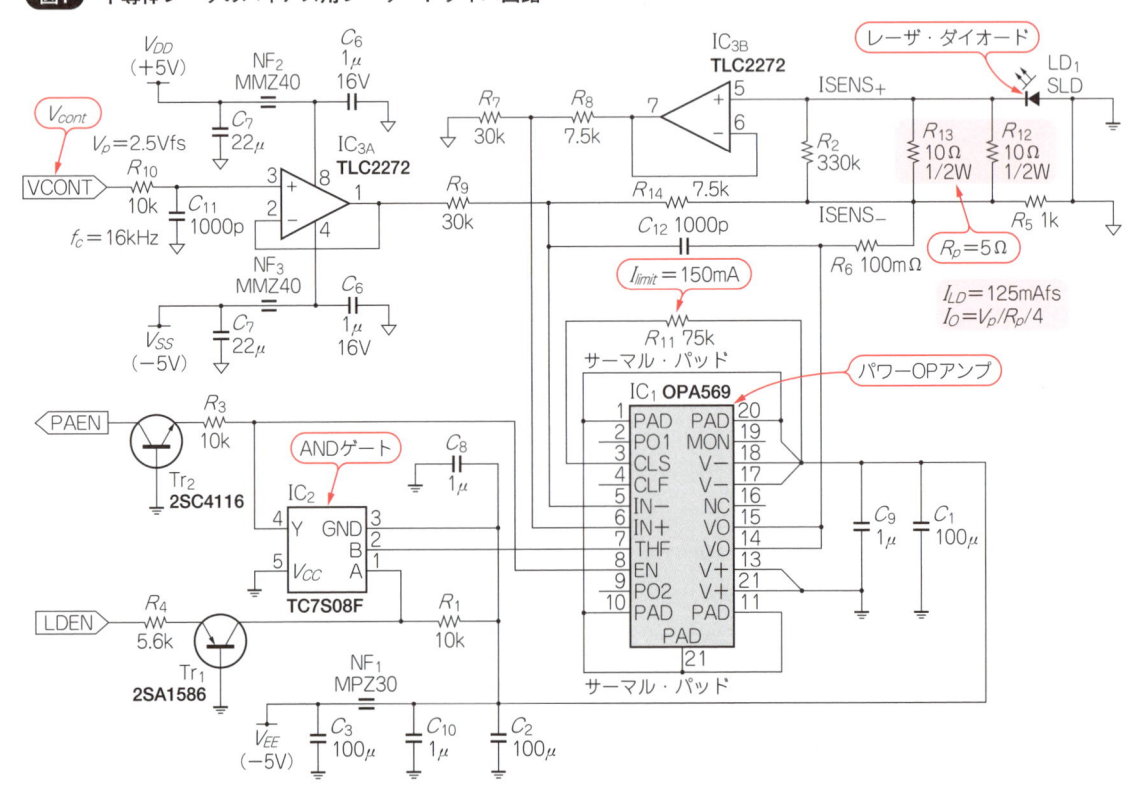

132　第12章　スペシャル・ファンクション回路におけるOPアンプの応用

はレール・ツー・レール入出力の パワーOPアンプ です．

2.7～5.5 Vの電源電圧で使用でき，小型にもかかわらず2 Aの出力が可能で，サーマル・プロテクションや電流制限機能もあって，使いやすいパワーOPアンプです．

● 正電圧→負電流変換回路

図2 に，簡略化した正電圧→負電流変換回路を示します．

V_2，V_3およびV_5，V_4の点に関してイマジナリ・ショートが成立しているとすると，

$$\frac{R_3}{R_3+R_4}(V_0+IR_P)$$
$$=\frac{R_2}{R_1+R_2}V_1+\frac{R_1}{R_1+R_2}V_0$$

$R_1=R_3$，$R_2=R_4$とすると，

$$I=\frac{R_2}{R_1 R_P}V_1$$

となり，R_Pでプログラム可能な電圧-電流変換が実現できます．

C_Cは発振防止の位相補正コンデンサです．R_1，R_2などは，OPアンプの電源電圧や入出力電圧範囲により適当な値に決定します．

● 入力バッファ部

制御電圧V_{cont}をR_1，C_{11}のEMIフィルタを経て，IC_{3A}の非反転バッファでバッファリングし，電圧-電流変換回路に入力します．

C_4，NF_2，C_5，C_7，NF_3，C_6は，IC_3の電源のデカップリングです．IC_3に使用しているTLC2272（テキサス・インスツルメンツ）は，レール・ツー・レール出力，低雑音（9 nV/$\sqrt{Hz}$(typ)@1 kHz），低ドリフト（2 μV/℃(typ)）のCMOS OPアンプで，TLC272のアップグ

図2 簡略化した正電圧→負電流変換回路

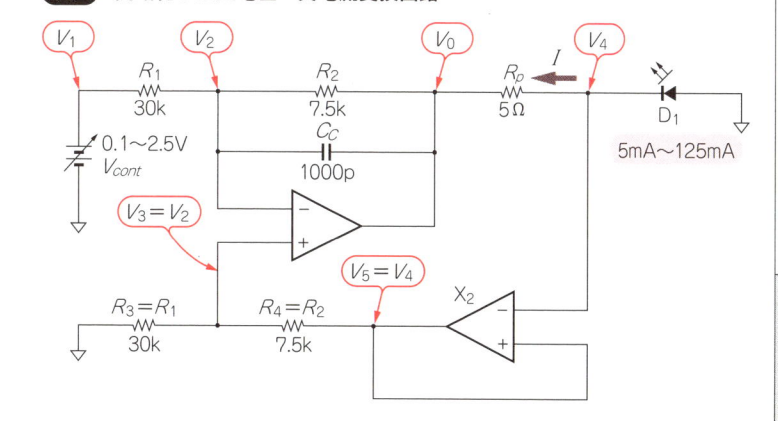

レード品です．

● 電流センシング部

レーザ・ダイオードLDに流れる電流を$R_{12}//R_{13}$の電流検出用抵抗で検出し，IC_{3B}の非反転バッファでバッファリングします．電圧-電流変換回路の一部分（帰還部）になります．

R_2はISENS$_+$/ISENS$_-$部分の配線が外れたときの保護抵抗です．

R_7，R_8，R_9，R_{14}は，電圧-電流変換回路の中核となる電圧ブリッジ部分を構成します．パワーOPアンプは－5 V単電源動作なので，パワーOPアンプの入力電圧範囲に収まるようにブリッジ部は30 kΩ/7.5 kΩの分圧比にしてあります．

● パワーOPアンプ周辺

▶ 電源周辺

C_9，C_1，C_2，C_{10}，NF_1，C_3は，パワーOPアンプの電源のデカップリングです．

電源電流が大きいため，NF_1には電源ライン用チップ・パワー・インピーダMPZシリーズ（TDK）を使用しています．2012サイズと小型ながら大電流用途に対応していて，インピーダンス30 ΩのMPZ2012S300Aで直流抵抗10 mΩ（max），定格電流5 A（max）となっています．

扱う電流が大きいのと熱的な信頼性の点から，デカップリング用の大容量コンデンサには100 μFの大容量積層セラミック・コンデンサを使用しています．

▶ 電流制限

パワーOPアンプOPA569の最大出力電流は，回路図中でR_{11}の電流制限設定抵抗R_{set}でプログラムできます．

制限電流I_{limit}は，

$$I_{limit}=9800\frac{1.18\text{ V}}{R_{set}}$$

で設定できます．

R_6は，パワーOPアンプの安定動作用の保護抵抗です．

▶ 熱設計

1 W程度の消費電力があるので熱設計は重要です．

パワーOPアンプのパッケージ下には，メーカのレイアウト・ガイドラインと 図3 の推奨パターンを参考にして放熱パターンを設け， サーマル・パッド にはんだ付けします．

データシートには， 図4 に示す熱抵抗とパターン面積とのグラフが載っているので，最大

図3 パワーOPアンプOPA569の推奨パターン

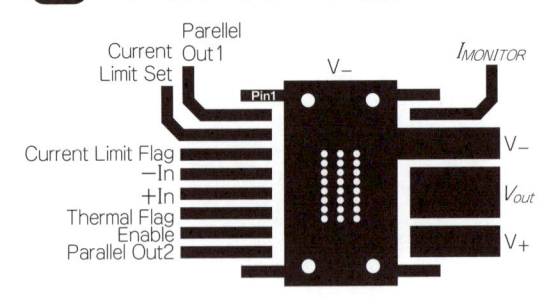

図4 熱抵抗とパターン面積の関係

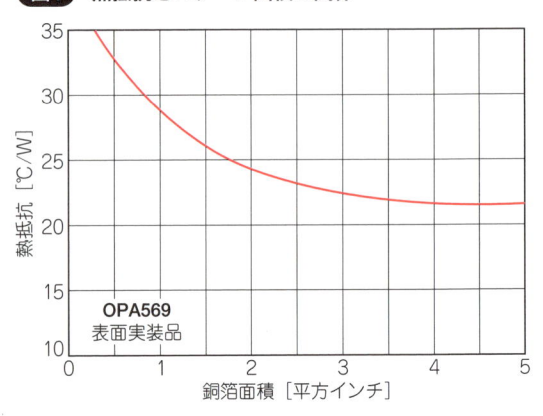

消費電力と最大周囲温度をもとに放熱パターン面積などを決定します.

▶ **アンプのイネーブル信号とサーマル・フラグ**

OP569はアンプのイネーブル信号入力をもっています. また, チップが安全な制限温度(150℃)を越えたときにLowになるサーマル・フラグ出力をもっています.

通常は, システムからのイネーブル信号とサーマル・フラグのANDを取ってアンプのイネーブル信号に接続します.

サーマル・フラグの最大出力電流は±25μAなので, IC_2はCMOSロジックICのTC7S08F(東芝)を介してイネーブル・ピンに接続しています.

パワーOPアンプは-5V単一電源で動作させるので, IC_2も同じ-5Vで動作させています.

● **レベル変換**

パワーOPアンプの制御ロジックICは-5V電源で動作しているので, 通常の正電源のシステムにインターフェースするにはレベル変換が必要です.

動作速度は重要ではないので, 簡単にベース接地のトランジスタで入力はエミッタ入力, 出力はコレクタ出力でインターフェースしています. 回路図に図示されていませんが, システム側にはプルアップ抵抗などが必要です.

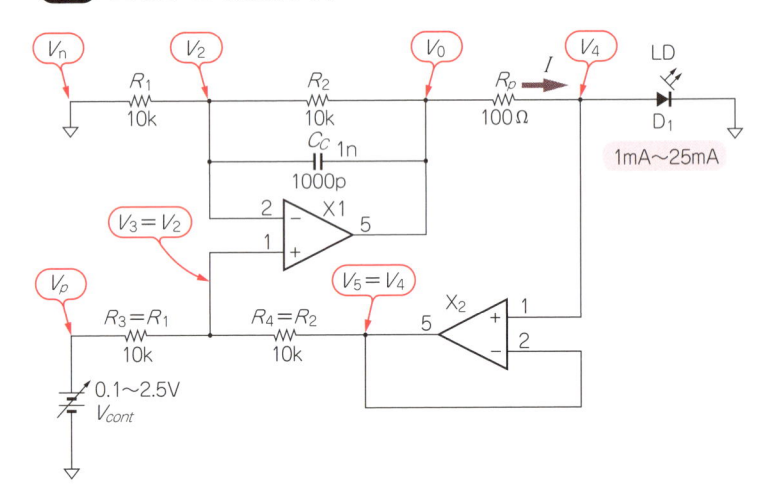

● **正電圧→正電流変換の場合**

図5 正電圧→正電流変換回路

レーザ・ダイオードのカソード側を接地して使うような場合には, **図5**のようにR_1とR_3の左側に印加されている電圧, つまりグラウンドとV_1の接続を入れ替えることにより, 正電圧→正電流変換回路にすることができます.

簡便のために, $R_1 = R_2 = R_3 = R_4 = R$とすると, 出力電流$I$は,

$$I = \frac{V_p}{R_p}$$

となります.

実は, この回路は差動入力の電圧-電流変換回路をシングル・エンドで使っているだけです. したがって, 負荷が抵抗などであり, またOPアンプの入出力電圧範囲を満たすのであれば, R_1, R_3の左側の電圧をそれぞれV_n, V_pとして,

$$I = \frac{V_p - V_n}{R_p}$$

という差動入力の電圧-電流変換回路になります.

12-2 ホモダイン検波を利用してフィルタ特性を簡易化した 40 kHz同期検波回路

図6に示すのは40 kHzの信号を送信し，伝送経路を経て受信した信号をホモダイン検波（送信信号と同じ源の周波数で検波）し，伝送経路の変動を検出する実験用の回路です．ホモダイン検波は同期検波の一種です．

伝送経路の媒体は赤外光や音波を想定しています．

● ホモダイン検波方式の利点

図7はホモダイン検波方式の説明図です．

まず，周波数f_0の送信信号，この回路では40 kHzの周波数の信号が送信され，伝送経路の特性によって影響を受けた信号が受信されます．

受信信号には近傍周波数に雑音がありますが，近傍周波数の雑音を中心周波数f_0の狭帯域フィルタで取り除こうとすると，比帯域が狭すぎて実現や調整が困難になります．

また，受信アンプに大きな増幅度が必要な場合には，直流付近の大きな$1/f$雑音や，場合によっては商用電源の誘導によるハムなどが重畳してしまうことがあります．

そこで，送信信号と同じ源の同じ周波数の信号を掛け算することにより，目的の信号の周波数を0 Hz側に落としてやります．すると，直流付近の雑音は掛け算されて上のほうの周波数にいってしまいますし，一緒に低い周波数に変換されてきた近傍の雑音も狭帯域のロー・パス・フィルタをかけてやることにより簡単に取り除くことができます．

これは受信信号にf_0中心の狭帯域フィルタを施したことと等価ですが，狭帯域のロー・パス・フィルタは狭帯域のバンド・パス・フィルタに比べてはるかに簡単に実現が可能です．

● 入力アンプ部

C_{16}は受信器からの直流ぶんのカット用で，R_{21}はOPアンプIC_{2A}のバイアス用抵抗です．R_{13}とC_{13}でEMIフィルタを形成しています．IC_{2A}，R_{11}，R_{12}，C_{12}で目的周波数でゲインが20 dBのアンプになっています．NF_1，C_2，NF_2，C_3はIC_3の電源のデカップリング用です．

40 kHzという高めの周波数を扱うため，OPアンプには広帯域/低雑音OPアンプAD8058（アナログ・デバイセズ）を使用しています．GBWが325 MHzと高いので，実装と電源のデカップリングには注意が必要です．

● バンド・パス・フィルタ部

IC_{2B}，R_2，R_1，C_7，C_8，R_3で$Q = 2$，$f_C = 40$ kHzの簡易なバンド・パス・フィルタを構成し，中心周波数f_0から離れた周波数の雑音を低減しています．

この部分の特性を**図8**に示します．

● 差動出力アンプ

C_9は直流カット用のコンデンサです．R_4，R_5，C_{17}，R_7，R_{10}，R_6，R_9，IC_{3A}，IC_{3B}で差動出力アンプを形成しています．$R_7 = R_{10} = R_9 = R_6$として，このアンプの増幅度はR_5/R_4で決まります．C_{17}とR_5で帯域を約1 MHzに制限しています．

図7 ホモダイン検波の周波数関係

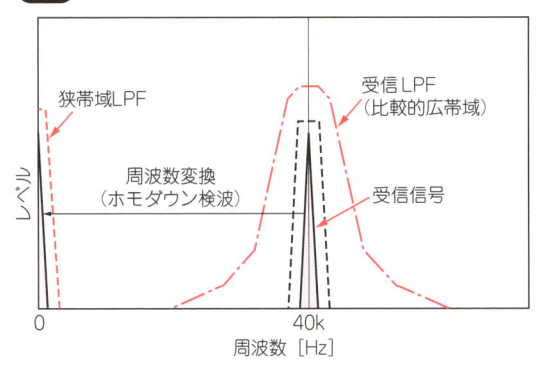

図8 バンド・パス・フィルタの周波数特性

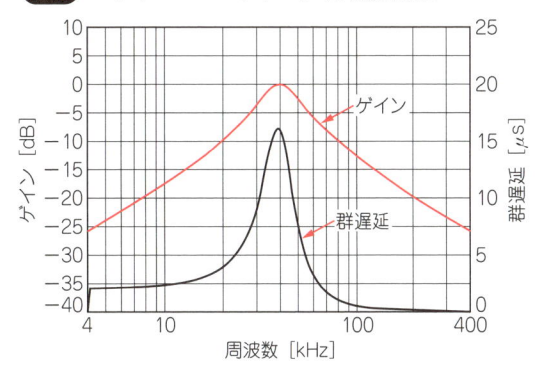

図6 40 kHz 同期検波回路

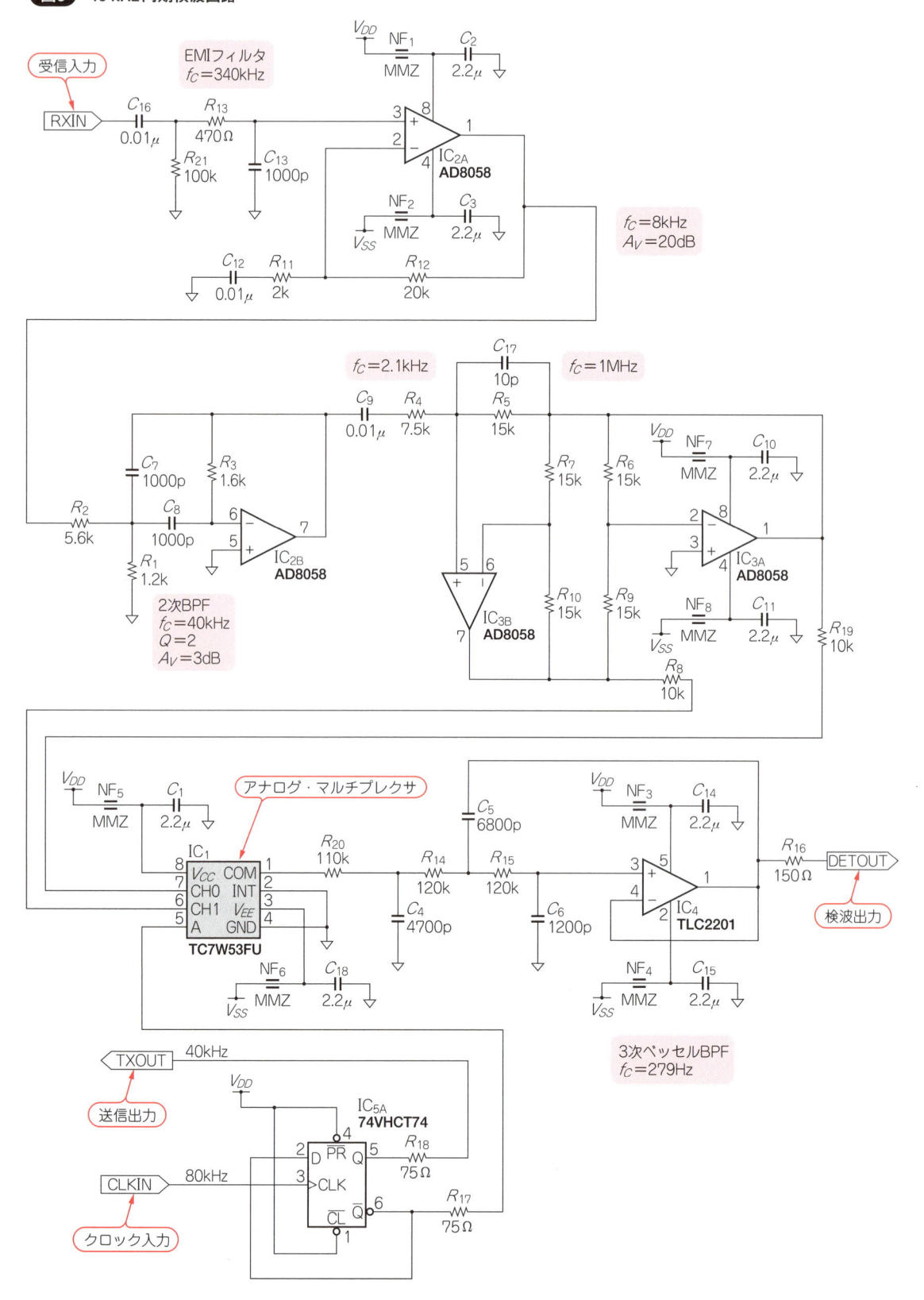

図10 40kHz同期検波回路のブロック図

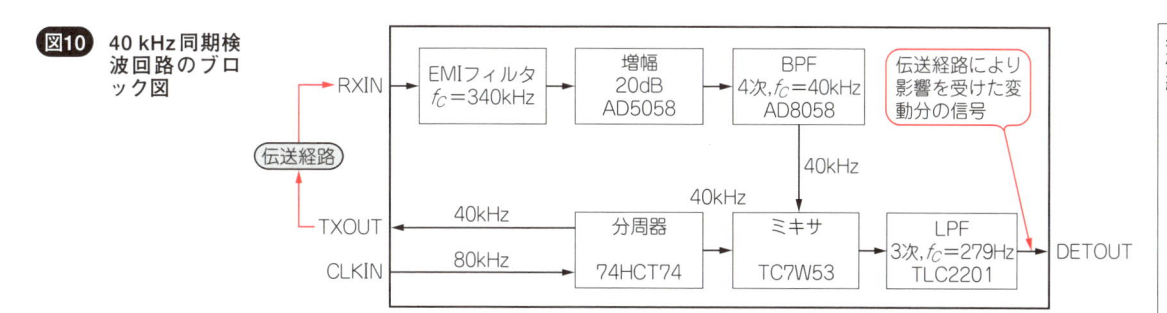

[ブロック図: RXIN → EMIフィルタ $f_C=340\text{kHz}$ → 増幅 20dB AD5058 → BPF 4次, $f_C=40\text{kHz}$ AD8058 → (40kHz) ミキサ TC7W53 → LPF 3次, $f_C=279\text{Hz}$ TLC2201 → DETOUT。伝送経路により影響を受けた変動分の信号。TXOUT ← 40kHz ← 分周器 74HCT74 ← 80kHz ← CLKIN。分周器から40kHzがミキサへ]

C_{10}, NF_7, C_{11}, NF_8は電源のデカップリングです．

IC_{3A}が負荷容量などで不安定にならないように，R_8, R_{19}の出力保護抵抗を経てホモダイン検波用のアナログ・スイッチIC_1の二つの入力へ出力しています．

● 送受信クロック部

外部からの80kHzのクロックをIC_5のDフリップフロップで2分周し，Q出力をシリーズ終端抵抗R_{18}を経て送信器へ出力しています．

もう片方の出力は，同じくシリーズ終端抵抗R_{17}を経てホモダイン検波回路IC_1の切り替え信号入力に接続しています．

● ホモダイン検波部

差動アンプ部からの互いに逆極性の信号を，汎用CMOSアナログ・マルチプレクサIC_1で送受信クロック部からの40kHzの信号で切り替えて，COM端子からロー・パス・フィルタ部へ出力しています．

互いに逆極性の信号を40kHzで切り替えることは，高次の周波数部分を無視すれば入力信号に40kHzを掛け算するのと同じ意味になります．

● ロー・パス・フィルタ部

差動アンプの出力抵抗R_{19}，R_8, IC_1のオン抵抗を含み，R_{20}，

図9 ロー・パス・フィルタの周波数特性

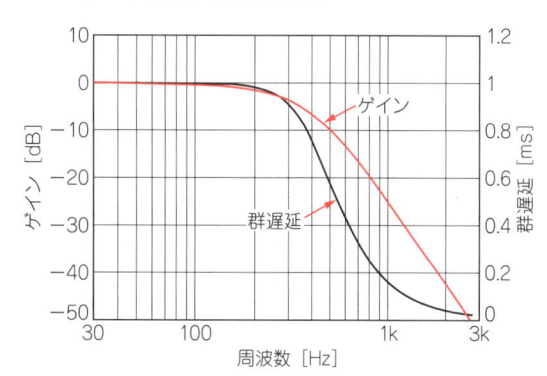

[グラフ: 横軸 周波数[Hz] 30〜3k, 左縦軸 ゲイン[dB] -50〜10, 右縦軸 群遅延[ms] 0〜1.2。ゲインと群遅延の特性曲線]

C_4, R_{14}, C_5, R_{15}, C_6およびIC_4で3次のベッセル型ロー・パス・フィルタを構成しています．

フィルタの特性は，伝送経路の変動を検出するために，オーバーシュートが少なく過渡特性の良いベッセル型フィルタにしています．このフィルタの特性を**図9**に示します．

IC_4はテキサス・インスツルメンツの低ドリフトCMOS OPアンプです．

IC_1からの信号には80kHz以上の高い周波数成分を含むので，ここのアクティブ・フィルタは入力がRCのパッシブ・フィルタのようになっていて，また増幅度も1でOPアンプの帯域的に有利なゲッフェ型のLPFにしています．

NF_3, C_{14}, NF_4, C_{15}は電源のデカップリング用です．R_{16}の出力保護抵抗を経て検波出力としています．この先には電圧コンパレータや，システム制御用MPUに内蔵のA-D変換器が接続されることになっています．

このロー・パス・フィルタにより，掛け算器(周波数ミキサ)の出力から直流付近の信号を取り出しています．つまるところ，この信号は伝送経路により影響を受けた変動分ということになります．**図10**のブロック図を参照してください．

伝送経路は実際には，たとえば抵抗ブリッジ中のセンサ素子であったり，超音波の反射体であったり，試験液の透過度であったりするでしょう．

12-3 低雑音マイクロホン・プリアンプ
ペア・トランジスタを組み合わせて作る

近年のOPアンプの高性能化は著しいものがありますが，ひずみや雑音特性などを改善するために低雑音トランジスタなどを追加することがあります．

図11の回路で使用しているOPアンプOPA270（アナログ・デバイセズ）は，入力換算雑音が5.5 nV/√Hz@100 Hz（max）と非常に低く，そのままでも十分に高性能なOPアンプです．

ここでは，性能をさらに改善するために低雑音マッチド・ペア・トランジスタSSM2220（アナログ・デバイセズ）をプリアンプに使用しています．SSM2220の入力換算雑音は20 Hz～20 kHzのオーディオ帯域すべてに渡って1 nV/√Hz（max）と超低雑音です．

● コレクタ・バイアス電流

150～600 Ωの信号源抵抗を想定し，1 kΩ以下の信号源抵抗に対して雑音特性を最適にするために，Tr_1のコレクタ電流が約2 mAになるようにバイアスしています．

合計で4 mAとなるTr_1のバイアス電流はTr_2から供給しています．Tr_2には，コレクタ出力抵抗が高く低雑音な小信号トランジスタ2SA1312（東芝）を使用しています．

Tr_2のコレクタ電流は，D_1のGaAsP赤色LED SML-210VT（ローム）の順方向電圧を基準電圧にして設定しています．LEDの順方向電圧とTr_2のベース-エミッタ間電圧の差の電圧は，温度係数の違いが少ないために広い温度範囲にわたって安定しています．この約1 Vになる電圧差がR_2にかかり，コレクタ電流はほぼ4 mAになります．

基準電圧にGaAsP LEDの順方向電圧を利用しているのは，一般的にツェナー・ダイオードや基準電圧ICに比べて雑音電圧が少ないからです．

● OPアンプ

Tr_1のコレクタ出力電流は，R_3，R_4で電圧に変換されます．ここで，Tr_1のコレクタ電圧とIC_{1A}の入力コモン・モード電圧範囲の兼ね合いから，入力電位がほぼグラウンドとして，-15 V電源に対して約10 V大きい約-5 Vが，Tr_1のコレクタ電圧になるように決めています．

アンプ全体の増幅度A_Vは，

$$A_V = 1 + \frac{R_5}{R_6}$$

で決まり，ここでは40 dBに設定しています．

C_3は位相補償コンデンサです．C_1，C_2はIC_{1A}の電源のデカップリング用の積層セラミック・コンデンサです．

図11 低雑音マイクロホン・プリアンプの回路

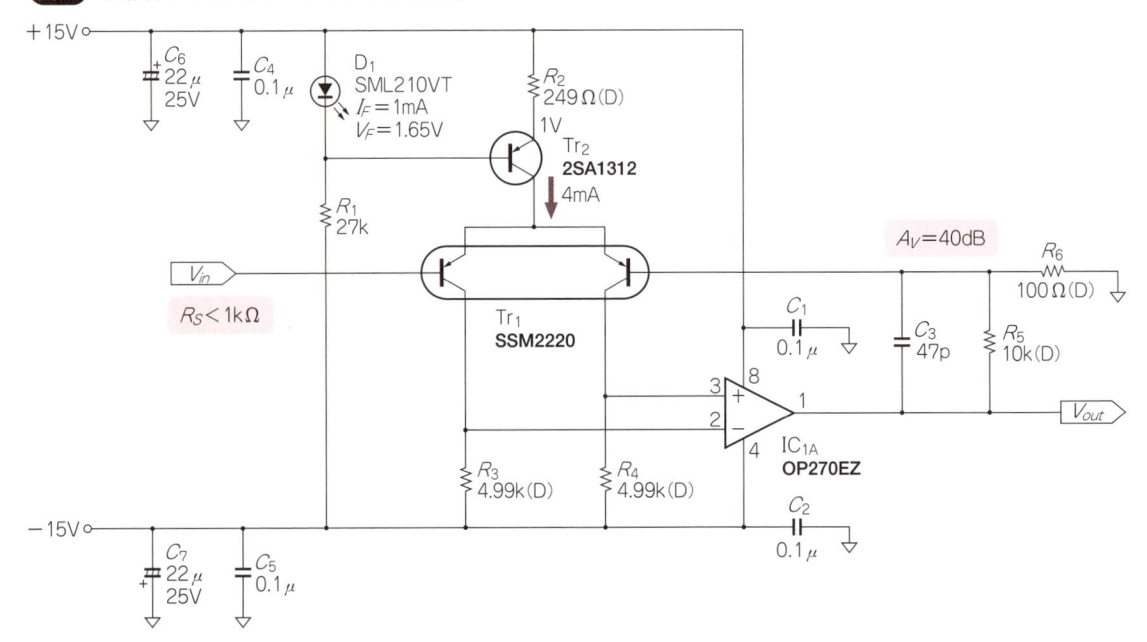

12-4 アナログ電圧乗算器

ハイサイド電流/電力モニタICを流用して作る

● アナログ・マルチプライヤ

アナログの電圧や電流の乗算を行うアナログ・マルチプライヤ（analog multiplier；アナログ乗算器）という部品があります．

電圧の乗算器にはAD633（アナログ・デバイセズ），電流の乗算器にはRC4200（レイセオン）またはNJM4200（新日本無線）というのが有名でした．

ところが，AD633は±15 V前後の電源電圧が必要ですし，RC4200は代替品としてSIC4200（SZGaoLang）があるらしいのですが，主なメーカでは廃品種になってしまっています．

● 電源モニタ用ICの流用

そこで最近，電源管理用として使われるようになってきたハイサイド電流/電力モニタIC MAX4210D（マキシム）を簡易電圧乗算器用に流用してみました．

電力を求めるには電流と電圧の積を求める必要がありますから，その実体はアナログ乗算器といえます．

MAX4210/MAX4211シリーズは，アナログ電圧でハイサイド電力/電流モニタを出力するICです．

MAX4210シリーズは，MAX4211シリーズからハイサイド電流モニタ出力，基準電圧，電圧比較器を省いた簡易版です．専用のアナログ・マルチプライヤではないので誤差は数％のオーダで，動作範囲はかなり限定的ですが，5 V単一電源で電圧の乗算が可能です．

● 回路説明

図12に回路を示します．

▶ V_X入力部

R_6は入力インピーダンスを決める抵抗で，直流バイアス抵抗です．R_3，C_4でEMIフィルタを構成しています．

▶ アナログ・マルチプライヤとしてのMAX4210D

IC_1は電力モニタICです．このICはサフィックスによって伝達係数が変わり，Dでは電流センス端子間の電圧×入力電圧の16.67倍に設定されています．Eでは25倍，Fでは40.96倍に設定されています．

今回の用途には，ダイナミック・レンジの観点からDサフィックスのものを使用します．

出力電圧P_{out}は，入力電圧をV_{in}，R_4の両端の電圧をV_{sense}として，

$$P_{out} = 16.67 \times V_{sense} \times V_{in}$$

となります．V_{in}の入力電圧範囲は160 mV～1 Vです．

そもそもの用途が電池電圧の分圧入力のため，ダイナミッ

図12 電力モニタICを流用したアナログ電圧乗算器

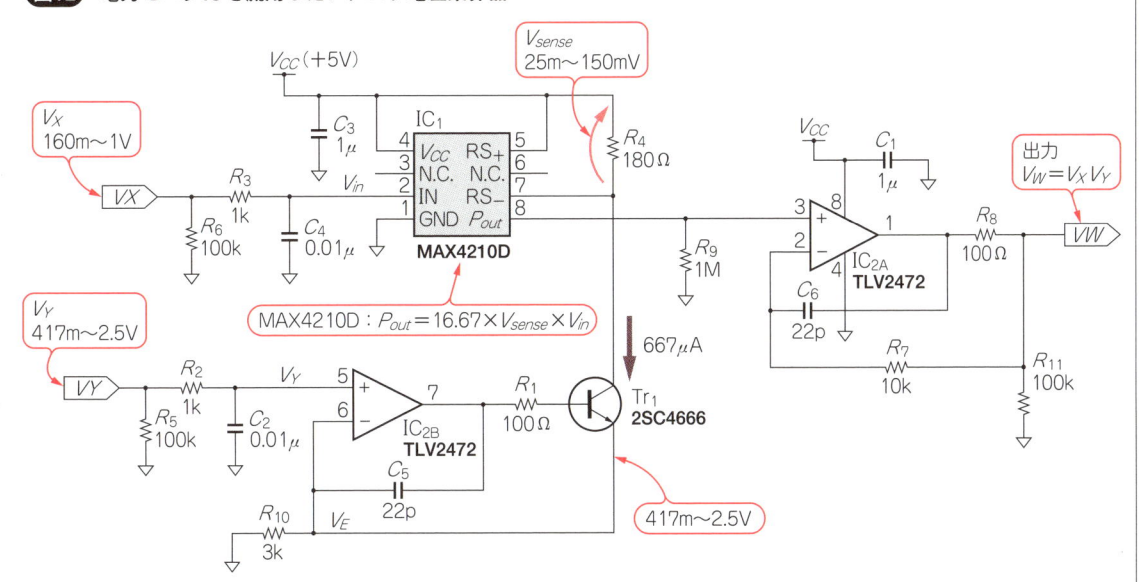

ク・レンジは6倍程度と広くありません．R_4は電流→電圧変換のための抵抗です．

C_3は電源のデカップリング・コンデンサです．MAX4210の電源電圧範囲は2.7～5.5Vなのですが，RS+の電圧範囲が4～28Vであるため，5V単一電源で使用しています．

▶ V_Y 入力部

R_5は入力インピーダンスを決める直流バイアス抵抗です．R_2，C_2でEMIフィルタを構成しています．

前述したIC$_1$のV_{sense}の電圧範囲25mV～150mVから，V_Yの入力電圧範囲は約417mV～2.5Vです．V_{sense}が5mVでは誤差25％にも達するので，こちらの入力のダイナミック・レンジもV_{in}と同様に広くありません．

▶ 電圧→電流変換部

IC$_2$のOPアンプTLV2472(テキサス・インスツルメンツ)は，低電圧動作のレール・ツー・レール入出力のCMOS OPアンプです．Tr$_1$は東芝の低周波汎用/高h_{FE}トランジスタです．

OPアンプ回路のイマジナル・ショートが成立しているとすると，$V_E ≒ V_Y$ですが，CMOS OPアンプの入力バイアス電流は十分に小さいために，トランジスタTr$_1$のエミッタ電流I_Eとして，

$$I_E = \frac{V_E}{R_{10}} ≒ \frac{V_Y}{R_{10}}$$

となります．

Tr$_1$のh_{FE}は600以上と大きいため$I_C ≒ I_E$とみなし，R_4の両端の電圧V_{sense}はIC$_1$のRS−端子の入力バイアス電流を無視すれば，

$$V_{sense} = V_Y \frac{R_4}{R_{10}}$$

となります．

実は，IC$_1$のRS−端子のバイアス電流は3μA(typ)とそれほど小さくないため誤差要因になっているので，フルスケールのコレクタ電流を増やしたいところです．それでも，V_Yのフルスケール電圧を2Vとしたときのコレクタ電流667μAに対してパーセント・オーダですし，そもそもMAX4210の誤差が数％なので，この辺りの値で妥協し，むやみに消費電力を増やさないことにします．

R_1はTr$_1$のベース保護と寄生振動防止用です．C_5はIC$_{2B}$の安定動作のための位相補償コンデンサです．

▶ V_W出力バッファ部

通常，アナログ・マルチプライヤは温度に敏感な部品なので，消費電力が大きくならないように配慮します．

IC$_1$の出力はIC$_{2A}$の出力バッファを介して出力します．R_9はIC$_1$のP_{OUT}の負荷抵抗で，IC$_{2A}$の入力保護抵抗でもあります．R_8，R_{11}はIC$_{2A}$の出力保護抵抗，R_7はIC$_{2A}$の入力保護抵抗です．

C_6はV_W出力の負荷容量がケーブル容量などにより大きくなったときに，IC$_{2A}$が不安定にならないようにするための位相補償コンデンサです．C_1はIC$_2$の電源のデカップリング・コンデンサです．

〈細田 隆之〉

◆ **参考文献** ◆

(1) NJM2732データシート，新日本無線，NJM2732_J.pdf．
(2) NJU7043データシート，新日本無線，NJU7043_J.pdf．
(3) OPA569データシート，テキサス・インスツルメンツ，opa569.pdf．
(4) MPZシリーズデータシート，TDK，J9413_mpz.pdf．
(5) TLC220xデータシート，テキサス・インスツルメンツ，tlc2202a.pdf
(6) TLC227xデータシート，テキサス・インスツルメンツ，tlc2272a.pdf
(7) MAX4210/MAX4211データシート，マキシム，MAX4210-MAX4211.pdf
(8) TLV2470データシート，マキシム tlv2472a.pdf．
(9) TLC272データシート，テキサス・インスツルメンツ，tlc272.pdf
(10) A. B. ウィリアムズ著，加藤康雄監訳；電子フィルタ――回路設計ハンドブック，1985年，マグロウヒルブック．
(11) 今田 悟，深谷武彦；実用アナログ・フィルタ設計法，1989年，CQ出版社

OPアンプ基板と部品セット頒布のお知らせ

本書の基礎編で行った実験を追試するためのOPアンプ基板と部品セットの頒布を行います．

● 頒布内容

下記の「仕様」と「部品セットの内容」を参照ください．OPアンプ基板は「トランジスタ技術2007年4月号」の付録基板と同じものです．

● 頒布価格

1セット：2,730円（税込み）

● 購入方法

下記の「部品セットの入手先」にあるように，㈱ダイセン電子工業から購入できます．

〈編集部〉

OPアンプ基板　TR-OP01

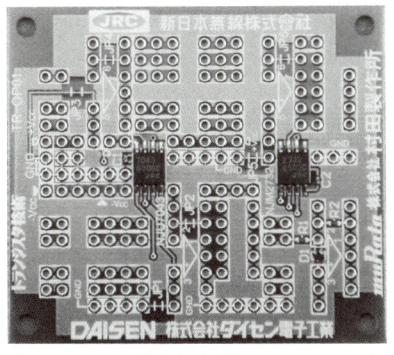

◆ 仕様

搭載OPアンプ数		4回路
電源電圧範囲	正負電源	±0.9～±2.5 V
	単電源	1.8～5 V
同相入力電圧		V_{CC}または5 Vの小さいほう
差動入力電圧	NJM2732のみ	±1 V

◆ 搭載部品

部品名	型番	メーカ	個数
OPアンプ	NJU7043M	新日本無線	1
OPアンプ	NJU2732M	新日本無線	1
セラミック・コンデンサ（0.1μF）	FGRM155F11E104Z	村田製作所	2

◆ OPアンプ基板と部品セットの内容　型名 TR-OP01KIT

部品名	型番など	個数	部品名	型番など	個数
OPアンプ基板	TR-OP01	1	トランジスタ	2SC1815（東芝）	1
抵抗（金属皮膜抵抗）	1Ω, 10Ω, 100Ω, 2.2kΩ, 9.1kΩ, 91kΩ	各1	サーミスタ	102AT（石塚電子）	1
	75kΩ	3	SIPソケット，または1列多ピン・ソケット	部品／リード線を挿し込めるもの	35ピン～
	16kΩ, 100kΩ	各4			
	1kΩ	6	パソコン測定器用プローブ	ステレオ・プラグ付コード	2本
	10kΩ	8			
可変抵抗	500Ω, 10kΩ, 100kΩ, 1kΩ, 2kΩ	各1	その他	単3乾電池	2
				電池ホルダ（1個用）	2
コンデンサ	100pF, 0.22μF, 1000pF, 1500pF, 3000pF	各1		電池用コネクタ	1
	0.01μF, 0.1μF, 1μF	各2			
フォト・ダイオード	S5821（浜松ホトニクス），TPS703（東芝）など	1		リード線	

部品セットの入手先

㈱ダイセン電子工業

Tel ：(06)6631-5553
Fax：(06)6631-6886
URL：http://www.daisendenshi.com/

上記URLにアクセスして，画面から[注文方法]をクリックすると右記画面が表示されます．

画面の指示にしたがい必要事項と型名を「**TR-OP01KIT**」と明記し，メールもしくはFAXにてご注文ください．

注文方法（注文～発送までの流れ）

1. 注文書をダウンロードして下さい．（お客様指定注文書の場合はそちらを使用下さい．）

   注文書(Excel)　注文書(PDF)
   (※ダウンロード方法：ご希望のファイル形式にマウスを合わせて右クリックをして「対象をファイルに保存」を選択し，保存してください．)

2. ご希望の商品名，数量，単価，支払方法をご記入頂き，総合計金額を確認頂き，下記までメール又はFAXを送信願います．

   メール：ddk@daisendenshi.com　　FAX：06-6631-6886

3. メール又はFAXを受領後，合計金額の確認を行い在庫，納期等のご連絡を行います．

4. 当方からの連絡を受領後ご指定の支払方法に応じて処理願います．

5. 指定口座へご入金確認後商品を発送致します．
   ※商品到着には，2日～3日程度必要な場合があります．

索 引

【数字・アルファベットなど】

1次対フィルタ ・・・・・・・・・・・・・・・・・・・・・・ 114
AD707 ・・・・・・・・・・・・・・・・・・・・・・・・・・・・・・ 75
AD8058 ・・・・・・・・・・・・・・・・・・・・・・・・・・・ 135
CMOS OPアンプ ・・・・・・・・・・・・・・・・・・・ 12
$CMRR$ ・・・・・・・・・・・・・・・・・・・・・・・・・・・・・ 15
CR積分回路 ・・・・・・・・・・・・・・・・・・・・ 47, 102
CR微分回路 ・・・・・・・・・・・・・・・・・・・・・・・ 107
DSPLinks ・・・・・・・・・・・・・・・・・・・・・・・・・・・ 9
E標準系列 ・・・・・・・・・・・・・・・・・・・・・・・・・・ 59
GB積 ・・・・・・・・・・・・・・・・・・・・・・・・・・・・・・ 15
ICL7650 ・・・・・・・・・・・・・・・・・・・・・・・・・・・・ 75
I-V ・・・・・・・・・・・・・・・・・・・・・・・・・・・・ 73, 85
LM324/358 ・・・・・・・・・・・・・・・・・・・・・・・・・ 62
LMC660/662 ・・・・・・・・・・・・・・・・・・・・・・・ 62
LT1562 ・・・・・・・・・・・・・・・・・・・・・・・・・・・・・ 75
MAX420 ・・・・・・・・・・・・・・・・・・・・・・・・・・・・ 75
MAX4210 ・・・・・・・・・・・・・・・・・・・・・・・・・ 139
NE5532 ・・・・・・・・・・・・・・・・・・・・・・・・・・・・・ 84
NJM2114 ・・・・・・・・・・・・・・・・・・・・・・・・・・・ 84
NJM2732 ・・・・・・・・・・・・・・・・・・・・・・・ 12, 62
NJM4558 ・・・・・・・・・・・・・・・・・・・・・・・・・・・ 84
NJU7043 ・・・・・・・・・・・・・・・・・・・・・・・ 12, 62
OP177 ・・・・・・・・・・・・・・・・・・・・・・・・・・・・・・ 75
OP27/37 ・・・・・・・・・・・・・・・・・・・・・・・・・・・ 75
OP77 ・・・・・・・・・・・・・・・・・・・・・・・・・・・・・・・ 75
OPA270 ・・・・・・・・・・・・・・・・・・・・・・・・・・・ 138
OPA569 ・・・・・・・・・・・・・・・・・・・・・・・・・・・ 132
OPアンプ ・・・・・・・・・・・・・・・・・・・・・・・・・・・・ 8
$PSRR$ ・・・・・・・・・・・・・・・・・・・・・・・・・・・・・・ 15
RC4558 ・・・・・・・・・・・・・・・・・・・・・・・・・・・・・ 84
R-V ・・・・・・・・・・・・・・・・・・・・・・・・・・・ 73, 90
SoftOscillo2 ・・・・・・・・・・・・・・・・・・・・・・・・・ 10
SSM2220 ・・・・・・・・・・・・・・・・・・・・・・・・・・ 138
TLC2202A ・・・・・・・・・・・・・・・・・・・・・・・・ 118
TLC2272 ・・・・・・・・・・・・・・・・・・・・・・・・・・ 133
TLE2425/2426 ・・・・・・・・・・・・・・・・・・・・・ 68
TLV2472 ・・・・・・・・・・・・・・・・・・・・・・・・・・ 115
VCVS ・・・・・・・・・・・・・・・・・・・・・・・・・・・・・ 114
V-F ・・・・・・・・・・・・・・・・・・・・・・・・・・・・・・ 93
V-I ・・・・・・・・・・・・・・・・・・・・・・・・・・・・・・・ 88
μA741 ・・・・・・・・・・・・・・・・・・・・・・・・・・・・ 84

【あ・ア行】

位相余裕 ・・・・・・・・・・・・・・・・・・・・・・・・・・・・ 16
インスツルメンテーション・アンプ ・・・・・・・ 76
インピーダンス ・・・・・・・・・・・・・・・・・・・・・・ 34
エッジ検出 ・・・・・・・・・・・・・・・・・・・・・・・・ 106
オーディオ用OPアンプ ・・・・・・・・・・・・・・・ 84
オフセット調整 ・・・・・・・・・・・・・・・・・・・・・・ 74

【か・カ行】

開ループ ・・・・・・・・・・・・・・・・・・・・・・・・ 15, 26
加減算回路 ・・・・・・・・・・・・・・・・・・・・・・・・・ 98
加算 ・・・・・・・・・・・・・・・・・・・・・・・・・・・ 35, 98
仮想接地 ・・・・・・・・・・・・・・・・・・・・・・・・・・・ 31
仮想短絡 ・・・・・・・・・・・・・・・・・・・・・・・・・・・ 28
カットオフ周波数 ・・・・・・・・・・・・・・・・ 81, 110
完全積分回路 ・・・・・・・・・・・・・・・・・・・・・・ 100
完全微分回路 ・・・・・・・・・・・・・・・・・・・・・・ 105
帰還 ・・・・・・・・・・・・・・・・・・・・・・・・・・・・・・・ 26
疑似グラウンド ・・・・・・・・・・・・・・・・・・・・・ 67
ゲイン帯域幅積 ・・・・・・・・・・・・・・・・・・・・・ 16
ゲッフェ型 ・・・・・・・・・・・・・・・・・・・・・・・・ 119
減算 ・・・・・・・・・・・・・・・・・・・・・・・・・・・ 39, 98
減衰域 ・・・・・・・・・・・・・・・・・・・・・・・・・・・・ 110
高精度OPアンプ ・・・・・・・・・・・・・・・・・ 13, 75
高速広帯域OPアンプ ・・・・・・・・・・・・・・・・ 13
交流結合 ・・・・・・・・・・・・・・・・・・・・・・・・・・・ 80
交流特性 ・・・・・・・・・・・・・・・・・・・・・・・・・・・ 15
コンデンサ ・・・・・・・・・・・・・・・・・・・・・・・・・ 53
コンパレータ ・・・・・・・・・・・・・・・・・・・・・・・ 43

【さ・サ行】

差動積分回路 ・・・・・・・・・・・・・・・・・・・・・・ 108
差動増幅回路 ・・・・・・・・・・・・・・・・・・・ 26, 39
差動入力電圧 ・・・・・・・・・・・・・・・・・・・・・・・ 14
サーミスタ ・・・・・・・・・・・・・・・・・・・・・ 90, 115
サレン・キー型 ・・・・・・・・・・・・・・・・ 114, 126
三角波 ・・・・・・・・・・・・・・・・・・・・・・・・・・・・・ 47
三角波-方形波変換 ・・・・・・・・・・・・・・・・・ 106
閾値 ・・・・・・・・・・・・・・・・・・・・・・・・・・・・・・・ 44
次数 ・・・・・・・・・・・・・・・・・・・・・・・・・・・・・・ 110

実効値	99
時定数	49
周期	49
周波数	49
周波数特性	15
出力インピーダンス	15, 31, 33, 34
出力電圧振幅	15
出力ピン	8
乗算器	139
消費電力	14
振幅	50, 99
スルー・レート	17
正帰還	28
正弦波	47
静止消費電流	15
正負電源	46
積分	100
絶対最大定格	14, 46
増幅率	18
阻止域	110

【た・タ行】

多重帰還型	114, 126, 129
単電源	12, 23, 56
直流特性	14
チョッパ・スタビライズドOPアンプ	75
通過域	110
低域積分回路	104
抵抗-電圧変換	73
電圧フォロワ	24, 34
電源	11
電源除去比	15
電源電圧	14
電流-電圧変換	73
同相除去比	15
同相電圧	42
同相入力電圧	14
ドリフト	14

【な・ナ行】

入力インピーダンス	14, 31, 33, 34
入力オフセット電圧	14
入力オフセット電流	14
入力換算雑音	17
入力電圧	14
入力バイアス電流	14
入力ピン	8
ネガティブ・フィードバック	28
ノイズ	74
ノッチ・フィルタ	110

【は・ハ行】

ハイ・パス・フィルタ	109
バイアス電圧	63
バイアス電流補償	74
バターワース特性	112, 119
バーチャル・グラウンド	31
バーチャル・ショート	28
白金測温抵抗体	117
パッケージ	29
発振回路	47
バッファ・アンプ	34
パワーOPアンプ	132
反転増幅回路	21, 30
反転入力ピン	8
バンド・エリミネート・フィルタ	110
バンド・パス・フィルタ	110, 129
汎用OPアンプ	13
比較回路	43
ヒステリシス付きコンパレータ	47
ヒステリシス特性	44
非反転積分回路	108
非反転増幅回路	18, 32
非反転入力ピン	8
微分	105
フィルタ	109, 119
フォト・ダイオード	86
負荷	95
不完全積分回路	102
不完全微分回路	107
負帰還	28
フリーゲ型BPF	131
ブリッジ	91
フルスイング	12, 15
平均値回路	37
閉ループ	28
方形波	47
方形波-三角波変換回路	103
ポジティブ・フィードバック	28

【や・ヤ行】

ユニティ・ゲイン	15

【ら・ラ行】

理想OPアンプ	14
レール・ツー・レール	12, 15
ロー・パス・フィルタ	109, 126

■著者紹介

宮崎 仁（みやざき・ひとし）
   1957年生まれ．
   有限会社宮崎技術研究所で開発設計およびコンサルタントに従事．

細田 隆之（ほそだ・たかゆき）
   1964年生まれ．
   1985年頃より，各社にて電子回路の設計開発に従事．
   NTTアドバンステクノロジ株式会社を経て退社後独立し，有限会社ファインチューンを設立．
   主として移動通信および通信方式やセンシング関連の開発/設計に携わる．
   有限会社ファインチューン代表取締役
   第一級陸上無線技術士

- ●本書記載の社名，製品名について ── 本書に記載されている社名および製品名は，一般に開発メーカーの登録商標です．なお，本文中ではTM，®，©の各表示を明記していません．
- ●本書掲載記事の利用についてのご注意 ── 本書掲載記事は著作権法により保護され，また産業財産権が確立されている場合があります．したがって，記事として掲載された技術情報をもとに製品化をするには，著作権者および産業財産権者の許可が必要です．また，掲載された技術情報を利用することにより発生した損害などに関して，CQ出版社および著作権者ならびに産業財産権者は責任を負いかねますのでご了承ください．
- ●本書に関するご質問について ── 直接の電話でのお問い合わせには応じかねます．文章，数式などの記述上の不明点についてのご質問は，必ず往復はがきか返信用封筒を同封した封書でお願いいたします．ご質問は著者に回送し直接回答していただきますので，多少時間がかかります．また，本書の記載範囲を越えるご質問には応じられませんので，ご了承ください．
- ●本書の複製等について ── 本書のコピー，スキャン，デジタル化等の無断複製は著作権法上での例外を除き禁じられています．本書を代行業者等の第三者に依頼してスキャンやデジタル化することは，たとえ個人や家庭内の利用でも認められておりません．

JCOPY 〈(社)出版者著作権管理機構委託出版物〉
本書の全部または一部を無断で複写複製(コピー)することは，著作権法上での例外を除き，禁じられています．本書からの複製を希望される場合は，(社)出版者著作権管理機構(TEL：03-3513-6969)にご連絡ください．

OPアンプIC活用ノート

編　集	トランジスタ技術SPECIAL編集部	2008年10月1日　初版発行
発行人	寺前 裕司	2018年2月1日　第2版発行
		©CQ出版株式会社 2008
発行所	CQ出版株式会社	（無断転載を禁じます）
	〒112-8619　東京都文京区千石4-29-14	
電　話	編集 03 (5395) 2148	定価は裏表紙に表示してあります
	広告 03 (5395) 2131	乱丁，落丁はお取り替えします
	販売 03 (5395) 2141	
		編集担当者　清水 当
		DTP・印刷・製本　三晃印刷株式会社
		Printed in Japan